n体問題と変分法

周期解をめぐって

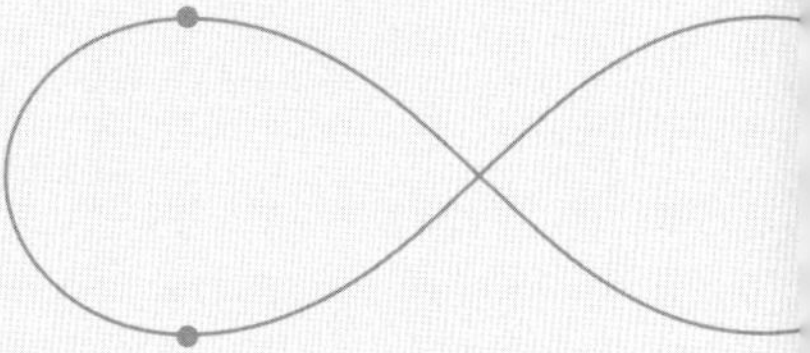

The n-Body Problem and the Calculus of Variations

Focusing on Periodic Solutions

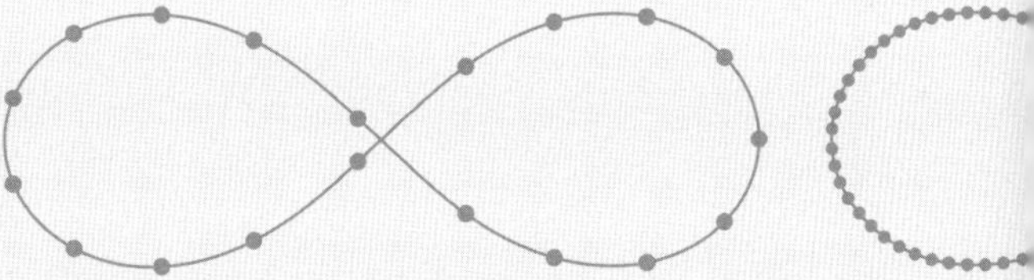

Mitsuru Shibayama

柴山允瑠

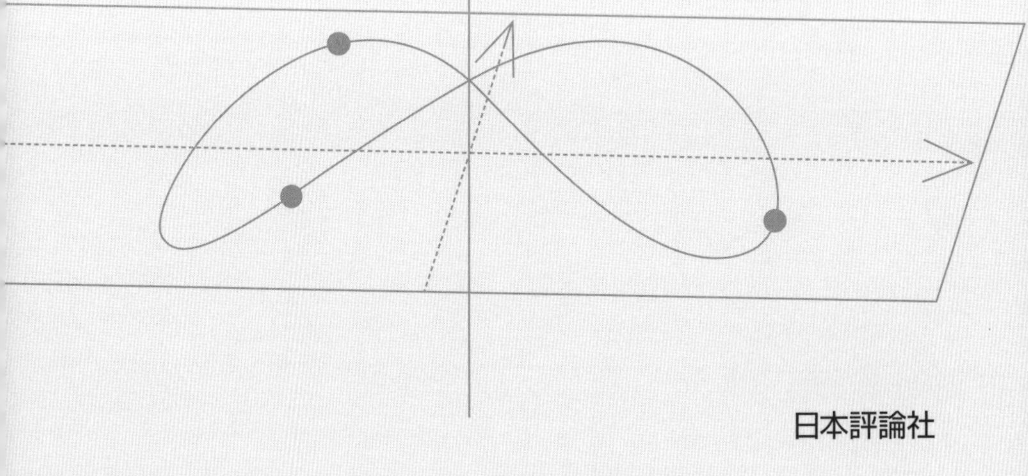

日本評論社

まえがき

大学の理工系の多くの学部では解析力学を学ぶ．そこで学生は，ラグランジアンや作用積分の概念に触れ，力学の運動方程式がハミルトンの最小作用の原理という変分問題として定式化できることを知る．そして，その変分構造によりオイラー–ラグランジュ方程式の座標不変性が導かれるといったことなどを学ぶ．しかし，解析力学の授業では，変分構造を用いることにより運動方程式の解の存在を示す方法については，詳しくは教えられないであろう．

変分構造を用いて微分方程式の解の存在を示す方法を変分法という．本書は，力学における特殊解，特に n 体問題の周期解の変分法による存在証明に焦点を当てている．これまで変分法により多くの周期解の存在が示されてきた．特に有名な解は 3 体問題の 8 の字解である．2000 年にシャンシネ (Chenciner) とモンゴメリー (Montgomery) [27] は，等質量の平面 3 体問題について，8 の字型の曲線上を質点が互いに追跡し合うように運動する周期解の存在を証明した (図 1)．その解が 8 の字解と呼ばれている．この解の存在を示した結果は，数学界や天体学界に大きなインパクトを与え，その後，変分法により n 体問題の周期解の存在を示す研究が活発になされるようになった．また，8 の字解は『朝日新聞』(2001 年 6 月 17 日) にも掲載されたり，世界的なベストセラーとなった SF 小説『三体』(第 1 巻第 2 部第 16 節) にも登場するなど，広く知られるようになった．

本書では，力学の変分構造の基礎から始め，力学におけるさまざまな軌道

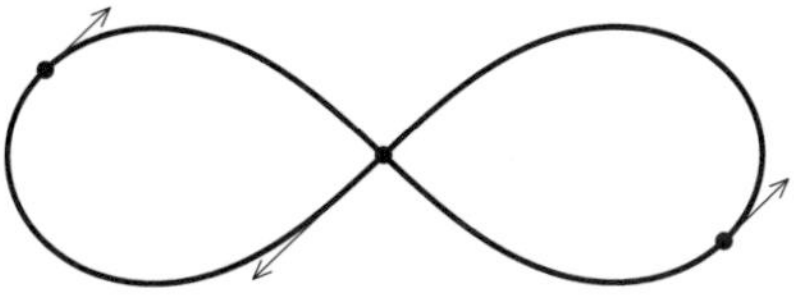

図 1　8 の字解

の存在を示しながら進め，n 体問題の周期解，特に 8 の字解の存在証明を詳しく紹介する．

第 1 章では，解析力学の変分原理に関わる部分を重点的に説明した．第 10 章で改めて力学のもつ変分構造について詳しく述べる．第 2 章では，作用積分の最小点の存在定理を紹介する．定理の証明は後回しにして第 9 章で述べる．この定理をもとに，第 3 章から第 8 章で変分法によりさまざまな解の存在を示していく．各々のポテンシャル系に対して，まずは容易に求まる解を紹介し，その後により一般のポテンシャル系について変分法により解の存在を示していく．第 3 章では，固定端点条件のもとでの解の存在を証明する．第 4 章では，周期境界条件のもとで作用積分の最小点の存在を示すことで，周期解の存在を証明する．第 5 章では，特異点を持つポテンシャル系を考える．ケプラー問題もその例である．特異点があるからこそ，閉曲線の集合に位相的な制約が可能となり，変分法が効果的に働く．n 体問題については分量が多いため，第 6, 7, 8 章の 3 つの章に分けている．第 6 章では，n 体問題において古くから研究されている自己相似解について論じる．古典的な周期解であるオイラー解やラグランジュ解も紹介する．第 7 章は本書の中心的な目標である 3 体問題の 8 の字解の存在証明を行う．第 8 章では，8 の字解の存在証明以降になされた多くの周期解の存在証明について，近年の結果まで紹介する．第 9 章では，汎関数の最小点について，その存在が必ずしも成立しない変分問題の例を挙げ，その後に作用積分についての最小点の存在証明を行う．第 10 章では力学が持つさまざまな変分構造を紹介し，ポアンカレ–カルタンの積分不変式をもとにして，変分構造同士の関係性や正準変換について論じる．ポアンカレ–カルタンの積分不変式が古典力学の理論の根幹にあることがわかるであろう．そこで導出したさまざまな変分構造を用いながら，あとがきで関連する研究に触れる．

本書は多くの部分を互いに独立に読める．例えば，8 の字解の存在証明を理解することを目的とするならば，第 1, 2 章を読んだあと，5.3 節を読み，第 7 章を読めばよい．n 体問題におけるより多くの周期解の存在を示した第 8 章を読むには，以上に加えて第 5 章を読んでおけばよい．興味に応じて適宜選んで読んでいただけると幸いである．

本書は，理工系の大学 2 回生以上を念頭において書かれている．微分積分，線形代数，常微分方程式を予備知識として仮定する．群，位相空間，ルベーグ積分の基礎的な知識があることも前提としているが，それほど高度なことは扱われない．関数解析は頻繁に用いるので慣れていることが望ましいが，必要になった場面で定義や定理を紹介している．力学については，古典力学 (ニュートン力学) の基礎的内容は前提にしている．第 10 章では，多様体や微分形式を既知のものとしている．

本書は，2017 年の神戸大学における集中講義の際に作成したノートがもとになってる．その講義の後，私が指導する大学院生がそのノートを読んで力学や n 体問題に関する変分法を学び，そしてその方面で研究成果を上げるようになった．そのため，そのノートは出版に値するものかもしれないと感じていたところ，『数学セミナー』編集部から連載の依頼を受け，加筆・修正を重ねながら，2022 年度の 12 回連載「古典力学と変分問題——n 体問題の周期解の存在証明に向けて」を執筆していった．本書は，それを体系的にまとめ，さらに加筆したものである．また，以上のような経緯があるため，n 体問題に興味がある学生や研究者が，本書を一通り読むことで n 体問題の研究に取りかかることができるように，できるだけ関連する分野の未解決問題を盛り込んだ．

本書の執筆に際し，多くの方々にご助力いただいた．京都大学大学院情報学研究科力学系数理分野の研究員や大学院生には，連載の原稿を読んでもらい，さまざまな不備をご指摘いただいた．連載中には『数学セミナー』の読者の方々からも，メールを通じて誤植をご指摘していただいた．また，何人かの先生方には原稿についてコメントをいただいた．特に，梶原唯加氏には原稿全体を丁寧に確認してもらい，多くの不備を指摘いただいた．藤原俊朗氏には 8 の字解の性質についてこれまで知られていることを教示いただいた．曽我幸平氏と黒川大雅氏には最小点の存在証明について，汎関数の定義域の凸性の必要性などについて相談に乗っていただいた．三浦達哉氏には極小曲面について，小川竜氏には接触構造とレーブベクトル場について，それぞれ原稿の不備や補足すべき情報などを教示いただいた．日本評論社『数学セミナー』編集部の入江孝成氏，道本裕太氏には，連載の段階から大変お世話になった．以上の方々に感謝したい．

2024 年 7 月

柴山允瑠

目次

第1章

力学と変分原理

1.1 ニュートンの運動方程式

ニュートンの運動法則「質量 × 加速度 = 力」に基づく運動方程式は

$$m_k \frac{d^2 q_k}{dt^2} = F_k(q_1, \cdots, q_N, t) \qquad (k = 1, \cdots, N) \tag{1.1}$$

と表される．ここで，q_k は質点の位置を示し，空間における1つの質点の位置の各成分を表すこともあるし，別々の質点の位置を表すこともあり，また，複数の質点の位置の複数の成分をすべて書き下したものであることもある．以下では，$\boldsymbol{q} = (q_1, \cdots, q_N)$ と表し，ほかのアルファベットの場合も，太字の文字は点やベクトルを表し，そのアルファベットに添え字をつけたものはその成分を表すものとする．$m_k\,(> 0)$ は質点の質量である．$F_k(q_1, \cdots, q_N, t)$ は質点の k 成分に働く力で，$\mathbb{R}^N$ の開集合 $\mathcal{D}$ で定義されるとする．力をまとめてベクトルにより，

$$\boldsymbol{F}(\boldsymbol{q}, t) = (F_1(q_1, \cdots, q_N, t), \cdots, F_N(q_1, \cdots, q_N, t))$$

と表す．C^1 級のパラメータ $\boldsymbol{l}(s)\colon [0,1] \to \mathcal{D}$ で表される曲線を L とする．力 $\boldsymbol{F}$ が L 上でなす**仕事**を線積分

$$\int_L \boldsymbol{F} \cdot d\boldsymbol{l} := \int_0^1 \boldsymbol{F}(\boldsymbol{l}(s), t) \cdot \frac{d\boldsymbol{l}}{ds}(s)ds$$

により定める．力 $\boldsymbol{F}$ が L 上でなす仕事が，L の端点 $\boldsymbol{a}=\boldsymbol{l}(0)$, $\boldsymbol{b}=\boldsymbol{l}(1)$ と t のみに依存し，L の形に無関係に決まるとする．このとき，$\mathcal{D}$ 上の関数 $V(q_1,\cdots,q_N,t)$ が存在して，

$$F_k(q_1,\cdots,q_N,t)=-\frac{\partial V}{\partial q_k}(q_1,\cdots,q_N,t) \qquad (k=1,\cdots,N)$$

と表される．より具体的には，$\boldsymbol{q}_0\in\mathcal{D}$ を固定し，$\boldsymbol{q}\in\mathcal{D}$ に対して，$\boldsymbol{l}(s)$ を $\boldsymbol{l}(0)=\boldsymbol{q}_0$, $\boldsymbol{l}(1)=\boldsymbol{q}$ となる C^1 級曲線としてとり，

$$V(\boldsymbol{q},t)=-\int_L \boldsymbol{F}\cdot d\boldsymbol{l}=-\int_0^1 \boldsymbol{F}(\boldsymbol{l}(s),t)\cdot\frac{d\boldsymbol{l}}{ds}(s)ds$$

とすることで，$V(\boldsymbol{q},t)$ は定まる．

このとき，運動方程式は

$$m_k\frac{d^2q_k}{dt^2}=-\frac{\partial V}{\partial q_k}(q_1,\cdots,q_N,t) \qquad (k=1,\cdots,N) \tag{1.2}$$

と表される．(1.2) を**ポテンシャル系**といい，$V(q_1,\cdots,q_N,t)$ を**ポテンシャル関数**という．$(q_1,\cdots,q_N)$ の空間 $\mathcal{D}$ を**配位空間**という．V が t によらず $q_1,\cdots,q_N$ のみによる関数のとき，この系は**自励的**であるという．N を**自由度**という．

自励的なポテンシャル系

$$m_k\frac{d^2q_k}{dt^2}=-\frac{\partial V}{\partial q_k}(q_1,\cdots,q_N) \qquad (k=1,\cdots,N) \tag{1.3}$$

を考えよう．この解 $(q_1(t),\cdots,q_N(t))$ に対するエネルギー E を

$$E=\frac{1}{2}\sum_{k=1}^{N}m_k\left(\frac{dq_k}{dt}(t)\right)^2+V(q_1(t),\cdots,q_N(t))$$

で定める．エネルギーに解を代入して t で微分すると，(1.3) より

$$\frac{dE}{dt}=\sum_{k=1}^{N}m_k\frac{dq_k}{dt}\frac{d^2q_k}{dt^2}+\sum_{k=1}^{N}\frac{\partial V}{\partial q_k}\frac{dq_k}{dt}=0$$

となる．よって，各解に沿って E は一定である (**エネルギー保存則**).

運動方程式の解 $\boldsymbol{q}(t)=(q_1(t),\cdots,q_N(t))$ がある定数 $T>0$ に対し

$$\boldsymbol{q}(t+T)=\boldsymbol{q}(t)$$

を満たすとき，$\boldsymbol{q}(t)$ は周期 T の**周期解**とか T-周期解であるという．**周期軌道**とよぶこともある．

一般に，常微分方程式について，未定の定数を用いてすべての解を表示したものを**一般解**という．対照的に，1 つの解を指すときにはそれを**特殊解**という．通常，変分法は特殊解を求めるために用いられる．

例 1.1. 振り子の運動を考える．棒の長さを l とし，質点の質量を m とする (図 1.1)．q を質点の支点から見た鉛直下方からの角とすると，振り子の運動方程式は

$$\frac{d^2q}{dt^2}=-\rho\sin q$$

と表される．ここで，g は**重力加速度** (およそ $9.8\mathrm{m/s^2}$) で，$\rho=\dfrac{g}{l}$ である．このポテンシャル関数は

$$V(q)=-\rho\cos q$$

である．第 4 章で，振り子を一般化したポテンシャル系についてさまざまな周期解の存在を証明する．

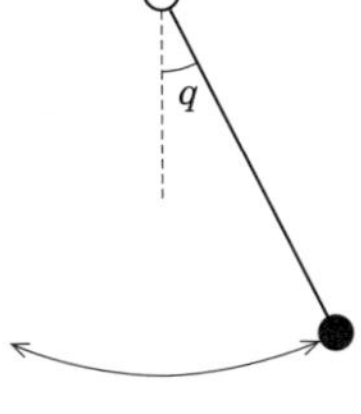

図 1.1　振り子

例 1.2. ニュートンによる**万有引力の法則**とは，質点同士は互いの方向に引き合い，その力の大きさは引き合う物体の質量の積に比例し，距離の 2 乗に反比例するというものである．

太陽が座標の原点にあり，不動であるとする．そのもとで，1 つの惑星の運動を考える．太陽の質量を M とし，その惑星の質量を m とする．惑星の位置を $\boldsymbol{q} \in \mathbb{R}^3 \setminus \{\boldsymbol{0}\}$ とすると，惑星の運動方程式は

$$m\frac{d^2\boldsymbol{q}}{dt^2} = -\frac{GmM}{|\boldsymbol{q}|^3}\boldsymbol{q}$$

と表される．G は**万有引力定数**と呼ばれる定数で，およそ $6.67430 \times 10^{-11}\mathrm{m}^3 \cdot \mathrm{s}^{-2} \cdot \mathrm{kg}^{-1}$ である．この運動方程式の解を求める問題を**ケプラー問題**という．このポテンシャル関数は

$$V(\boldsymbol{q}) = -\frac{GmM}{|\boldsymbol{q}|}$$

である．

よく知られているように，ケプラー問題の (衝突解を除く) 有界な解はすべて周期解で，楕円を描く．その証明については第 5 章で述べる．

例 1.3. $\mathbb{R}^3$ において，n 個の質点が互いに万有引力により引き合うときの運動を調べる問題を **n 体問題**という．k 番目の質点の質量を m_k，位置を $\boldsymbol{q}_k \in \mathbb{R}^3$ とすると，n 体問題の運動方程式は

$$m_k\frac{d^2\boldsymbol{q}_k}{dt^2} = -\sum_{j \neq k}\frac{Gm_k m_j}{|\boldsymbol{q}_k - \boldsymbol{q}_j|^3}(\boldsymbol{q}_k - \boldsymbol{q}_j) \qquad (k = 1, 2, \cdots, n)$$

と表される．このポテンシャル関数は

$$V(\boldsymbol{q}) = -\sum_{j<k}\frac{Gm_j m_k}{|\boldsymbol{q}_j - \boldsymbol{q}_k|}$$

である．ここで，$\boldsymbol{q} = (\boldsymbol{q}_1, \cdots, \boldsymbol{q}_n) \in \mathbb{R}^{3n}$ である．なお，時間あるいは距離の単位を調整することにより，万有引力定数 G は 1 とすることができる．

第 6 章で n 体問題の自己相似解，第 7 章で 8 の字解，第 8 章で舞踏解の存在を示す．

1.2 古典力学の変分構造

1.2.1 ラグランジアン

(1.2) を変分問題として定式化する．$\mathcal{D}$ を $\mathbb{R}^N$ の開集合とする．$\boldsymbol{q} = (q_1, \cdots, q_N) \in \mathcal{D}$, $\dot{\boldsymbol{q}} = (\dot{q}_1, \cdots, \dot{q}_N) \in \mathbb{R}^N, t \in \mathbb{R}$ に対して，

$$L(\boldsymbol{q}, \dot{\boldsymbol{q}}, t) = \frac{1}{2}\sum_{i=1}^{N} m_i {\dot{q}_i}^2 - V(\boldsymbol{q}, t) \tag{1.4}$$

とおく．この段階では，$\dot{\boldsymbol{q}}$ は $\boldsymbol{q}$ の t 微分ではなく，L の独立変数とみなしており，L は $\mathcal{D} \times \mathbb{R}^N \times \mathbb{R}$ 上の関数である．関数 $L(\boldsymbol{q}, \dot{\boldsymbol{q}}, t)$ を**ラグランジアン**という．ラグランジアンについても，L が $\boldsymbol{q}, \dot{\boldsymbol{q}}$ のみの関数であるとき，**自励的**であるという．

命題 1.4. L を (1.4) で定めたラグランジアンとする．ポテンシャル系の方程式 (1.2) は，

$$\frac{d}{dt}\left(\frac{\partial L}{\partial \dot{q}_k}(\boldsymbol{q}(t), \dot{\boldsymbol{q}}(t), t)\right) = \frac{\partial L}{\partial q_k}(\boldsymbol{q}(t), \dot{\boldsymbol{q}}(t), t) \qquad (k = 1, \cdots, N) \tag{1.5}$$

と同値である．

注意 1.5. (1.5) の左辺の $\dfrac{\partial L}{\partial \dot{q}_k}$ は $\dot{q}_k$ を独立変数とみなして偏微分したものである．それで得られた偏導関数に t の関数 $q_i(t)$ とその微分 $\dot{q}_i(t)$ $(i = 1, \cdots, N)$ を代入して，t で微分したものが，(1.5) の左辺である．

証明.

$$\frac{\partial L}{\partial \dot{q}_k} = m_k \dot{q}_k, \qquad \frac{\partial L}{\partial q_k} = -\frac{\partial V}{\partial q_k} \tag{1.6}$$

より明らか． □

(1.5) を L に関する**オイラー–ラグランジュ方程式**という．

1.2.2　変分問題

運動方程式はいったん忘れて，変分問題について説明する．$\mathcal{D}$ を $\mathbb{R}^N$ の開集合とする．C^2 級関数

$$
\begin{aligned}
L\colon\ \mathcal{D}\times\mathbb{R}^N\times\mathbb{R}\ &\to\ \mathbb{R}\\
(\boldsymbol{q},\dot{\boldsymbol{q}},t)\ &\mapsto\ L(\boldsymbol{q},\dot{\boldsymbol{q}},t)
\end{aligned}
$$

が与えられているとする．

C^2 級の曲線 $\boldsymbol{q}\colon[t_0,t_1]\to\mathcal{D}$ 全体の集合を $C^2([t_0,t_1],\mathcal{D})$ と書き，

$$
\begin{aligned}
\mathcal{A}\colon\ C^2([t_0,t_1],\mathcal{D})\ &\to\mathbb{R}\\
\boldsymbol{q}\ &\mapsto\int_{t_0}^{t_1}L\left(\boldsymbol{q}(t),\dot{\boldsymbol{q}}(t),t\right)dt
\end{aligned}
\tag{1.7}
$$

とおく．$\mathcal{A}$ は曲線の集合 $C^2([t_0,t_1],\mathcal{D})$ を定義域とする関数である．$C^2([t_0,t_1],\mathcal{D})$ は無限次元空間である．$\mathcal{A}$ のように関数や曲線，写像の集合上の関数を**汎関数**という．

$\mathcal{D}$ における2点 $\boldsymbol{a}_0,\boldsymbol{a}_1$ を固定し，それらを結ぶ C^2 級の曲線の集合を考える：

$$
\Omega([t_0,t_1],\mathcal{D};\boldsymbol{a}_0,\boldsymbol{a}_1)=\{\boldsymbol{q}\in C^2([t_0,t_1],\mathcal{D})\mid\boldsymbol{q}(t_0)=\boldsymbol{a}_0,\ \boldsymbol{q}(t_1)=\boldsymbol{a}_1\}.
$$

$\mathcal{A}$ の定義域を，この集合に制限する．$\boldsymbol{q}\in\Omega([t_0,t_1],\mathcal{D};\boldsymbol{a}_0,\boldsymbol{a}_1)$ における $\mathcal{A}$ の変化率を調べよう．$\boldsymbol{\delta}\in\Omega([t_0,t_1],\mathbb{R}^N;\mathbf{0},\mathbf{0})$ であれば，0に近い $h\in\mathbb{R}$ に対し $\boldsymbol{q}+h\boldsymbol{\delta}\in\Omega([t_0,t_1],\mathcal{D};\boldsymbol{a}_0,\boldsymbol{a}_1)$ である．微積分で学んだ方向微分の定義に倣って，$\mathcal{A}$ の $\boldsymbol{q}$ における $\boldsymbol{\delta}$ 方向の微分を次のように定義する．

定義 1.6. $\boldsymbol{q}\in\Omega([t_0,t_1],\mathcal{D};\boldsymbol{a}_0,\boldsymbol{a}_1)$ と $\boldsymbol{\delta}\in\Omega([t_0,t_1],\mathbb{R}^N;\mathbf{0},\mathbf{0})$ に対して

$$
\left.\frac{d}{dh}\right|_{h=0}\mathcal{A}(\boldsymbol{q}+h\boldsymbol{\delta})=\lim_{h\to 0}\frac{\mathcal{A}(\boldsymbol{q}+h\boldsymbol{\delta})-\mathcal{A}(\boldsymbol{q})}{h}\tag{1.8}
$$

が収束するとき，この極限を $\mathcal{A}$ の固定端点条件のもとでの $\boldsymbol{q}$ における $\boldsymbol{\delta}$ 方向の**ガトー微分**といい，$\mathcal{A}'(\boldsymbol{q})\boldsymbol{\delta}$ あるいは $D_G\mathcal{A}(\boldsymbol{q})$ と表す[*1]．$\boldsymbol{q}\in$

*1 $\left.\frac{d}{dh}\right|_{h=0}$ は $h=0$ における h に関する微分を表す．

$\Omega([t_0,t_1],\mathcal{D};\boldsymbol{a}_0,\boldsymbol{a}_1)$ において，任意の $\boldsymbol{\delta}\in\Omega([t_0,t_1],\mathbb{R}^N;\boldsymbol{0},\boldsymbol{0})$ に対して $\mathcal{A}'(\boldsymbol{q})\boldsymbol{\delta}=0$ が成り立つとき，$\boldsymbol{q}$ を $\mathcal{A}$ の**固定端点のもとでの臨界点**という．また，このことを $\mathcal{A}'(\boldsymbol{q})=0$ と表す．

このような汎関数の臨界点を求める問題を**変分問題**という．

定理 1.7. $\boldsymbol{q}\in\Omega([t_0,t_1],\mathcal{D};\boldsymbol{a}_0,\boldsymbol{a}_1)$ について，$\boldsymbol{q}(t)$ が $\mathcal{A}$ の固定端点条件のもとでの臨界点であることと，$\boldsymbol{q}(t)$ が (t_0,t_1) でオイラー–ラグランジュ方程式

$$\frac{d}{dt}\left(\frac{\partial L}{\partial \dot{q}_k}(\boldsymbol{q}(t),\dot{\boldsymbol{q}}(t),t)\right)=\frac{\partial L}{\partial q_k}(\boldsymbol{q}(t),\dot{\boldsymbol{q}}(t),t)\qquad (k=1,\cdots,N)$$

を満たすことは同値である．

証明. ガトー微分を計算すると，任意の $\boldsymbol{\delta}\in\Omega([t_0,t_1],\mathbb{R}^N;\boldsymbol{0},\boldsymbol{0})$ について

$$\begin{aligned}
\left.\frac{d}{dh}\right|_{h=0}\mathcal{A}(\boldsymbol{q}+h\boldsymbol{\delta})&=\int_{t_0}^{t_1}\left.\frac{\partial}{\partial h}\right|_{h=0}L(\boldsymbol{q}+h\boldsymbol{\delta},\dot{\boldsymbol{q}}+h\dot{\boldsymbol{\delta}},t)dt\\
&=\int_{t_0}^{t_1}\sum_{k=1}^{N}\left(\frac{\partial L}{\partial q_k}\delta_k+\frac{\partial L}{\partial \dot{q}_k}\dot{\delta}_k\right)dt\\
&=\int_{t_0}^{t_1}\sum_{k=1}^{N}\left(\frac{\partial L}{\partial q_k}\delta_k-\frac{d}{dt}\left(\frac{\partial L}{\partial \dot{q}_k}\right)\delta_k\right)dt+\sum_{k=1}^{N}\left[\frac{\partial L}{\partial \dot{q}_k}\delta_k\right]_{t_0}^{t_1}\\
&=\int_{t_0}^{t_1}\sum_{k=1}^{N}\left(\frac{\partial L}{\partial q_k}-\frac{d}{dt}\left(\frac{\partial L}{\partial \dot{q}_k}\right)\right)\delta_k dt
\end{aligned}$$

となる．3 つ目の等式で部分積分を適用し，最後の等式で δ_k が端点において 0 をとることを用いた．以上より，$\boldsymbol{q}(t)$ がオイラー–ラグランジュ方程式 (1.5) を満たせば，この積分値が 0 であるので $\boldsymbol{q}$ は $\mathcal{A}$ の臨界点である．

逆に，$\boldsymbol{q}(t)$ がオイラー–ラグランジュ方程式を満足しないとする．

$$f_k(t)=\frac{\partial L}{\partial q_k}(\boldsymbol{q}(t),\dot{\boldsymbol{q}}(t),t)-\frac{d}{dt}\left(\frac{\partial L}{\partial \dot{q}_k}(\boldsymbol{q}(t),\dot{\boldsymbol{q}}(t),t)\right)$$

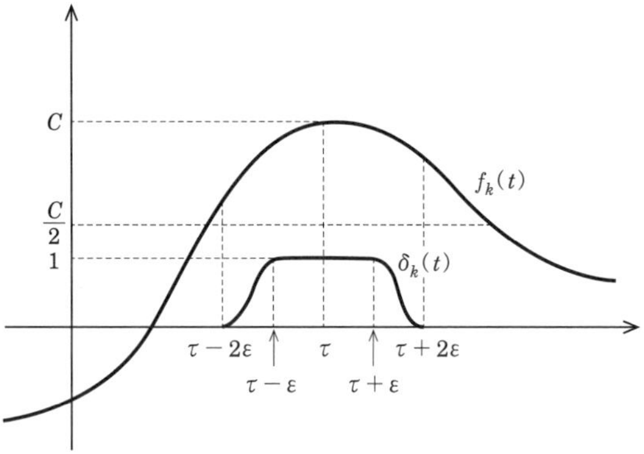

図 1.2 $f_k(t)$ と $\delta_k(t)$

とおく．仮定より，$f_k(\tau) \neq 0$ となる k と $\tau \in [t_0, t_1]$ が存在する．$f_k(t)$ は連続であるので，$\tau = t_0, t_1$ の場合は少しずらして $\tau \in (t_0, t_1)$ としてよい．$C = f_k(\tau)$ とし，C が正の値である場合を考える．十分小さい $\varepsilon > 0$ をとると $t \in (\tau - 2\varepsilon, \tau + 2\varepsilon) \subset (t_0, t_1)$ で $f_k(t) > \dfrac{C}{2}$ となる．$\delta_k(t)$ として $(\tau - 2\varepsilon, \tau + 2\varepsilon)$ で $\delta_k(t) \geq 0$，$(\tau - \varepsilon, \tau + \varepsilon)$ で $\delta_k(t) = 1$，$(\tau - 2\varepsilon, \tau + 2\varepsilon)$ の外では 0 となるものをとる (図 1.2)．また，$l \neq k$ に対し，$\delta_l = 0$ とする．このとき，$\mathcal{A}'(\boldsymbol{q})\boldsymbol{\delta} > C\varepsilon > 0$ となるので，$\boldsymbol{q}$ は臨界点でない．$C < 0$ の場合も同様である． □

汎関数

$$\mathcal{A}(\boldsymbol{q}) = \int_{t_0}^{t_1} L(\boldsymbol{q}, \dot{\boldsymbol{q}}, t)dt$$

を**作用積分**という．この定理から，直ちに次が成立する．

定理 1.8 (ハミルトンの最小作用の原理)**.** 運動方程式 (1.2) に対して $L(\boldsymbol{q}, \dot{\boldsymbol{q}}, t)$ を (1.4) で定める．$\boldsymbol{q}(t) \in \Omega([t_0, t_1], \mathcal{D}; \boldsymbol{a}_0, \boldsymbol{a}_1)$ について，(t_0, t_1) において (1.2) を満たすことと，作用積分 $\mathcal{A}(\boldsymbol{q}) = \int_{t_0}^{t_1} L(\boldsymbol{q}, \dot{\boldsymbol{q}}, t)dt$ の固定端

点条件のもとでの臨界点となることと同値である.

1.2.3 周期境界条件

本書では，主に周期解を求めることに焦点を当てるので，作用積分を周期的な曲線の集合上で考えることが多い.

自励的なラグランジアン $L\colon \mathcal{D}\times\mathbb{R}^n \to \mathbb{R}$ を考える. $T>0$ を固定し，$C^2(\mathbb{R}/T\mathbb{Z},\mathcal{D})$ を $\mathbb{R}/T\mathbb{Z}$ から $\mathcal{D}$ への C^2 級写像全体の集合とする. $\boldsymbol{q}(t+T)=\boldsymbol{q}(t)$ を満たす C^2 級写像 $\boldsymbol{q}\colon \mathbb{R}\to\mathcal{D}$ 全体の集合と思ってもよい. $\boldsymbol{q}\in C^2(\mathbb{R}/T\mathbb{Z},\mathcal{D})$ に対する作用積分

$$\mathcal{A}(\boldsymbol{q}) = \int_0^T L(\boldsymbol{q}(t),\dot{\boldsymbol{q}}(t))dt$$

を考える. $\boldsymbol{q}\in C^2(\mathbb{R}/T\mathbb{Z},\mathcal{D})$, $\boldsymbol{\delta}\in C^2(\mathbb{R}/T\mathbb{Z},\mathbb{R}^n)$ と 0 に十分近い $h\in\mathbb{R}$ に対して，$\boldsymbol{q}+h\boldsymbol{\delta}\in C^2(\mathbb{R}/T\mathbb{Z},\mathcal{D})$ である.

定義 1.9. $\boldsymbol{q}\in C^2(\mathbb{R}/T\mathbb{Z},\mathcal{D})$ と $\boldsymbol{\delta}\in C^2(\mathbb{R}/T\mathbb{Z},\mathbb{R}^n)$ に対して

$$\left.\frac{d}{dh}\right|_{h=0}\mathcal{A}(\boldsymbol{q}+h\boldsymbol{\delta}) = \lim_{h\to 0}\frac{\mathcal{A}(\boldsymbol{q}+h\boldsymbol{\delta})-\mathcal{A}(\boldsymbol{q})}{h} \tag{1.9}$$

が収束するとき，この極限を $\mathcal{A}$ の周期境界条件のもとでの $\boldsymbol{q}$ における $\boldsymbol{\delta}$ 方向の**ガトー微分**といい，これも $\mathcal{A}'(\boldsymbol{q})\boldsymbol{\delta}$ あるいは $D_G\mathcal{A}(\boldsymbol{q})$ と表す. $\boldsymbol{q}\in C^2(\mathbb{R}/T\mathbb{Z},\mathcal{D})$ において，任意の $\boldsymbol{\delta}\in C^2(\mathbb{R}/T\mathbb{Z},\mathbb{R}^n)$ に対して $\mathcal{A}'(\boldsymbol{q})\boldsymbol{\delta}=0$ が成り立つとき，$\boldsymbol{q}$ を $\mathcal{A}$ の**周期境界条件のもとでの臨界点**という. また，このことを $\mathcal{A}'(\boldsymbol{q})=0$ と表す.

定理 1.10. $\boldsymbol{q}\in C^2(\mathbb{R}/T\mathbb{Z},\mathcal{D})$ について，$\boldsymbol{q}(t)$ が $\mathcal{A}$ の周期境界条件のもとでの臨界点であることと，$\boldsymbol{q}(t)$ がオイラー–ラグランジュ方程式

$$\frac{d}{dt}\left(\frac{\partial L}{\partial \dot{q}_k}(\boldsymbol{q}(t),\dot{\boldsymbol{q}}(t))\right) = \frac{\partial L}{\partial q_k}(\boldsymbol{q}(t),\dot{\boldsymbol{q}}(t)) \qquad (k=1,\cdots,N)$$

の T-周期解であることは同値である.

証明. 定理 1.7 の証明とほとんど同じである．定理 1.7 の証明では，$\boldsymbol{\delta}(t_0) = \boldsymbol{\delta}(t_1) = \mathbf{0}$ を用いて部分積分により現れる項

$$\left[\frac{\partial L}{\partial \dot{q}_k}(\boldsymbol{q}(t), \dot{\boldsymbol{q}}(t))\delta_k(t)\right]_0^T$$

が 0 であることを示した．いまの場合も，$\boldsymbol{q}(t)$ と $\boldsymbol{\delta}(t)$ の周期性より，これは

$$\frac{\partial L}{\partial \dot{q}_k}(\boldsymbol{q}(T), \dot{\boldsymbol{q}}(T))\delta_k(T) - \frac{\partial L}{\partial \dot{q}_k}(\boldsymbol{q}(0), \dot{\boldsymbol{q}}(0))\delta_k(0) = 0$$

となる． □

以下では，文脈から明らかな場合は「固定端点条件のもとでの」や「周期境界条件のもとでの」という文言は省く．

ラグランジアン L が自励的ではなく，t について周期的な場合を考える．ある $T > 0$ について

$$L(\boldsymbol{q}, \dot{\boldsymbol{q}}, t + T) = L(\boldsymbol{q}, \dot{\boldsymbol{q}}, t) \tag{1.10}$$

を満たすとする．(1.10) を満たすラグランジアンの場合，同様にして，$C^2(\mathbb{R}/T\mathbb{Z}, \mathcal{D})$ 上での作用積分

$$\mathcal{A}(\boldsymbol{q}) = \int_0^T L(\boldsymbol{q}(t), \dot{\boldsymbol{q}}(t), t)dt$$

の臨界点は T-周期解に対応する．

例 1.11. $\varepsilon > 0, \nu > 0$ を定数とする．振り子の支点を上下に $\varepsilon \cos \nu t$ で変動させた場合 (図 1.3) のポテンシャル関数は

$$V(q, t) = -(\rho + \varepsilon \cos \nu t) \cos q$$

と表され，ラグランジアン

$$L(q, \dot{q}, t) = \frac{1}{2}\dot{q}^2 + (\rho + \varepsilon \cos \nu t) \cos q$$

は $T = \dfrac{2\pi}{\nu}$ に対し，(1.10) を満たす．第 4 章では，このような系に対しても周期解の存在について述べる．

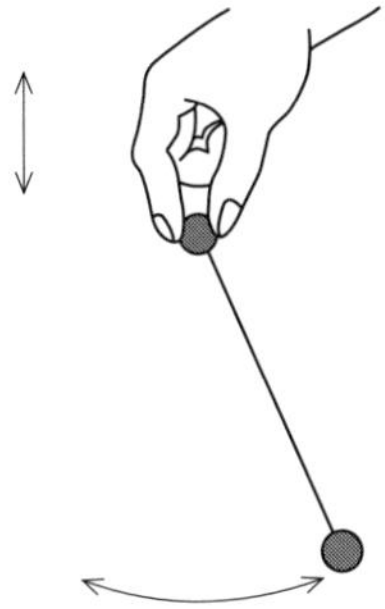

図 1.3 周期外力付き振り子

1.3 最小点

作用積分の値を最小にする $\boldsymbol{q}$ を**最小点** (minimizer) という．有限次元空間上の微分とまったく同様に，ガトー微分可能な汎関数の最小点や最大点は臨界点である．実際，$\boldsymbol{q}^*$ を $\mathcal{A}(\boldsymbol{q})$ の最小点とすると，

$$\mathcal{A}(\boldsymbol{q}^* + h\boldsymbol{\delta}) \geq \mathcal{A}(\boldsymbol{q}^*)$$

が成り立つ．したがって，$h > 0$ なら

$$\frac{\mathcal{A}(\boldsymbol{q} + h\boldsymbol{\delta}) - \mathcal{A}(\boldsymbol{q})}{h} \geq 0$$

で，$h < 0$ なら

$$\frac{\mathcal{A}(\boldsymbol{q} + h\boldsymbol{\delta}) - \mathcal{A}(\boldsymbol{q})}{h} \leq 0$$

であるから，$\mathcal{A}'(\boldsymbol{q}^*)\boldsymbol{\delta} = 0$ である．本書では，作用積分の最小点の存在からさまざまな特殊解の存在を示していく．

1.4 オイラー–ラグランジュ方程式の座標変換不変性—その1

新たな座標を代入したラグランジアンに関するオイラー–ラグランジュ方程式は，もとのオイラー–ラグランジュ方程式を座標変換したものと一致する．このことを変分構造を用いて示そう．

$\mathcal{D}, \mathcal{D}' \subset \mathbb{R}^N$ を開集合とし $\varphi\colon \mathcal{D}' \times \mathbb{R} \to \mathcal{D}$ は滑らかで，t を固定するごとに $\varphi(\cdot, t)$ は微分同相写像であるとする．$\varphi(\cdot, t)$ は t を固定したもとで定まる写像 $\boldsymbol{Q} \mapsto \varphi(\boldsymbol{Q}, t)$ を表す．

φ による変換 $\boldsymbol{q} = \varphi(\boldsymbol{Q}, t)$ を考える．速度ベクトルの変換はこれから自然に導かれるものとする．つまり，$\boldsymbol{Q} \in \mathcal{D}'$ を固定するごとに，

$$\dot{\boldsymbol{q}} = D_{\boldsymbol{Q}}\varphi(\boldsymbol{Q}, t)\dot{\boldsymbol{Q}} + \frac{\partial \varphi}{\partial t}(\boldsymbol{Q}, t)$$

とする．$D_{\boldsymbol{Q}}\varphi(\boldsymbol{Q})$ は φ の $\boldsymbol{Q}$ を独立変数としたときのヤコビ行列である．

$$L_1(\boldsymbol{Q}, \dot{\boldsymbol{Q}}, t) = L\left(\varphi(\boldsymbol{Q}), D_{\boldsymbol{Q}}\varphi(\boldsymbol{Q}, t)\dot{\boldsymbol{Q}} + \frac{\partial \varphi}{\partial t}(\boldsymbol{Q}, t), t\right)$$

とおく．示したいことは，次の定理である

定理 1.12. $\boldsymbol{q}(t)$ が $L(\boldsymbol{q}, \dot{\boldsymbol{q}}, t)$ に対するオイラー–ラグランジュ方程式

$$\frac{d}{dt}\left(\frac{\partial L}{\partial \dot{q}_k}(\boldsymbol{q}(t), \dot{\boldsymbol{q}}(t), t)\right) = \frac{\partial L}{\partial q_k}(\boldsymbol{q}(t), \dot{\boldsymbol{q}}(t), t) \qquad (k = 1, \cdots, N)$$

を満たすことと，対応する $\boldsymbol{Q}(t)(\boldsymbol{q}(t) = \varphi(\boldsymbol{Q}(t), t))$ が $L_1(\boldsymbol{Q}, \dot{\boldsymbol{Q}}, t)$ に対するオイラー–ラグランジュ方程式

$$\frac{d}{dt}\left(\frac{\partial L_1}{\partial \dot{Q}_k}\left(\boldsymbol{Q}(t), \dot{\boldsymbol{Q}}(t), t\right)\right) = \frac{\partial L_1}{\partial Q_k}\left(\boldsymbol{Q}(t), \dot{\boldsymbol{Q}}(t), t\right) \qquad (k = 1, \cdots, N)$$

を満たすことは同値である．

これはオイラー–ラグランジュ方程式を変数変換することで証明できるが，なかなか計算が複雑になる (試みてみよ)．ここでは変分構造の観点から証明する．まず，臨界点が作用積分の最小点である場合について示す．

定理 1.12 の証明 (最小点の場合). $\boldsymbol{q}(t)$ に対する作用積分を

$$\mathcal{A}(\boldsymbol{q}) = \int_{t_0}^{t_1} L(\boldsymbol{q}, \dot{\boldsymbol{q}}, t)dt$$

とし，$\boldsymbol{Q}$ の座標における曲線 $\boldsymbol{Q}(t)$ に対する作用積分を

$$\mathcal{A}_1(\boldsymbol{Q}) = \int_{t_0}^{t_1} L_1(\boldsymbol{Q}, \dot{\boldsymbol{Q}}, t)dt$$

とする．曲線 $\boldsymbol{Q}(t)$ $(t \in [t_0, t_1])$ が曲線 $\boldsymbol{q}(t)$ $(t \in [t_0, t_1])$ に対応している，つまり

$$\boldsymbol{q}(t) = \varphi(\boldsymbol{Q}(t), t) \qquad (t \in [t_0, t_1]) \tag{1.11}$$

のとき，

$$\mathcal{A}(\boldsymbol{q}) = \mathcal{A}_1(\boldsymbol{Q})$$

が成り立つ．ここで $\boldsymbol{a}_0 = \varphi(\boldsymbol{b}_0)$, $\boldsymbol{a}_1 = \varphi(\boldsymbol{b}_1) \in \mathcal{D}$ とする．(1.11) により，$\Omega([t_0, t_1], \mathcal{D}; \boldsymbol{a}_0, \boldsymbol{a}_1)$ と $\Omega([t_0, t_1], \mathcal{D}'; \boldsymbol{b}_0, \boldsymbol{b}_1)$ は 1 対 1 に対応し，対応する作用積分の値も一致する．したがって，$\boldsymbol{q}^*(t) \in \Omega([t_0, t_1], \mathcal{D}; \boldsymbol{a}_0, \boldsymbol{a}_1)$ が $\mathcal{A}(\boldsymbol{q})$ の最小点なら，対応する $\boldsymbol{Q}^*(t) \in \Omega([t_0, t_1], \mathcal{D}'; \boldsymbol{b}_0, \boldsymbol{b}_1)$ は $\mathcal{A}_1(\boldsymbol{Q})$ の最小点である．したがって，$\mathcal{A}(\boldsymbol{q})$ の最小点 $\boldsymbol{q}^*$ は $L(\boldsymbol{q}, \dot{\boldsymbol{q}})$ に対するオイラー–ラグランジュ方程式を満たし，対応する $\boldsymbol{Q}^*$ も $\mathcal{A}_1(\boldsymbol{Q})$ の最小点であるから $L_1(\boldsymbol{Q}, \dot{\boldsymbol{Q}}, t)$ に対するオイラー–ラグランジュ方程式を満たす．　□

次節で，作用積分の最小点とは限らないオイラー–ラグランジュ方程式の解についても成立することを示す．

1.5 オイラー–ラグランジュ方程式の座標変換不変性—その2

$\boldsymbol{q} \in C^2([t_0, t_1], \mathcal{D})$ に対して，$\varepsilon > 0$ とし，C^2 級写像 $\boldsymbol{r}\colon [t_0, t_1] \times (-\varepsilon, \varepsilon) \to \mathcal{D}$ が

$$\begin{aligned} \boldsymbol{r}(t, 0) &= \boldsymbol{q}(t) & &(t \in [t_0, t_1]) \\ \boldsymbol{r}(t_0, h) &= \boldsymbol{a}_0 & &(h \in (-\varepsilon, \varepsilon)) \\ \boldsymbol{r}(t_1, h) &= \boldsymbol{a}_1 & &(h \in (-\varepsilon, \varepsilon)) \end{aligned} \tag{1.12}$$

を満たすとする．これを，作用積分 $\mathcal{A}$ に代入して $h = 0$ における微分を考える．これはガトー微分の一般化である．ガトー微分は $\boldsymbol{\delta}(t_0) = \boldsymbol{\delta}(t_1) = \boldsymbol{0}$ を満たす $\boldsymbol{\delta}(t)$ をとり，$\boldsymbol{r}(t, h) = \boldsymbol{q}(t) + h\boldsymbol{\delta}(t)$ を $\mathcal{A}$ に代入して微分したものである．

命題 1.13. $L(\boldsymbol{q}, \dot{\boldsymbol{q}}, t)$ が C^2 級とする．$\boldsymbol{q} \in C^2([t_0, t_1], \mathcal{D})$ について，(1.12) を満たす任意の $\boldsymbol{r}$ に対し $h = 0$ における $\mathcal{A}(\boldsymbol{r}(\cdot, h))$ の微分が 0 になることと，$\boldsymbol{q}(t)$ がオイラー–ラグランジュ方程式を満たすことは同値である．

証明. $\mathcal{A}(\boldsymbol{r}(\cdot, h))$ の h に関する微分を計算すると，

$$\begin{aligned} \left.\frac{d}{dh}\right|_{h=0} \mathcal{A}(\boldsymbol{r}(\cdot, h)) &= \int_{t_0}^{t_1} \left.\frac{d}{dh}\right|_{h=0} L\left(\boldsymbol{r}(t, h), \frac{\partial \boldsymbol{r}}{\partial t}(t, h), t\right) dt \\ &= \int_{t_0}^{t_1} \sum_{k=1}^{N} \frac{\partial L}{\partial q_k}\frac{\partial r_k}{\partial h}(t, 0) + \frac{\partial L}{\partial \dot{q}_k}\frac{\partial^2 r_k}{\partial h \partial t}(t, 0) dt \\ &= \left[\frac{\partial L}{\partial \dot{q}_k}\frac{\partial r_k}{\partial h}(t, 0)\right]_{t_0}^{t_1} \\ &\quad + \int_{t_0}^{t_1} \sum_{k=1}^{N} \frac{\partial L}{\partial q_k}\frac{\partial r_k}{\partial h}(t, 0) - \frac{d}{dt}\frac{\partial L}{\partial \dot{q}_k}\frac{\partial r_k}{\partial h}(t, 0) dt \\ &= \int_{t_0}^{t_1} \sum_{k=1}^{N} \left(\frac{\partial L}{\partial q_k} - \frac{d}{dt}\frac{\partial L}{\partial \dot{q}_k}\right)\frac{\partial r_k}{\partial h}(t, 0) dt \end{aligned}$$

となる．よって，オイラー–ラグランジュ方程式を満たせば，

$$\left.\frac{d}{dh}\right|_{h=0} \mathcal{A}(\boldsymbol{r}(\cdot,h)) = 0$$

である．

逆に，(1.12) 条件を満たす任意の $\boldsymbol{r}$ について

$$\left.\frac{d}{dh}\right|_{h=0} \mathcal{A}(\boldsymbol{r}(\cdot,h)) = 0$$

とする．これからガトー微分が 0 であることが導出されるので，定理 1.7 よりオイラー–ラグランジュ方程式が成立する． □

定理 1.12 の証明 (一般の臨界点の場合). 前節と同じく，L を φ により変換したものを L_1 としよう．$\boldsymbol{q}(t) \in C^2([t_0,t_1],\mathcal{D})$ が L に対するオイラー–ラグランジュ方程式を満たすとする．(1.12) を満たす任意の $\boldsymbol{r}(\cdot,h)$ について，

$$\left.\frac{d}{dh}\right|_{h=0} \mathcal{A}(\boldsymbol{r}(\cdot,h)) = 0$$

が成り立つ．

$\boldsymbol{a}_0 = \boldsymbol{q}(t_0) = \varphi(\boldsymbol{b}_0,t_0)$, $\boldsymbol{a}_1 = \boldsymbol{q}(t_1) = \varphi(\boldsymbol{b}_1,t_1)$, $\boldsymbol{q}(t) = \varphi(\boldsymbol{Q}(t),t)$ とし，$\boldsymbol{R}\colon [t_0,t_1]\times(\varepsilon,\varepsilon)\to\mathcal{D}_1$ を

$$\begin{aligned} \boldsymbol{R}(t,0) &= \boldsymbol{Q}(t) && (t\in[t_0,t_1]) \\ \boldsymbol{R}(t_0,h) &= \boldsymbol{b}_0 && (h\in(-\varepsilon,\varepsilon)) \\ \boldsymbol{R}(t_1,h) &= \boldsymbol{b}_1 && (h\in(-\varepsilon,\varepsilon)) \end{aligned}$$

を満たす任意の C^2 級写像とする．$\boldsymbol{r}(t,h) = \varphi(\boldsymbol{R}(t,h),t)$ とすると，

$$\mathcal{A}(\boldsymbol{r}(\cdot,h)) = \mathcal{A}_1(\boldsymbol{R}(\cdot,h))$$

が成り立つので，

$$\left.\frac{d}{dh}\right|_{h=0} \mathcal{A}_1(\boldsymbol{R}(\cdot,h)) = 0$$

が成立する．したがって，$\boldsymbol{Q}(t)$ は L_1 に対するオイラー–ラグランジュ方程式を満たす．$\varphi(\cdot,t)^{-1}$ について考えることで，逆も同様にいえる． □

注意 1.14. 以上の結果は，ガトー微分では直接的には示せない．なぜなら，$\boldsymbol{Q}(t)$ に変形 $h\boldsymbol{\Delta}(t)$ を加えた $\boldsymbol{Q}(t)+h\boldsymbol{\Delta}(t)$ を φ で移した $\varphi(\boldsymbol{Q}(t)+h\boldsymbol{\Delta}(t),t)$ は必ずしも $\boldsymbol{q}+h\boldsymbol{\delta}(t)$ の形では表せないからである．

第2章

最小点の存在

本書では，変分構造を用いて，力学の運動方程式についてさまざまな解の存在証明を行なっていく．この章では，その基礎となる作用積分の最小点の存在定理を述べる．定理を述べるために関数解析の用語を説明した後に，最小点の存在定理を紹介する．その定理の証明は第 9 章で述べる．

2.1 関数解析からの準備

最小点の存在定理を述べるのために必要となる関数解析の用語の定義や定理を紹介する．多くの証明は省くので，詳しくは関数解析の本 ([137, 153, 155] など) を参照されたい．

実計量線形空間 E を考える．実計量線形空間とは，内積 $\langle\cdot,\cdot\rangle_E$ をもつ線形空間 (ベクトル空間) のことである．つまり，E は実数をスカラーとする線形空間の公理を満たし，$\langle\cdot,\cdot\rangle_E$ は内積の公理を満たす．線形代数で通常課される条件「有限個からなる基底の存在」の仮定はしないし，この条件が成り立たない場合の方がここでは重要である．各 $u \in E$ に対して非負の実数 $\|u\|_E$ が $\sqrt{\langle u,u\rangle_E}$ により定まる．$\|\cdot\|_E$ をノルムという．

計量線形空間 E において，$\|u-v\|_E$ により u と v の距離が定まる．この

距離に関して完備[*1]で可分[*2]なとき, E は**ヒルベルト空間**であるという.

例 2.1. 集合

$$l^2 = \left\{ \boldsymbol{a} = \{a_k\}_{k=1}^{\infty} \subset \mathbb{R} \;\middle|\; \sum_{k=1}^{\infty} a_k^2 < \infty \right\}$$

は線形空間で, 内積を

$$\langle \boldsymbol{a}, \boldsymbol{b} \rangle = \sum_{k=1}^{\infty} a_k b_k \qquad (\boldsymbol{a} = \{a_k\}_{k=1}^{\infty}, \boldsymbol{b} = \{b_k\}_{k=1}^{\infty})$$

により定めると, ヒルベルト空間になる (証明については例えば [141] の第 18 講参照).

ヒルベルト空間 E の部分集合について, 開集合, 閉集合といった性質や閉包をとる操作はノルム $\|\cdot\|_E$ で定まる距離に関するものとする[*3].

$I = [t_0, t_1] \subset \mathbb{R}$ を有界閉区間とし, $L^2(I, \mathbb{R})$ を I 上の 2 乗可積分な関数全体とする. つまり, ルベーグ積分可能で

$$\int_{t_0}^{t_1} u(t)^2 dt$$

が有限値として定まるような関数 $u \colon I \to \mathbb{R}$ 全体の集合である. $L^2(I, \mathbb{R})$ は内積

$$\langle u, v \rangle_{L^2} = \int_{t_0}^{t_1} u(t) v(t) dt$$

によりヒルベルト空間になる. ノルムは

$$\|u\|_{L^2} = \sqrt{\int_{t_0}^{t_1} u(t)^2 dt}$$

[*1] 距離空間について, 任意のコーシー列が収束するとき**完備**であるという.

[*2] 距離空間について, 可算個の元からなる稠密な部分集合が存在するとき, **可分**であるという. ヒルベルト空間の定義にこの仮定を課していない本もある.

[*3] この距離により定まる位相を**強位相**という. それとは違う弱位相と呼ばれる位相もある. 弱位相については第 9 章で用いる.

である．このノルムを L^2 **ノルム**という．

値域が多次元 $\mathbb{R}^N$ となる写像 (ベクトル値関数) の場合も，L^2 空間やその内積やノルムは同様に定めることができ，ヒルベルト空間になる．例えば，$\boldsymbol{u} = (u_1, \cdots, u_N), \boldsymbol{v} = (v_1, \cdots, v_N) \colon I \to \mathbb{R}^N$ に対して，内積を

$$\langle \boldsymbol{u}, \boldsymbol{v} \rangle_{L^2} = \sum_{k=1}^{N} \langle u_k, v_k \rangle_{L^2} = \int_{t_0}^{t_1} \sum_{k=1}^{N} u_k(t) v_k(t) dt$$

とする．

関数解析では多くの重要な不等式がある．本書でたびたび用いる不等式について述べる．

不等式

$$\langle f, g \rangle_{L^2} \leq \|f\|_{L^2} \|g\|_{L^2} \tag{2.1}$$

を **コーシー–シュワルツの不等式**という．この不等式を証明をしておこう．$[0,1]$ 上の関数 $f(t), g(t)$ と実数 λ について

$$\int_{t_0}^{t_1} (\lambda f(t) - g(t))^2 dt = \lambda^2 \int_{t_0}^{t_1} f(t)^2 dt - 2\lambda \int_{t_0}^{t_1} f(t) g(t) dt + \int_{t_0}^{t_1} g(t)^2 dt \tag{2.2}$$

の右辺は λ の 2 次多項式で，左辺からこれはつねに 0 以上であるので判別式は 0 以下である．つまり，

$$\left(\int_{t_0}^{t_1} f(t) g(t) dt \right)^2 - \int_{t_0}^{t_1} f(t)^2 dt \int_{t_0}^{t_1} g(t)^2 dt \leq 0$$

が成り立つ．これでコーシー–シュワルツの不等式が示された．なお，等号成立条件は，ある λ で (2.2) が 0 になることであるから，$g(t) = \lambda f(t)$ あるいは $f(t) = 0$ が成り立つことである．

L^2 ノルムを拡張して，$p \geq 1$ に対して，$[t_0, t_1]$ 上の関数 $f(t)$ に対する L^p ノルムを

$$\|f\|_{L^p} = \left(\int_{t_0}^{t_1} |f(t)|^p dt \right)^{1/p}$$

で定める．

$$\frac{1}{p}+\frac{1}{q}=1$$

を満たす $p \geq 1, q \geq 1$ に対して，

$$\|fg\|_{L^1} \leq \|f\|_{L^p}\|g\|_{L^q} \tag{2.3}$$

が成り立つ．これを**ヘルダーの不等式**という[*4]．

また，値域が $\mathbb{R}^N$ の $\boldsymbol{f}\colon [t_0,t_1] \to \mathbb{R}^N$ は各成分が L^p のとき，$\boldsymbol{f} \in L^p([t_0,t_1],\mathbb{R}^N)$ に属するといい，L^p ノルムを

$$\|\boldsymbol{f}\|_{L^p}=\left(\int_{t_0}^{t_1}|\boldsymbol{f}(t)|^p dt\right)^{1/p}=\left(\int_{t_0}^{t_1}\left(\sum_{k=1}^{N}f_k(t)^2\right)^{p/2}dt\right)^{1/p}$$

で定める．コーシー–シュワルツの不等式やヘルダーの不等式も成立する．

命題 2.2. $\boldsymbol{r} \in L^2([t_0,t_1],\mathbb{R}^N)$ に対して，

$$\|\boldsymbol{r}\|_{L^1} \leq \sqrt{t_1-t_0}\|\boldsymbol{r}\|_{L^2}$$

が成り立つ．

証明. コーシー–シュワルツの不等式 (2.1) を用いて，

$$\begin{aligned}\|\boldsymbol{r}\|_{L^1}=\int_{t_0}^{t_1}|\boldsymbol{r}(t)|dt&=\int_{t_0}^{t_1}1\cdot|\boldsymbol{r}(t)|dt=\langle 1,|\boldsymbol{r}|\rangle_{L^2}\\&\leq\|1\|_{L^2}\|\boldsymbol{r}\|_{L^2}=\sqrt{t_1-t_0}\|\boldsymbol{r}\|_{L^2}\end{aligned}$$

---

*4　本書ではあまり使わないが，$p=1$ の場合は $q=\infty$ とみなす．$q=\infty$ に対応するノルムは

$$\|g\|_{L^\infty}=\sup_{t\in[t_0,t_1]}|g(t)|$$

である．ルベーグ積分では，I の測度 0 の部分集合を除いて一致する関数は同一視するので，厳密には上記の上限は意味がない．正確には本質的上限というもの

$$\|g\|_{L^\infty}=\inf\{a\in\mathbb{R} \mid \{x \mid |g(x)|>a\}\text{ の測度が }0\}$$

である．

が成り立つ. □

次に，導関数の概念を拡張するために導関数の特徴付けを考えよう. $\mathcal{C}_0^\infty(I)$ を，$I=[t_0,t_1]$ の端点 $t=t_0,t_1$ で 0 となる I 上の C^∞ 級関数全体の集合とする．関数 $u\colon I\to\mathbb{R}$ を C^1 級関数とすると，任意の $\varphi\in\mathcal{C}_0^\infty(I)$ について，

$$\int_{t_0}^{t_1} u(t)\frac{d\varphi}{dt}(t)dt = [u(t)\varphi(t)]_{t_0}^{t_1} - \int_{t_0}^{t_1}\frac{du}{dt}(t)\varphi(t)dt$$
$$= -\int_{t_0}^{t_1}\frac{du}{dt}(t)\varphi(t)dt$$

が成り立つ．また，ある連続関数 $g\colon I\to\mathbb{R}$ が任意の $\varphi\in\mathcal{C}_0^\infty(I)$ について

$$\int_{t_0}^{t_1} u(t)\frac{d\varphi}{dt}(t)dt = -\int_{t_0}^{t_1} g(t)\varphi(t)dt \tag{2.4}$$

を満たすとすると，

$$\int_{t_0}^{t_1}\left(\frac{du}{dt}(t)-g(t)\right)\varphi(t)dt = 0$$

が成り立つ．$\varphi(t)$ は任意だから，定理 1.7 の証明と同様にして，

$$\frac{du}{dt}(t) = g(t)$$

が I 上で成立することがわかる． つまり，$u(t)$ の導関数 $\dfrac{du}{dt}(t)$ は任意の $\varphi(t)\in C_0^\infty(I)$ について (2.4) を満たすような関数 $g(t)$ として特徴づけられる．これをもとにして，必ずしも微分可能でない関数についても導関数を拡張しよう．

関数 $u\colon I\to\mathbb{R}$ について，関数 $g\colon I\to\mathbb{R}$ が存在して，任意の $\varphi\in\mathcal{C}_0^\infty(I)$ に対して

$$\int_{t_0}^{t_1} u(t)\frac{d\varphi}{dt}(t)dt = -\int_{t_0}^{t_1} g(t)\varphi(t)dt$$

が成立するとき，$g(t)$ を $u(t)$ の**超関数の意味での導関数**という[*5]．すでに確かめたように $u(t)$ が C^1 級のときは超関数の意味での導関数が定まり，それは通常の意味での導関数と一致する．超関数の意味での導関数にも通常の導関数の記法 $\dfrac{du}{dt}(t)$ や $\dot{u}(t)$ を用いる．

$H^1(I)$ を，$u \in L^2(I,\mathbb{R})$ で超関数の意味での導関数 $\dfrac{du}{dt}$ が存在し，$\dfrac{du}{dt} \in L^2(I,\mathbb{R})$ となるような関数 $u\colon I \to \mathbb{R}$ 全体の集合とする．$H^1(I)$ を**ソボレフ空間**という：

$$H^1(I,\mathbb{R}) = \left\{ u : I \to \mathbb{R} \;\middle|\; u \in L^2(I,\mathbb{R}), \frac{du}{dt} \in L^2(I,\mathbb{R}) \right\}.$$

$H^1(I,\mathbb{R})$ は，内積

$$\begin{aligned} \langle u, v \rangle_{H^1} &= \left\langle \frac{du}{dt}, \frac{dv}{dt} \right\rangle_{L^2} + \langle u, v \rangle_{L^2} \\ &= \int_{t_0}^{t_1} \frac{du}{dt}(t)\frac{dv}{dt}(t) + u(t)v(t)dt \end{aligned}$$

によりヒルベルト空間になる．この内積から定まるノルムは，

$$\|u\|_{H^1} = \left(\left\| \frac{du}{dt} \right\|_{L^2} + \|u\|_{L_2} \right)^{1/2} = \left(\int_{t_0}^{t_1} \left| \frac{du}{dt}(t) \right|^2 + |u(t)|^2 dt \right)^{1/2}$$

である．$L^2(I,\mathbb{R}^N)$ と同様にして，値域が多次元版の $H^1(I,\mathbb{R}^N)$ も考えることができ，$\boldsymbol{u}, \boldsymbol{v} \in H^1(I,\mathbb{R}^N)$ の内積を

$$\langle \boldsymbol{u}, \boldsymbol{v} \rangle_{H^1} = \langle \boldsymbol{u}, \boldsymbol{v} \rangle_{L^2} + \langle \dot{\boldsymbol{u}}, \dot{\boldsymbol{v}} \rangle_{L^2} = \sum_{k=1}^{N} (\langle u_k, v_k \rangle_{L^2} + \langle \dot{u}_k, \dot{v}_k \rangle_{L^2})$$

と定め，ノルムはこの内積から定める．

定義だけだと $H^1(I,\mathbb{R})$ に属する関数のイメージは湧きにくいかもしれないが，実は連続関数であることが知られている．

---

*5 関数の概念を一般化した (シュワルツの) 超関数は滑らかな関数への作用素として定義され，超関数の微分は作用される滑らかな関数の微分を用いて定義される．ここで，対象は関数だが超関数論でいう微分の定義を採用していることになる．

定理 2.3 (ソボレフ)**.** $H^1(I,\mathbb{R})$ の元は I 上の連続関数である.

この定理について補足しておく. $q(t) \in H^1(I,\mathbb{R})$ はルベーグ積分論でいう関数であり, ほとんどいたるところ同じ値をとる関数は同値とみなすので, 連続といっても意味がない. この定理の主張していることは, その同値類に連続関数がただ一つ含まれるということである. 同値類に属する関数に対し測度 0 集合上の値を適当に置き換えると連続関数になる, といってもよい.

今後, この定理をもとにして, $H^1(I,\mathbb{R}^N)$ の曲線に制限を与えることがある. 例えば, 固定端点条件 $\boldsymbol{q}(t_0) = \boldsymbol{a}_0$, $\boldsymbol{q}(t_1) = \boldsymbol{a}_1$ は, $\boldsymbol{q}(t) \in H^1(I,\mathbb{R}^N)$ を連続とみなすことで意味を持たせることができる.

H^1 関数について, 微積分の基本定理が成立する.

命題 2.4. $f \in H^1([t_0,t_1],\mathbb{R})$ なら,

$$f(t_1) - f(t_0) = \int_{t_0}^{t_1} \dot{f}(t)dt$$

が成立する.

本書では曲線の長さを用いて作用積分の評価をすることがある. $\boldsymbol{q}(t)$ $(t \in [t_0,t_1])$ が C^1 級であれば, $\boldsymbol{q}(t)$ が描く曲線の長さ[*6]は

$$\int_{t_0}^{t_1} \sqrt{\sum_{k=1}^{n} \left(\frac{dq_k}{dt}\right)^2} dt = \|\dot{\boldsymbol{q}}\|_{L^1}$$

である. これは, H^1 曲線についても成立する.

命題 2.5. 曲線 $\boldsymbol{q} \in H^1([t_0,t_1],\mathbb{R}^N)$ の長さは $\|\dot{\boldsymbol{q}}\|_{L^1}$ である.

---

*6 区間 $[t_0,t_1]$ の分割 $t_0 = a_0 < a_1 < \cdots < a_n = t_1$ をとり, $\boldsymbol{q}(a_{i-1})$ と $\boldsymbol{q}(a_i)$ を結んでできる折れ線の長さは $\displaystyle\sum_{i=1}^{n} |\boldsymbol{q}(a_i) - \boldsymbol{q}(a_{i-1})|$ であり, 曲線 $\boldsymbol{q}(t)(t \in [t_0,t_1])$ の長さは $[t_0,t_1]$ のあらゆる分割に対する折れ線の長さの上限で定義される.

次の不等式も本書では繰り返し用いる.

命題 2.6. $a < b$ とし，$C = b - a$ とおく.

$$[f] := \int_a^b f(t)dt = 0$$

を満たす任意の $f \in H^1([a,b],\mathbb{R})$ に対して,

$$\|f\|_{L^2} \leq C\|\dot{f}\|_{L^2}$$

が成り立つ. また,

$$[\boldsymbol{f}] := \int_a^b \boldsymbol{f}(t)dt = \left(\int_a^b f_1(t)dt, \cdots, \int_a^b f_N(t)dt\right) = \mathbf{0}$$

を満たす任意の $\boldsymbol{f} = (f_1, \cdots, f_N) \in H^1([a,b],\mathbb{R}^N)$ に対して,

$$\|\boldsymbol{f}\|_{L^2} \leq C\|\dot{\boldsymbol{f}}\|_{L^2}$$

が成り立つ. また, $[\boldsymbol{f}] = 0$ の仮定を, ある t_0 について $\boldsymbol{f}(t_0) = 0$ が成り立つとしてもよい.

これはポアンカレの不等式 ([153, 155] 参照) と呼ばれるものの 1 変数版である.

証明. $[f] = 0$ を満たすとすると, $f(t_0) = 0$ となる $t_0 \in [a,b]$ が存在する. よって, 任意の $t \in [a,b]$ に対して,

$$\begin{aligned} |f(t)| = |f(t) - f(t_0)| &= \left|\int_{t_0}^t \dot{f}(t)dt\right| \leq \left|\int_{t_0}^t |\dot{f}(t)|dt\right| \\ &\leq \int_a^b |\dot{f}(t)|dt = \|\dot{f}\|_{L^1} \end{aligned}$$

が成り立つ. ヘルダーの不等式より,

$$\|\dot{f}\|_{L^1} = \|1 \cdot \dot{f}\|_{L^1} \leq \|1\|_{L^2}\|\dot{f}\|_{L^2} = (b-a)^{1/2}\|\dot{f}\|_{L^2}$$

が成り立つので，上と合わせて

$$|f(t)| \leq (b-a)^{1/2}\|\dot{f}\|_{L^2}$$

が得られる．両辺を 2 乗して積分すると，

$$\|f\|_{L^2}^2 = \int_a^b |f(t)|^2 dt \leq \int_a^b (b-a)\|\dot{f}\|_{L^2}^2 dt = (b-a)^2\|\dot{f}\|_{L^2}^2$$

となる．

$[\boldsymbol{f}] = \boldsymbol{0}$ を満たす $\boldsymbol{f} \in H^1([a,b], \mathbb{R}^N)$ の場合は，$\boldsymbol{f}(t) = (f_1(t), \cdots, f_N(t))$ の各成分 $f_k(t)$ について

$$\|f_k\|_{L^2} \leq C\|\dot{f}_k\|_{L^2}$$

が成立するので，

$$\|\boldsymbol{f}\|_{L^2}^2 = \sum_{k=1}^N \|f_k\|_{L^2}^2 \leq \sum_{k=1}^N C^2\|\dot{f}_k\|_{L^2}^2 = C^2\|\dot{\boldsymbol{f}}\|_{L^2}^2$$

となる． □

2.2 最小点の存在

定義 2.7. E をヒルベルト空間とし，Γ を E の部分集合とする．Γ 上の汎関数 $\mathcal{I}(\boldsymbol{q})$ が**強圧的** (coercive) であるとは，$\|\boldsymbol{q}\|_E \to \infty\,(\boldsymbol{q} \in \Gamma)$ のとき $\mathcal{I}(\boldsymbol{q}) \to \infty$ となることである．

$\mathbb{R}^N \times \mathbb{R}$ 上の C^r 級 $(r \geq 1)$ のポテンシャル関数 $V(\boldsymbol{q}, t)$ に対するラグランジアン

$$L(\boldsymbol{q}, \dot{\boldsymbol{q}}, t) = \frac{1}{2}\sum_{k=1}^N m_k \dot{q}_k^2 - V(\boldsymbol{q}, t) \tag{2.5}$$

と作用積分

$$\mathcal{A}(\boldsymbol{q}) = \int_{t_0}^{t_1} L(\boldsymbol{q}(t), \dot{\boldsymbol{q}}(t), t)dt \tag{2.6}$$

を考える．

ヒルベルト空間 E の部分集合 K が凸であるとは，任意の $u, v \in K$ と任意の $s \in [0,1]$ に対して $su + (1-s)v \in K$ をみたすことをいう．

定理 2.8. $m_k > 0$, $I = [t_0, t_1]$, $\Omega \subset H^1(I, \mathbb{R}^N)$ $(\Omega \neq \emptyset)$ とし，Ω の閉包 $\overline{\Omega}$ が凸であるとする．(2.5), (2.6) で定まる作用積分を Ω に制限したもの $\mathcal{A}|_\Omega$ が強圧的のとき，Ω における $\mathcal{A}(\boldsymbol{q})$ の最小点 $\boldsymbol{q}^* \in \overline{\Omega}$ が存在する．すなわち，

$$\mathcal{A}(\boldsymbol{q}^*) = \inf_{\boldsymbol{q} \in \Omega} \mathcal{A}(\boldsymbol{q})$$

を満たす $\boldsymbol{q}^*$ が Ω の閉包 $\overline{\Omega}$ に存在する．

ここで注意しなければならないのは，最小点 $\boldsymbol{q}^*$ は Ω ではなく，Ω の閉包 $\overline{\Omega}$ に存在するということで，Ω の境界 $\partial\Omega$ に属する可能性があるということである．この場合，作用積分の臨界点であるとはいえない．例えば，$f(x) = x^3 - x$ $(x \in [-2, 2])$ の最小点は $x = -2$ であるが，そこでの微分は 0 ではない．

ソボレフ空間の元 $\boldsymbol{q}(t) \in H^1(I, \mathbb{R}^N)$ は，必ずしも通常の意味で微分可能とは限らないが，作用積分の臨界点については滑らかであり，ポテンシャル系の解である．

定理 2.9. ポテンシャル関数 $V(\boldsymbol{q}, t)$ が C^r 級関数 $(r \geq 1)$ であるとする．$\boldsymbol{q}^* \in H^1(I, \mathbb{R}^N)$ が固定端点条件または周期境界条件のもとでの作用積分の臨界点であれば，$\boldsymbol{q}^*$ は C^{r+1} 級であり，対応するポテンシャル系の解である．

定理 2.8, 2.9 の証明は第 9 章で行う．

第3章

固定端点条件を満たす解

本章では，始点と終点の位置と時間を指定されたもとで作用積分の最小点が存在することを示す．そのことにより，その境界条件を満たすポテンシャル系の解が存在することを証明する．また，境界を集合としたときには，作用積分の臨界点として得られた解はその集合に直交することを示す．自励的なポテンシャル系の場合はエネルギーを保存するが，作用積分の最小点として得られた解のエネルギーの値は一般にはわからない．積分区間の変動を許すことでエネルギーの値を指定できる変分構造を導入する．

3.1 重力のもとでの質点の運動

簡単な例から始めよう．xy 平面の質量 m の質点に鉛直下向きに重力が働いているとする．このとき，ポテンシャル関数は

$$V(x,y) = mgy$$

である．任意に $(x_0, y_0), (x_1, y_1)$ と $t_0 < t_1$ をとる．これらに対して，

$$(x(t_0), y(t_0)) = (x_0, y_0), \qquad (x(t_1), y(t_1)) = (x_1, y_1) \tag{3.1}$$

を満たす解 $(x(t), y(t))$ を求めよう．このポテンシャル系の一般解は $a, b, A, B \in \mathbb{R}$ を未定定数として

$$(x(t), y(t)) = \left(at + b, -\frac{1}{2}gt^2 + At + B\right) \tag{3.2}$$

の形で与えられる．a, b, A, B を

$$a = \frac{x_1 - x_0}{t_1 - t_0}, \qquad b = \frac{t_1 x_0 - t_0 x_1}{t_1 - t_0}$$
$$A = \frac{g}{2}(t_1 + t_0) + \frac{y_1 - y_0}{t_1 - t_0}, \qquad B = -\frac{g}{2}t_0 t_1 + \frac{t_1 y_0 - t_0 y_1}{t_1 - t_0}$$

とすると解は式 (3.1) を満たす (図 3.1).

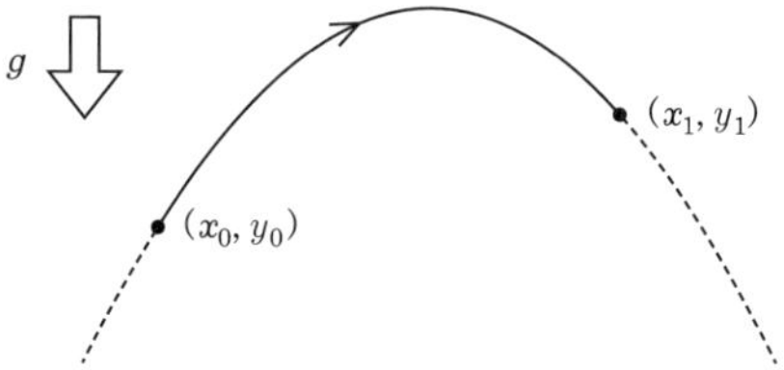

図 3.1 放物運動

次節からより一般的なポテンシャル系において，任意に与えた固定端点条件のもと，変分法により解の存在を示す．

3.2 固定端点条件のもとでの最小点の存在

$\mathbb{R}^N$ 上のポテンシャル関数 $V(\boldsymbol{q}, t)$ が，ある $\alpha > 0, \beta \in \mathbb{R}$ と $0 < k < 2$ に対して，

$$V(\boldsymbol{q}, t) \leq \alpha |\boldsymbol{q}|^k + \beta \qquad (\boldsymbol{q} \in \mathbb{R}^N,\ t \in \mathbb{R}) \tag{3.3}$$

を満たすとする．このとき，

$$m_k \frac{d^2 q_k}{dt^2} = -\frac{\partial V}{\partial q_k}(\boldsymbol{q}, t) \qquad (k = 1, \cdots, N) \tag{3.4}$$

に対する作用積分は

$$\mathcal{A}(\boldsymbol{q}) = \int_{t_0}^{t_1} \frac{1}{2}\sum_{k=1}^{N} m_k \dot{q}_k^2 - V(\boldsymbol{q}, t)dt$$

である．この $\mathcal{A}(\boldsymbol{q})$ が強圧的であるとを示そう．条件 (3.3) から $m = \min\{m_1, \cdots, m_N\} > 0$ とすると，

$$\begin{aligned}\mathcal{A}(\boldsymbol{q}) &\geq \frac{m}{2}\|\dot{\boldsymbol{q}}\|_{L^2}^2 - \int_{t_0}^{t_1} \alpha|\boldsymbol{q}|^k dt - \beta(t_1 - t_0) \\ &= \frac{m}{2}\|\dot{\boldsymbol{q}}\|_{L^2}^2 - \alpha\||\boldsymbol{q}|^k\|_{L^1} - \beta(t_1 - t_0) \end{aligned} \tag{3.5}$$

と評価できる．ここで，ヘルダーの不等式 (2.3) で $f = 1$, $g = |\boldsymbol{q}|^k$, $p = \dfrac{2}{2-k}$, $q = \dfrac{2}{k}$ とすると，

$$\begin{aligned}\||\boldsymbol{q}|^k\|_{L^1} &\leq \|1\|_p \||\boldsymbol{q}|^k\|_q \\ &= (t_1 - t_0)^{1/p}\left(\int_{t_0}^{t_1} |\boldsymbol{q}(t)|^{kq} dt\right)^{1/q} \\ &= (t_1 - t_0)^{(2-k)/2}\left(\int_{t_0}^{t_1} |\boldsymbol{q}(t)|^2 dt\right)^{k/2} \\ &= (t_1 - t_0)^{(2-k)/2}\|\boldsymbol{q}\|_{L^2}^k \end{aligned}$$

となる．また，$\boldsymbol{a}_0, \boldsymbol{a}_1 \in \mathbb{R}^N$ と $t_0 < t_1$ を任意に固定し，

$$\Gamma([t_0, t_1], \mathbb{R}^N; \boldsymbol{a}_0, \boldsymbol{a}_1) = \{\boldsymbol{q} \in H^1([t_0, t_1], \mathbb{R}^N) \mid \boldsymbol{q}(t_0) = \boldsymbol{a}_0,\ \boldsymbol{q}(t_1) = \boldsymbol{a}_1\}$$

とする．$\|\boldsymbol{q}\|_{L^2} > \max\{|\boldsymbol{a}_0|, |\boldsymbol{a}_1|\}$ を満たす $\boldsymbol{q} \in \Gamma([t_0, t_1], \mathbb{R}^N; \boldsymbol{a}_0, \boldsymbol{a}_1)$ をとる．$|\boldsymbol{q}(t)|$ が最大となる $t \in [t_0, t_1]$ を τ とすると，

$$\|\boldsymbol{q}\|_{L^2}^2 = \int_{t_0}^{t_1} |\boldsymbol{q}(t)|^2 dt \leq \int_{t_0}^{t_1} |\boldsymbol{q}(\tau)|^2 dt = (t_1 - t_0)|\boldsymbol{q}(\tau)|^2$$

となり，$|\boldsymbol{q}(\tau)| \geq (t_1 - t_0)^{-1/2}\|\boldsymbol{q}\|_{L^2}$ が成り立つ．$\boldsymbol{q}(t)$ $(t \in [t_0, t_1])$ の描く

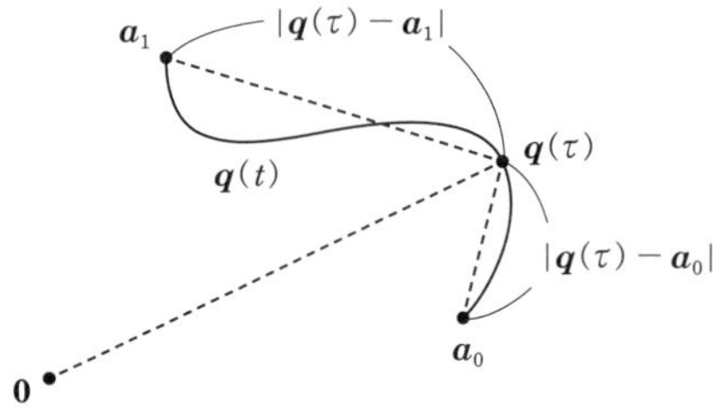

図 3.2　$\boldsymbol{a}_0, \boldsymbol{a}_1, \boldsymbol{q}(\tau)$

曲線の長さは $\int_{t_0}^{t_1} |\dot{\boldsymbol{q}}(t)|dt$ であるから，図 3.2 より

$$\begin{aligned}\int_{t_0}^{t_1} |\dot{\boldsymbol{q}}(t)|dt &\geq |\boldsymbol{q}(\tau)-\boldsymbol{a}_0| + |\boldsymbol{q}(\tau)-\boldsymbol{a}_1| \\ &\geq (|\boldsymbol{q}(\tau)| - |\boldsymbol{a}_0|) + (|\boldsymbol{q}(\tau)| - |\boldsymbol{a}_1|) \\ &\geq 2(t_1-t_0)^{-1/2}\|\boldsymbol{q}\|_{L^2} - |\boldsymbol{a}_0| - |\boldsymbol{a}_1| \end{aligned} \tag{3.6}$$

と評価できる．

ここで，曲線 $\boldsymbol{q}(t)$ $(t \in [t_0, t_1])$ の長さ $\int_{t_0}^{t_1} |\dot{\boldsymbol{q}}(t)|dt$ は $\dot{\boldsymbol{q}}$ の L_1 ノルム $\|\dot{\boldsymbol{q}}\|_{L^1}$ であった．これが，$\|\dot{\boldsymbol{q}}\|_{L^2}$ で抑えられることを確認しておく．

命題 2.2 より，

$$\|\dot{\boldsymbol{q}}\|_{L^1} \leq \sqrt{t_1-t_0}\|\dot{\boldsymbol{q}}\|_{L^2} \tag{3.7}$$

が成り立つ．この不等式と (3.6) より，

$$(t_1-t_0)\|\dot{\boldsymbol{q}}\|_{L^2}^2 \geq \left(2(t_1-t_0)^{-1/2}\|\boldsymbol{q}\|_{L^2} - |\boldsymbol{a}_0| - |\boldsymbol{a}_1|\right)^2$$

が成立する．また，(3.5) より

$$\begin{aligned}\mathcal{A}(\boldsymbol{q}) &\geq \frac{m}{4}\|\dot{\boldsymbol{q}}\|_{L^2}^2 + \frac{m}{4}\|\dot{\boldsymbol{q}}\|_{L^2}^2 - \alpha\||\boldsymbol{q}|^k\|_{L^1} - \beta(t_1-t_0) \\ &\geq \frac{m}{4}\|\dot{\boldsymbol{q}}\|_{L^2}^2 + \frac{m(2(t_1-t_0)^{-1/2}\|\boldsymbol{q}\|_{L^2} - |\boldsymbol{a}_0| - |\boldsymbol{a}_1|)^2}{4(t_1-t_0)} \\ &\qquad - (t_1-t_0)^{2/(2-k)}\|\boldsymbol{q}\|_{L^2}^k - \beta(t_1-t_0)\end{aligned}$$

と評価できる．$\|\boldsymbol{q}\|_{H^1} \to \infty$ のとき，$\|\boldsymbol{q}\|_{L^2}$ と $\|\dot{\boldsymbol{q}}\|_{L^2}$ の少なくとも一方は無限大に発散するので，$\mathcal{A}(\boldsymbol{q})$ も発散する．これで，強圧的であることが示された．したがって，定理 2.8 より $\mathcal{A}(\boldsymbol{q})$ の $\Gamma([t_0,t_1],\mathbb{R}^N;\boldsymbol{a}_0,\boldsymbol{a}_1)$ における最小点が存在し，それは $\boldsymbol{q}(t_0)=\boldsymbol{a}_0$, $\boldsymbol{q}(t_1)=\boldsymbol{a}_1$ を満たす解になる．次の結果が得られた．

定理 3.1. $\mathbb{R}^N$ 上の C^1 級のポテンシャル関数 $V(\boldsymbol{q},t)$ が，ある $\alpha>0$, $\beta\in\mathbb{R}$ と $0<k<2$ に対して (3.3) を満たすとする．このとき，任意の $\boldsymbol{a}_0$, $\boldsymbol{a}_1 \in \mathbb{R}^N$ と任意の $t_0<t_1$ について，$\boldsymbol{q}(t_0)=\boldsymbol{a}_0$, $\boldsymbol{q}(t_1)=\boldsymbol{a}_1$ を満たす (3.4) の解 $\boldsymbol{q}(t)$ が存在する．

さて，n 体問題について，次の結果が知られている．

定理 3.2 (マーシャル [60])**.** $d=2$ または 3 とし，$m_k>0$ $(k=1,\cdots,n)$ を任意にとる．$\mathbb{R}^d$ 上の n 体問題を考える：

$$m_k\frac{d^2\boldsymbol{q}_k}{dt^2} = -\sum_{j\neq k}\frac{m_k m_j(\boldsymbol{q}_k-\boldsymbol{q}_j)}{|\boldsymbol{q}_k-\boldsymbol{q}_j|^3} \qquad (\boldsymbol{q}_k\in\mathbb{R}^d,\ k=1,\cdots,n).$$

このとき，任意に 2 つの配置 $\boldsymbol{a}_0,\boldsymbol{a}_1\in(\mathbb{R}^d)^n$ ($\boldsymbol{a}_0,\boldsymbol{a}_1$ は衝突配置でもよい) と任意の $t_0,t_1\in\mathbb{R}$ $(t_0<t_1)$ に対して，$\boldsymbol{q}(t_0)=\boldsymbol{a}_0,\boldsymbol{q}(t_1)=\boldsymbol{a}_1$ を満たす n 体問題の解 $\boldsymbol{q}(t)=(\boldsymbol{q}_1(t),\cdots,\boldsymbol{q}_n(t))$ $(t\in(t_0,t_1))$ が存在する．

この定理の主張は非自明なものであって，2 体問題に対しても変分法を使わずに示すことは容易なことではない．この定理の解は $\boldsymbol{q}(t_0)=\boldsymbol{a}_0$, $\boldsymbol{q}(t_1)=\boldsymbol{a}_1$ を満たす曲線の集合において作用積分を最小化するものとして得られる．n 体問題のポテンシャル関数は

$$V(\boldsymbol{q}) = -\sum_{j\neq k}\frac{m_j m_k}{|\boldsymbol{q}_k-\boldsymbol{q}_j|} < 0$$

であるので，固定端点条件の元での最小点の存在はこれまでの議論からしたがう．それで証明が完了するわけではない．問題は，最小点が衝突をもつ可能性があることである．つまり，ある $t_*\in(t_0,t_1)$ と $j\neq k$ に対し

$\boldsymbol{q}_k(t_*) = \boldsymbol{q}_j(t_*)$ となる可能性が考えられる．このような点では n 体問題の微分方程式の右辺は発散してしまい，意味を持たなくなる．そこで，最小点が衝突を持たないことを示す必要がある．その証明は，第7章で述べる．

3.3 ワイエルシュトラスの定理

前節では固定端点条件のもとでの作用積分の最小点を求めることで，ポテンシャル系についてその条件を満たす解の存在を示した．逆に，ポテンシャル系において，固定端点条件を満たす解は作用積分の最小点かというと，一般にはそうとは限らないが，解に対して時間の区間を十分小さくとると，その範囲における固定端点条件のもとでの作用積分の極小点[*1]であることはいえる．

定理 3.3 (ワイエルシュトラス)**.** ポテンシャル関数 $V(\boldsymbol{q}, t) = -U(\boldsymbol{q}, t)$ は C^2 であるとする．開区間 I で定まる $\boldsymbol{q}(t)$ をこのポテンシャル系の任意の解とし，$t_0 \in I$ を任意にとる．このとき，十分小さな $\varepsilon > 0$ をとると，$\boldsymbol{q}(t)$ を $[t_0 - \varepsilon, t_0 + \varepsilon]$ $(\subset I)$ に限ったものは，その固定端点条件のもとで極小点である．

証明. $\mathcal{A}(\boldsymbol{q} + h\boldsymbol{\delta})$ の $h = 0$ における2階微分

$$\left.\frac{d^2}{dh^2}\right|_{h=0} \mathcal{A}(\boldsymbol{q} + h\boldsymbol{\delta}) = \int_{t_0-\varepsilon}^{t_0+\varepsilon} \sum_{k=1}^{N} m_k \dot{\delta}_k^2 + \sum_{i<j} \frac{\partial^2 U}{\partial q_i \partial q_j}(\boldsymbol{q}, t)\delta_i \delta_j dt$$

を計算する．これは**第2変分**と呼ばれる量である．これが正であれば，$|h| > 0$ が小さいとき

$$\mathcal{A}(\boldsymbol{q} + h\boldsymbol{\delta}) > \mathcal{A}(\boldsymbol{q})$$

が成り立つから，$\boldsymbol{q}$ は極小点である．$t = t_0 \pm \varepsilon$ での位置を固定したもとで

*1 それに近い曲線の中で作用積分を最小にするということ．

の変分問題を考えるので，$\boldsymbol{\delta}(t_0 \pm \varepsilon) = \mathbf{0}$ である．命題 2.6 より

$$\int_{-\varepsilon}^{\varepsilon} \delta_k^2 dt = \|\delta_k\|_{L^2}^2 \leq (2\varepsilon)^2 \|\dot{\delta}_k\|_{L^2}^2 = (2\varepsilon)^2 \int_{-\varepsilon}^{\varepsilon} \dot{\delta}_k^2 dt$$

が成り立つ．これより，

$$\frac{d^2}{dh^2}\bigg|_{h=0} \mathcal{A}(\boldsymbol{q} + h\boldsymbol{\delta}) \geq \int_{t_0-\varepsilon}^{t_0+\varepsilon} \frac{1}{(2\varepsilon)^2} \sum_{k=1}^{N} m_k \delta_k^2 + \sum_{i<j} \frac{\partial^2 U}{\partial q_i \partial q_j}(\boldsymbol{q}, t)\delta_i \delta_j dt$$

が得られる．m を $m_1, \cdots, m_N$ の最小値とすると，

$$\frac{d^2}{dh^2}\bigg|_{h=0} \mathcal{A}(\boldsymbol{q} + h\boldsymbol{\delta}) \geq \frac{1}{\varepsilon^2} \int_{t_0-\varepsilon}^{t_0+\varepsilon} \frac{1}{4} m \sum_{k=1}^{N} \delta_k^2 + \varepsilon^2 \sum_{i<j} \frac{\partial^2 U}{\partial q_i \partial q_j}(\boldsymbol{q}, t)\delta_i \delta_j dt$$

となる．$\varepsilon > 0$ が十分小さければ被積分関数の第 2 項は 0 に近いので，十分小さな $\varepsilon > 0$ に対して右辺は正の値をとる．したがって，第 2 変分は正定値である．□

これから，すべての解は極小点を結合したものであることがわかる．

3.4　最小点の境界点での性質

前節まで固定端点条件のもとでの臨界点について述べてきた．ここで，境界条件を集合にした場合の最小点が満たす性質について述べておく．

$\mathcal{D}$ を $\mathbb{R}^N$ の開集合とし，C^1 級のラグランジアン

$$L(\boldsymbol{q}, \dot{\boldsymbol{q}}, t) \qquad (\boldsymbol{q} \in \mathcal{D},\ \dot{\boldsymbol{q}} \in \mathbb{R}^N,\ t \in \mathbb{R})$$

を考える．$M_0, M_1 \subset \mathcal{D}$ を C^1 級多様体とする[*2]．$t_0 < t_1$ とし，

$$\Gamma([t_0, t_1], \mathcal{D}; M_0, M_1) = \{\boldsymbol{q} \in H^1([t_0, t_1], \mathcal{D}) \mid \boldsymbol{q}(t_0) \in M_0,\ \boldsymbol{q}(t_1) \in M_1\}$$

[*2] 多様体を知らなければ，滑らかな曲線や曲面と考えればよい．また，次の命題に出てくる接空間は，曲線なら接線，曲面なら接平面のことである．

とする．$\Gamma([t_0,t_1],\mathcal{D};M_0,M_1)$ を定義域として作用積分

$$\mathcal{A}(\boldsymbol{q})=\int_{t_0}^{t_1}L(\boldsymbol{q},\dot{\boldsymbol{q}},t)dt$$

を考えよう．

命題 3.4. 以上の仮定のもとで，$\boldsymbol{q}^*(t)$ が $\mathcal{A}(\boldsymbol{q})$ の臨界点であるとすると，

$$\frac{\partial L}{\partial \dot{\boldsymbol{q}}}(\boldsymbol{q}^*(t_0),\dot{\boldsymbol{q}}^*(t_0),t_0)$$

は M_0 の $\boldsymbol{q}^*(t_0)$ における接空間 $T_{\boldsymbol{q}^*(t_0)}M_0$ に直交する．特に，ラグランジアンが

$$L(\boldsymbol{q},\dot{\boldsymbol{q}},t)=\frac{1}{2}|\dot{\boldsymbol{q}}|^2-V(\boldsymbol{q},t)$$

の形の場合，$\dfrac{d\boldsymbol{q}^*}{dt}(t_0)$ は $T_{\boldsymbol{q}^*(t_0)}M_0$ に直交する．$t=t_1$ の部分についても同様である．

証明. $\varepsilon>0$ とし，

$$\boldsymbol{\varphi}\colon(-\varepsilon,\varepsilon)\times[t_0,t_1]\to\mathcal{D}$$

を $\boldsymbol{\varphi}(0,t)=\boldsymbol{q}^*(t)$, $\boldsymbol{\varphi}(s,t_0)\in M_0$, $\boldsymbol{\varphi}(s,t_1)\in M_1$ を満たす任意の C^1 級写像とする．$\mathcal{A}(\boldsymbol{\varphi}(s,\cdot))$ は $s=0$ での微分が 0 となるから，

$$\left.\frac{d}{ds}\right|_{s=0}\mathcal{A}(\boldsymbol{\varphi}(s,\cdot))=0$$

である．この左辺を計算すると，

$$\begin{aligned}&\left.\frac{d}{ds}\right|_{s=0}\mathcal{A}(\boldsymbol{\varphi}(s,\cdot))\\&\quad=\int_{t_0}^{t_1}\frac{\partial L}{\partial \boldsymbol{q}}(\boldsymbol{q}^*(t),\dot{\boldsymbol{q}}^*(t),t)\frac{\partial\boldsymbol{\varphi}}{\partial s}(0,t)+\frac{\partial L}{\partial \dot{\boldsymbol{q}}}(\boldsymbol{q}^*(t),\dot{\boldsymbol{q}}^*(t),t)\frac{\partial^2\boldsymbol{\varphi}}{\partial s\partial t}(0,t)dt\\&\quad=\int_{t_0}^{t_1}\left(\frac{\partial L}{\partial \boldsymbol{q}}(\boldsymbol{q}^*(t),\dot{\boldsymbol{q}}^*(t),t)-\frac{d}{dt}\left(\frac{\partial L}{\partial \dot{\boldsymbol{q}}}(\boldsymbol{q}^*(t),\dot{\boldsymbol{q}}^*(t),t)\right)\right)\frac{\partial\boldsymbol{\varphi}}{\partial s}(0,t)dt\end{aligned}$$

$$+\left[\frac{\partial L}{\partial \dot{\boldsymbol{q}}}(\boldsymbol{q}^*(t), \dot{\boldsymbol{q}}^*(t), t)\frac{\partial \boldsymbol{\varphi}}{\partial s}(0, t)\right]_{t=t_0}^{t_1}$$

である．$\boldsymbol{\varphi}(s,t)$ の任意性よりオイラー–ラグランジュ方程式

$$\frac{\partial L}{\partial \boldsymbol{q}}(\boldsymbol{q}^*(t), \dot{\boldsymbol{q}}^*(t), t) - \frac{d}{dt}\left(\frac{\partial L}{\partial \dot{\boldsymbol{q}}}(\boldsymbol{q}^*(t), \dot{\boldsymbol{q}}^*(t), t)\right) = \boldsymbol{0}$$

と

$$\frac{\partial L}{\partial \dot{\boldsymbol{q}}}(\boldsymbol{q}^*(t_0), \dot{\boldsymbol{q}}^*(t_0), t_0)\frac{\partial \boldsymbol{\varphi}}{\partial s}(0, t_0) = \frac{\partial L}{\partial \dot{\boldsymbol{q}}}(\boldsymbol{q}^*(t_1), \dot{\boldsymbol{q}}^*(t_1), t_1)\frac{\partial \boldsymbol{\varphi}}{\partial s}(0, t_1) = 0$$

が導かれる．$\dfrac{\partial \boldsymbol{\varphi}}{\partial s}(0, t_0)$ としては $T_{\boldsymbol{q}^*(t_0)}M_0$ の任意のベクトルをとれるので，$\dfrac{\partial L}{\partial \dot{\boldsymbol{q}}}(\boldsymbol{q}^*(t_0), \dot{\boldsymbol{q}}^*(t_0), t_0)$ は $T_{\boldsymbol{q}^*(t_0)}M_0$ に直交する． $t = t_1$ についても同様である． □

注意 3.5. M_0 が境界を持つ多様体で $\boldsymbol{q}^*(t_0)$ がその境界に属する場合は，$\dfrac{\partial L}{\partial \dot{\boldsymbol{q}}}(\boldsymbol{q}^*(t_0), \dot{\boldsymbol{q}}^*(t_0), t_0)$ は M_0 に直交するとは限らない． M_1 についても同様である．

例 3.6. $\mathbb{R}^3$ 上のポテンシャル系

$$\frac{d^2\boldsymbol{q}}{dt^2} = -\frac{\partial V}{\partial \boldsymbol{q}}(\boldsymbol{q}, t) \qquad (\boldsymbol{q} \in \mathbb{R}^3)$$

を考える．ある $\alpha > 0$, $\beta \in \mathbb{R}$ と $0 < k < 2$ に対して，

$$V(\boldsymbol{q}, t) \leq \alpha|\boldsymbol{q}|^k + \beta$$

を満たすとする．$M_0, M_1 \subset \mathbb{R}^3$ を任意の C^1 級閉曲線とする．$\boldsymbol{a}_0 \in M_0$, $\boldsymbol{a}_1 \in M_1$ に対し，$\Gamma([t_0, t_1], \mathbb{R}^3; \boldsymbol{a}_0, \boldsymbol{a}_1)$ をとると，$\Gamma([t_0, t_1], \mathbb{R}^3; \boldsymbol{a}_0, \boldsymbol{a}_1)$ における作用積分

$$\mathcal{A}(\boldsymbol{q}) = \int_{t_0}^{t_1} \frac{1}{2}|\dot{\boldsymbol{q}}|^2 - V(\boldsymbol{q}, t)dt$$

の最小点 $\boldsymbol{q}_{\boldsymbol{a}_0,\boldsymbol{a}_1}(t)$ が存在する．$\mathcal{A}(\boldsymbol{q}_{\boldsymbol{a}_0,\boldsymbol{a}_1})$ は $\boldsymbol{a}_0, \boldsymbol{a}_1$ について連続である(証明は読者に委ねる)．これから，次をみたす $\boldsymbol{q}^*_{\boldsymbol{a}_0,\boldsymbol{a}_1}$ が存在する．

$$\mathcal{A}(\boldsymbol{q}^*_{\boldsymbol{a}_0,\boldsymbol{a}_1}) = \min\{\mathcal{A}(\boldsymbol{q}_{\boldsymbol{a}_0,\boldsymbol{a}_1}) \mid \boldsymbol{a}_0 \in M_0, \boldsymbol{a}_1 \in M_1\}$$

この値を達成する $\boldsymbol{q}^*_{\boldsymbol{a}_0,\boldsymbol{a}_1}$ は $\Gamma([t_0,t_1],\ \mathbb{R}^3; M_0, M_1)$ における作用積分の最小点である[*3]．命題 3.4 より，この解は端点で M_0, M_1 に直交する (図 3.3)．

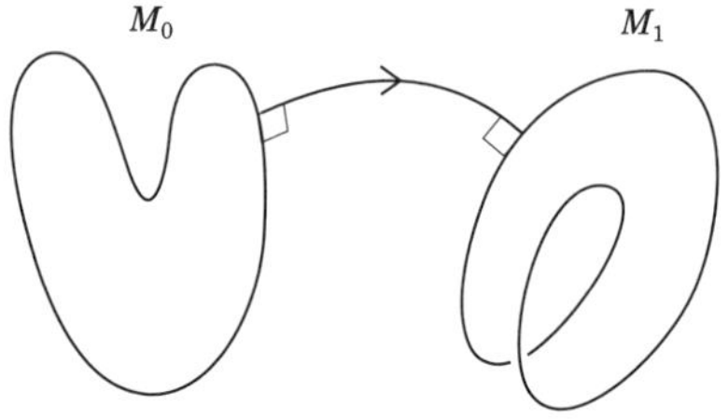

図 3.3　M_0, M_1 の接線に直交する解

特に，$V(\boldsymbol{q},t) \equiv 0$ の場合，解は等速直線運動であるので，作用積分の最小点として得られる解は M_0, M_1 に直交する線分を描く (図 3.4)．

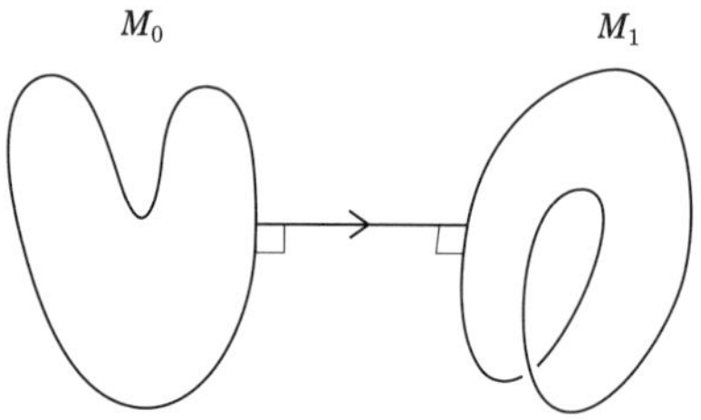

図 3.4　M_0, M_1 の接線に直交する線分

[*3] $\Gamma([t_0,t_1],\ \mathbb{R}^3; M_0, M_1)$ 上の作用積分を考え，その最小点の存在を直接示さなかったのは，$\Gamma([t_0,t_1],\ \mathbb{R}^3; M_0, M_1)$ が凸集合とは限らないからである．

例 3.7. $\mathbb{R}^2$ 上の自励的なポテンシャル関数 $V(x,y)$ がある $\alpha>0$, $\beta\in\mathbb{R}$ と $0<k<2$ に対して,

$$V(x,y)\le\alpha(x^2+y^2)^{k/2}+\beta$$

を満たすとする．さらに V は

$$V(x,y)=V(x,-y) \tag{3.8}$$

を満たすとする．

$$M_0=\{(x,0)\mid x\in\mathbb{R}\}$$

とし，$\boldsymbol{a}_1=(x_1,y_1)\in\mathbb{R}^2\setminus M_0$ と $T>0$ を任意にとり，固定する．$M_1=\{\boldsymbol{a}_1\}$ とする．$\Gamma([t_0,t_1],\ \mathbb{R}^2;M_0,M_1)$ における作用積分

$$\mathcal{A}(\boldsymbol{q})=\int_0^T\frac{1}{2}(\dot{x}^2+\dot{y}^2)-V(x,y)dt$$

の最小点 $\boldsymbol{q}^*(t)=(x^*(t),y^*(t))$ $(t\in[0,T])$ が存在する．

$t=0$ で $(x^*(t),y^*(t))$ は M_0 に直交するので,

$$y^*(0)=\frac{dx^*}{dt}(0)=0 \tag{3.9}$$

をみたす．

(3.8) より，このポテンシャル系において，一般に $(x(t),y(t))$ が解ならば $(x(-t),-y(-t))$ も解である．したがって，$(x^*(-t),-y^*(-t))$ も解である．(3.9) より，$(x^*(t),y^*(t))$ と $(x^*(-t),-y^*(-t))$ の $t=0$ における位置と速度ベクトルは一致する．常微分方程式の解の一意性より

$$(x^*(t),y^*(t))=(x^*(-t),-y^*(-t))$$

が成立する．つまり，この 2 つの解は $t=0$ で滑らかに繋がり，x 軸について対称な曲線を描く (図 3.5).

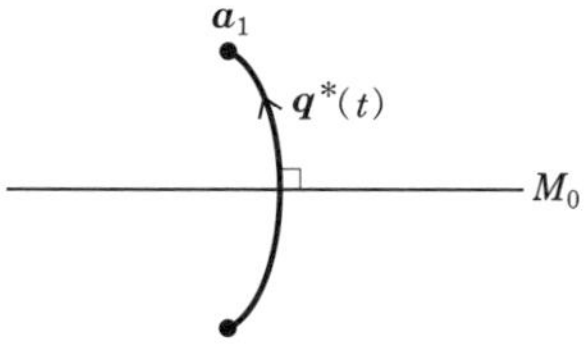

図 3.5 x 軸に対称な解

また, M_0 を通過する $t \in [0, T]$ は $t = 0$ のみである. 実際, ある $t_1 \in (0, T)$ で $\boldsymbol{q}^*(t_1) = (x^*(t_1), y^*(t_1)) \in M_0$ となったとしよう. 新たに曲線 $\bar{\boldsymbol{q}}(t)$ を

$$\bar{\boldsymbol{q}}(t) = \begin{cases} (x^*(t), -y^*(t)) & (t \in [0, t_1]) \\ (x^*(t), y^*(t)) & (t \in (t_1, T]) \end{cases}$$

とする (図 3.6). $\bar{\boldsymbol{q}}(t)$ も $\Gamma([t_0, t_1], \mathbb{R}^2; M_0, M_1)$ における作用積分 $\mathcal{A}(\boldsymbol{q})$ の最小点である. $\dot{y}^*(t_1) \neq 0$ とすると, $\bar{\boldsymbol{q}}(t)$ は $t = t_1$ で滑らかでない. これは定理 2.9 に矛盾である.

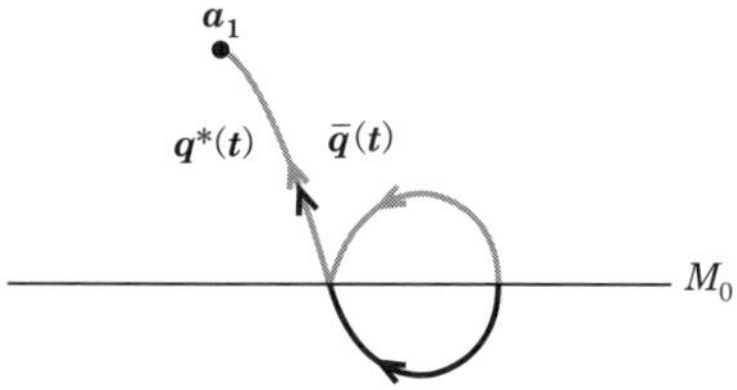

図 3.6 $\boldsymbol{q}(t)$ と $\bar{\boldsymbol{q}}(t)$

$\dot{y}^*(t_1) = 0$ とする. $(x^*(t), y^*(t)), (x^*(t), -y^*(t))$ はともに解であり, $t = t_1$ において位置と速度が一致するので, 解の一意性より同じ解である. よって, 任意の t について $y^*(t) = 0$ が成り立つ. これは $(x^*(T), y^*(T)) = \boldsymbol{a}_1 \notin M_0$ に反する.

3.5　エネルギー固定問題

固定端点問題では，両端点の位置とそれらの点を通過する時間を指定したもとで，それを満たす解の存在がいえた．自励的な系ではその解はエネルギーを保存するが，その値はわからない．そこで，両端点の位置とエネルギーを指定し，そのエネルギー値をもつ解の存在を示すための変分構造を導入しよう．ただし，エネルギーを指定できる代わりに，経過する時間は指定できない．

(3.3) を満たす自励的なポテンシャル系を考える．任意の $\boldsymbol{a}_0, \boldsymbol{a}_1 \in \mathbb{R}^N$ と，$T > 0$ に対して，

$$\boldsymbol{q}(0) = \boldsymbol{a}_0, \qquad \boldsymbol{q}(T) = \boldsymbol{a}_1$$

を満たす解が存在する．ここでは，作用積分に T も明記して，

$$\mathcal{A}_T(\boldsymbol{q}) = \int_0^T \frac{1}{2}\sum_{k=1}^N m_k \dot{q}_k^2 - V(\boldsymbol{q})dt$$

と表す．$\boldsymbol{a}_0, \boldsymbol{a}_1$ は異なるとし，固定する．$T > 0$ に対して得られる解 $\boldsymbol{q}(t)$ を $\boldsymbol{q}^T(t)$ と書くことにしよう．つまり，$\boldsymbol{q}^T(t)$ は

$$\Gamma([0,T],\ \mathbb{R}^N; \boldsymbol{a}_0, \boldsymbol{a}_1) = \{\boldsymbol{q} \in H^1([0,T], \mathbb{R}^N) \mid \boldsymbol{q}(0) = \boldsymbol{a}_0,\ \boldsymbol{q}(T) = \boldsymbol{a}_1\}$$

としたとき，

$$\mathcal{A}_T(\boldsymbol{q}^T) = \inf_{\boldsymbol{q} \in \Gamma([0,T],\ \mathbb{R}^N; \boldsymbol{a}_0, \boldsymbol{a}_1)} \mathcal{A}_T(\boldsymbol{q})$$

を満たすものである．

命題 3.8. $\mathcal{A}_T(\boldsymbol{q}^T)$ は T について連続である．

証明. $T_0 > 0$ を固定する．

$$\boldsymbol{Q}^T(t) = \boldsymbol{q}^{T_0}\left(\frac{T_0}{T}t\right) \in \Gamma([0,T],\ \mathbb{R}^N; \boldsymbol{a}_0, \boldsymbol{a}_1)$$

とおく．任意に $\varepsilon > 0$ をとる．T を T_0 に十分近くとると，

$$\left|\frac{T}{T_0} - 1\right| < \varepsilon, \qquad \left|\frac{T_0}{T} - 1\right| < \varepsilon$$

が成り立つ．よって，

$$\begin{aligned}
\mathcal{A}_{T_0}(\boldsymbol{q}^{T_0}) &= \int_0^{T_0} \frac{1}{2}\sum_{k=1}^{N} m_k \dot{q}_k^2 - V(\boldsymbol{q})dt \\
&= \int_0^{T} \frac{1}{2}\sum_{k=1}^{N} \frac{T}{T_0} m_k (\dot{Q}_k^T)^2 - V(\boldsymbol{Q}^T)\frac{T_0}{T}d\tau \\
&\geq (1-\varepsilon)\mathcal{A}_T(\boldsymbol{Q}^T) \\
&\geq (1-\varepsilon)\mathcal{A}_T(\boldsymbol{q}^T)
\end{aligned}$$

が成り立つ．同様にして，

$$\mathcal{A}_T(\boldsymbol{q}^T) \geq (1-\varepsilon)\mathcal{A}_{T_0}(\boldsymbol{q}^{T_0})$$

もいえるので，

$$(1-\varepsilon)\mathcal{A}_{T_0}(\boldsymbol{q}^{T_0}) \leq \mathcal{A}_T(\boldsymbol{q}^T) \leq \frac{1}{1-\varepsilon}\mathcal{A}_{T_0}(\boldsymbol{q}^{T_0})$$

が成り立つ．したがって，$\mathcal{A}_T(\boldsymbol{q}^T)$ は T_0 で連続である． □

ポテンシャル関数 $V(\boldsymbol{q})$ が

$$\sup_{\boldsymbol{q}\in\mathbb{R}^N} V(\boldsymbol{q}) < 0$$

を満たすと仮定し，

$$c := -\sup_{\boldsymbol{q}\in\mathbb{R}^N} V(\boldsymbol{q})$$

とおく．仮定より $c > 0$ である．$m = \min_{k=1,\cdots,N} m_k > 0$ とすると，

$$\mathcal{A}_T(\boldsymbol{q}) \geq \frac{m}{2}\|\dot{\boldsymbol{q}}\|_{L^2}^2 + cT$$

が成り立つ．(3.7) より

$$\mathcal{A}_T(\boldsymbol{q}) \geq \frac{m}{2T}|\boldsymbol{a}_1 - \boldsymbol{a}_0|^2 + cT$$

が成り立つ．当然，$\boldsymbol{q}^T$ についても成立する：

$$\mathcal{A}_T(\boldsymbol{q}^T) \geq \frac{m}{2T}|\boldsymbol{a}_1 - \boldsymbol{a}_0|^2 + cT.$$

さて，$\boldsymbol{a}_0 \neq \boldsymbol{a}_1$, $c > 0$ より，$T \to +0, T \to \infty$ のとき，$\mathcal{A}_T(\boldsymbol{q}^T) \to \infty$ である．

よって，$\mathcal{A}_T(\boldsymbol{q}^T)$ を最小にする T_* が存在する．つまり，T_* は

$$\mathcal{A}_{T_*}(\boldsymbol{q}^{T_*}) = \inf_{T>0} \mathcal{A}_T(\boldsymbol{q}^T)$$

をみたす．この $\boldsymbol{q}^{T_*}$ は特別な性質を持つ．

$\lambda > 0$ に対し，

$$\boldsymbol{Q}^\lambda(t) = \boldsymbol{q}^{T_*}(\lambda t) \qquad (t \in [0, \lambda^{-1}T_*])$$

とおく．$\boldsymbol{Q}^\lambda$ に対する作用積分の値は

$$\begin{aligned}\mathcal{A}_{\lambda T_*}(\boldsymbol{Q}^\lambda) &= \int_0^{\lambda^{-1}T_*} \sum_{k=1}^N \frac{m_k}{2}\left(\frac{dQ_k^\lambda}{dt}\right)^2 - V(\boldsymbol{Q}^\lambda)dt \\ &= \int_0^{T_*} \sum_{k=1}^N \frac{\lambda m_k}{2}\left(\frac{dq_k^{T_*}}{d\tau}\right)^2 - \lambda^{-1}V(\boldsymbol{q}^{T_*})d\tau\end{aligned}$$

となる．これは，λ で微分可能で，$\lambda = 1$ で最小となるから，

$$0 = \left.\frac{d}{d\lambda}\right|_{\lambda=1} \mathcal{A}_{\lambda T_*}(\boldsymbol{Q}^\lambda) = \int_0^{T_*} \frac{1}{2}\sum_{k=1}^N m_k \dot{q}_k^2 + V(\boldsymbol{q})dt$$

となる．被積分関数

$$\frac{1}{2}\sum_{k=1}^N m_k \dot{q}_k^2 + V(\boldsymbol{q})$$

はエネルギーであるから，一定である．したがって，エネルギーは0でなければならない．ゆえに，$\boldsymbol{a}_0$ から $\boldsymbol{a}_1$ に至る解で，エネルギー0を持つものの存在が示された．

上記の議論で，$V(\boldsymbol{q})$ を $V(\boldsymbol{q})-h$ に置き換え，

$$\mathcal{A}_T=\int_0^T \frac{1}{2}\sum_{k=1}^N m_k\dot{q}_k^2-V(\boldsymbol{q})+hdt \tag{3.10}$$

の T の変動を許したものでの最小点として，エネルギー h を持つ解の存在がいえる．

定理 3.9. $V(\boldsymbol{q})$ を $\mathbb{R}^N$ 上の C^1 級関数とし，実数 $h\in\mathbb{R}$ に対して，

$$\sup_{\boldsymbol{q}\in\mathbb{R}^N} V(\boldsymbol{q})<h$$

を満たすとする．このとき，任意の $\boldsymbol{a}_0,\boldsymbol{a}_1\in\mathbb{R}^N$ に対して，$V(\boldsymbol{q})$ のポテンシャル系

$$m_k\frac{d^2q_k}{dt^2}=-\frac{\partial V}{\partial q_k}(\boldsymbol{q})$$

の解 $\boldsymbol{q}(t)$ と $T>0$ が存在し，

$$\boldsymbol{q}(0)=\boldsymbol{a}_0,\quad \boldsymbol{q}(T)=\boldsymbol{a}_1,\quad \frac{1}{2}\sum_{k=1}^N m_k\dot{q}_k(t)^2+V(\boldsymbol{q}(t))=h$$

が成立する．

第 4 章

周期的ポテンシャル系の周期解

この章では，時間や空間について周期的なポテンシャル関数のポテンシャル系について，周期境界条件のもとで作用積分の最小点を求めることで，周期解の存在を示す．特に，振り子を一般化した周期的なポテンシャル系に対し，さまざまな周期解の存在を証明する．

4.1 周期境界条件のもとでの最小点の存在

C^1 級のポテンシャル関数 $V(\boldsymbol{q},t)$ $(\boldsymbol{q}\in\mathbb{R}^N,\ t\in\mathbb{R})$ が，ある $T>0$ について

$$V(\boldsymbol{q},t+T)=V(\boldsymbol{q},t) \tag{4.1}$$

を満たし，t について一様に

$$V(\boldsymbol{q},t)\to-\infty \qquad (|\boldsymbol{q}|\to\infty) \tag{4.2}$$

が成り立つとする．つまり，任意の $a<0$ に対し，$b>0$ が存在して，任意の $t\in\mathbb{R}$ と $|\boldsymbol{q}|>b$ を満たす任意の $\boldsymbol{q}\in\mathbb{R}^N$ に対して，$V(\boldsymbol{q},t)<a$ が成立すると仮定する．

ソボレフ空間

$$H^1(\mathbb{R}/T\mathbb{Z},\mathbb{R}^N)=\{\boldsymbol{q}\colon\mathbb{R}\to\mathbb{R}^N \mid \boldsymbol{q},\dot{\boldsymbol{q}}\in L^2([0,T],\mathbb{R}^N),\ \boldsymbol{q}(t+T)=\boldsymbol{q}(t)\}$$

における

$$\mathcal{A}(\boldsymbol{q})=\int_0^T \frac{1}{2}\sum_{k=1}^N m_k\dot{q}_k^2-V(\boldsymbol{q},t)dt$$

の最小点の存在について考える[*1]．定理 2.8 より，この曲線のクラス $H^1(\mathbb{R}/T\mathbb{Z},\mathbb{R}^N)$ の上での作用積分の強圧性を示せばよい．つまり，

$$\|\boldsymbol{q}\|_{H^1}\to\infty\ (\boldsymbol{q}\in H^1(\mathbb{R}/T\mathbb{Z},\mathbb{R}^N))\Longrightarrow\mathcal{A}(\boldsymbol{q})\to\infty$$

となることを示せばよい．$\|\boldsymbol{q}\|_{H^1}$ が無限大に発散することは，$\|\boldsymbol{q}\|_{L^2}$ と $\|\dot{\boldsymbol{q}}\|_{L^2}$ の少なくとも一方が無限大に発散することと同値である．

仮定 (4.2) より，ある定数 C により

$$V(\boldsymbol{q},t)\leq C$$

が成り立つ．これより，

$$\mathcal{A}(\boldsymbol{q})\geq\int_0^T \frac{1}{2}\sum_{k=1}^N m_k\dot{q}_k(t)^2dt-CT\geq\frac{m}{2}\|\dot{\boldsymbol{q}}\|_{L^2}^2-CT$$

である．ここで，m は $m_1,\cdots,m_N(>0)$ の最小のものである．したがって，$\|\dot{\boldsymbol{q}}\|_{L^2}$ が無限大に発散するとき，$\mathcal{A}(\boldsymbol{q})$ も無限大に発散する．これから，$\|\dot{\boldsymbol{q}}\|_{L^2}$ が有界で，$\|\boldsymbol{q}\|_{L^2}$ が無限大に発散する場合を考えればよい．

A を任意にとって固定し

$$\|\dot{\boldsymbol{q}}\|_{L^2}\leq A$$

とする．B を十分大きくとり，

$$\|\boldsymbol{q}\|_{L^2}\geq B$$

---

*1 $\boldsymbol{q}\in L^2([0,T],\mathbb{R}^N)$ は $\boldsymbol{q}(t)$ の t の範囲を $[0,T]$ に制限した $\boldsymbol{q}|_{[0,T]}$ が $L^2([0,T],\mathbb{R}^N)$ に属することを意味する．$\dot{\boldsymbol{q}}$ も同様．

としよう．定理 2.3 より $\boldsymbol{q} \in H^1(\mathbb{R}/T\mathbb{Z}, \mathbb{R}^N)$ は連続とみなしてよいので，

$$r_{\min} = \min_{t\in[0,T]} |\boldsymbol{q}(t)|, \qquad r_{\max} = \max_{t\in[0,T]} |\boldsymbol{q}(t)|$$

が定まる．

$$B^2 \leq \|\boldsymbol{q}\|_{L^2}^2 = \int_0^T |\boldsymbol{q}(t)|^2 dt \leq T r_{\max}^2$$

である．一方，曲線 $\boldsymbol{q}(t)$ の長さ

$$\int_0^T |\dot{\boldsymbol{q}}(t)| dt$$

は $\boldsymbol{q}(t)$ の周期性より $2(r_{\max} - r_{\min})$ 以上である．命題 2.2 より

$$\int_0^T |\dot{\boldsymbol{q}}(t)| dt \leq T^{1/2} \|\dot{\boldsymbol{q}}\|_{L^2} \leq T^{1/2} A$$

であるから，

$$2(r_{\max} - r_{\min}) \leq T^{1/2} A$$

となり，

$$r_{\min} \geq r_{\max} - \frac{1}{2} T^{1/2} A \geq T^{-1/2} B - \frac{1}{2} T^{1/2} A$$

となる．これより，任意の $t \in [0, T]$ で

$$|\boldsymbol{q}(t)| \geq T^{-1/2} B - \frac{1}{2} T^{1/2} A$$

となる．仮定 (4.2) より，任意の $a < 0$ に対し B を十分大きくとると，

$$V(\boldsymbol{q}(t), t) < a$$

が成り立つ．よって，このとき

$$\mathcal{A}(\boldsymbol{q}) \geq -\int_0^T V(\boldsymbol{q}, t) dt \geq -Ta$$

が成り立つ．よって，$\mathcal{A}(\boldsymbol{q})$ は $H^1(\mathbb{R}/\mathbb{Z}, \mathbb{R}^N)$ 上で強圧的である．ゆえに，(4.1) を満たす C^1 級の T-周期ポテンシャル系において，周期 T の周期解が存在する．まとめておこう．

定理 4.1. C^1 級のポテンシャル関数 $V(\boldsymbol{q}, t)$ が (4.1) を満たし，t について一様に

$$V(\boldsymbol{q}, t) \to -\infty \qquad (|\boldsymbol{q}| \to \infty)$$

となるとする．このとき，$V(\boldsymbol{q}, t)$ のポテンシャル系には T-周期解が存在する．

特別な場合として，自励的なポテンシャル関数を考えよう．作用積分は

$$\mathcal{A}(\boldsymbol{q}) = \int_0^T \frac{1}{2}\sum_{k=1}^{N} m_k \dot{q}_k^2 - V(\boldsymbol{q})dt$$

と表される．

$$V(\boldsymbol{q}) \to -\infty \qquad (|\boldsymbol{q}| \to \infty)$$

を仮定すると，$V(\boldsymbol{q})$ の最大点 $\boldsymbol{q}_{\max}$ が存在する．これにより作用積分は

$$\mathcal{A}(\boldsymbol{q}) \geq -TV(\boldsymbol{q}_{\max}) \tag{4.3}$$

と評価できる．また，$\boldsymbol{q}(t) \equiv \boldsymbol{q}_{\max}$ で，かつこの場合のみ，(4.3) は等号成立するので，最小点はこの定常解である*2．これは $V(\boldsymbol{q})$ の最大点に対応する平衡点なので，不安定である．もちろんこのような定常解の存在はポテンシャルの最大点から直ちに導かれるので，変分法を使わなくてもわかる．定理 4.1 の周期解の存在が非自明な結果となるのは非自励的で時間に周期的に依存するポテンシャル系の場合である．

---

*2 時間とともに変化しない解を**定常解**といい，その速度成分も含めた点 $(\boldsymbol{q}, \dot{\boldsymbol{q}}) = (\boldsymbol{q}_{\max}, \boldsymbol{0})$ を**平衡点**という．

4.2 周期的ポテンシャル系

この節から振り子の運動方程式を一般化したポテンシャル系において，周期解の存在を示す．まず，振り子の運動方程式について詳しくみておこう．

例 4.2. 振り子の運動方程式は

$$\frac{d^2q}{dt^2} = -\rho \sin q$$

と表され，このポテンシャル関数は

$$V(q) = -\rho \cos q$$

であった．

振り子の運動方程式の各解 $q(t)$ について，エネルギーは

$$E = \frac{1}{2}\left(\frac{dq}{dt}\right)^2 - \rho \cos q$$

である．$p = \dfrac{dq}{dt}$ とおくと，

$$E = \frac{1}{2}p^2 - \rho \cos q$$

となる．ここで，E をいろいろな値にとって，この関係式で決まる曲線を qp 平面に描くことで，解の振る舞いがわかる (図 4.1).

$E = -\rho$ であれば，点 $(q, p) = (2\pi k, 0)$ $(k \in \mathbb{Z})$ になる．この点は平衡点で，対応する運動方程式の解は定常解である．

$-\rho < E < \rho$ であれば $(2\pi k, 0)$ を囲む上下左右対称な閉曲線になる．これは，質点が鉛直下方を中心に揺れる周期運動に対応する．

$E = \rho$ の場合は後回しにして $E > \rho$ の場合を考えると，解は上方，下方を周期的に波打つ曲線になる．それは，質点が鉛直上向きの点を通過して，ぐるぐる回る運動に対応する．q と $q + 2\pi$ は同じ位置を表すので，qp 平面 $\mathbb{R}^2$ を $(\mathbb{R}/2\pi\mathbb{Z}) \times \mathbb{R}$ とみなすとこの解は周期解である．

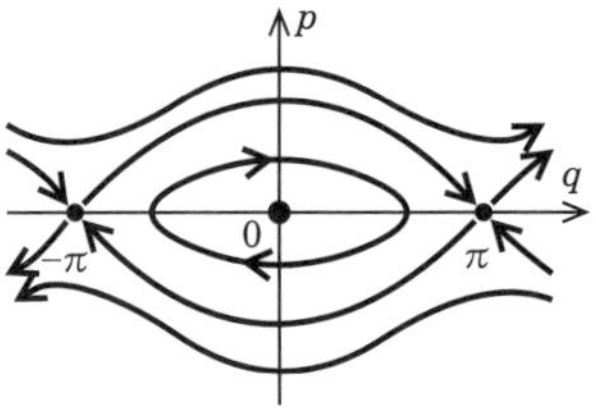

図4.1 振り子の相図

$E=\rho$ の場合，平衡点 $(q,p)=((2k+1)\pi,0)$ $(k\in\mathbb{Z})$ がある．それは鉛直上向きに静止している状態に対応する．さらに，$E=\rho$ に対応する解として，それらを結ぶ曲線が上下に1つずつ現れる．平衡点を結ぶ曲線に沿った解は，無限時間かかって平衡点から隣の平衡点に達する．このように，$t\to\pm\infty$ で異なる平衡点に収束する軌道を**ヘテロクリニック軌道**という．$(\pm\pi,0)$ は実質的には同じ点ともみなせる．つまり q を $\mathbb{R}/2\pi\mathbb{Z}$ の元だと思うと同じ点である．このとき，この軌道は $t\to\pm\infty$ で同じ平衡点に収束する軌道になる．そのような軌道を**ホモクリニック軌道**という．本書では述べないが，ヘテロクリニック軌道やホモクリニック軌道を変分法により示す研究もなされている．あとがきで少し述べる．

例4.2に述べたように，振り子の周期解は鉛直下方を左右に揺れるものと，鉛直上方を超えてぐるぐる回るものがあった．また，定常解としては鉛直下方と上方で静止する状態に対応するものが存在した．振り子を一般化して，一般の自由度で各変数について周期的なポテンシャル系について，変分法を使うことによりどのような周期解の存在がいえるかを考えてみよう．

$T>0$ を定数とする．C^2 級のポテンシャル関数 $V(q_1,\cdots,q_N,t)$ が

$$V(q_1,\cdots,q_N,t+T)=V(q_1,\cdots,q_N,t) \tag{4.4}$$

を満たし，さらにある定数 $S_1,\cdots,S_N>0$ があって，任意の整数

$k_1, \cdots, k_N \in \mathbb{Z}$ に対して

$$V(q_1 + k_1 S_1, \cdots, q_N + k_N S_N, t) = V(q_1, \cdots, q_N, t) \tag{4.5}$$

を満たすと仮定する.

例 1.11 で挙げた周期外力付き振り子はこの条件を満たす.

例 4.3. 2 重振り子とは，振り子の質点にさらに棒がつながりその先にもう 1 つの質点がついたもので，棒がつながった部分は滑らかに回転できるとする (図 4.2). 鉛直下方からなす棒の角をそれぞれ q_1, q_2 とすると，2 重振り子のこのポテンシャル関数は

$$V(q_1, q_2) = (m_1 + m_2) g l_1 \cos q_1 + m_2 g l_2 \cos q_2$$

で q_1, q_2 について 2π 周期的である．ただし，2 重振り子の場合は，運動エネルギー部分が

$$\frac{1}{2}(m_1 + m_2) l_1^2 \dot{q}_1^2 + \frac{1}{2} l_2^2 \dot{q}_2^2 + m_2 l_1 l_2 \dot{q}_1 \dot{q}_2 \cos(q_1 - q_2)$$

となり，通常のポテンシャル系のものとは異なる．以下では簡単のため，

$$L(\boldsymbol{q}, \dot{\boldsymbol{q}}, t) = \frac{1}{2} \sum_{k=1}^{N} m_k \dot{q}_k^2 - V(\boldsymbol{q}, t)$$

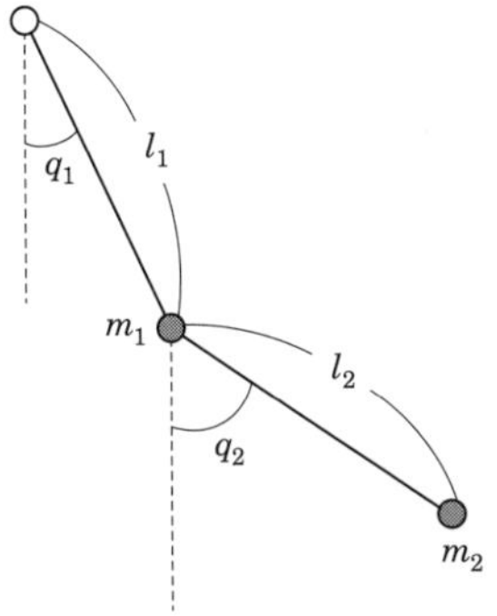

図 4.2　2 重振り子

の形で $V(\boldsymbol{q},t)$ が (4.4), (4.5) を満たす場合について述べるが，2 重振り子のように，運動エネルギー部分が $\boldsymbol{q}(t)$ を固定するごとに $\dot{\boldsymbol{q}}$ の正定値 2 次形式になる場合も以下の議論は同様に成立する．

また，$S_1 = \cdots = S_N = 1$ としても一般性を失わない．これには，各 q_k を S_k^{-1} 倍に変換し，m_k を S_k^2 倍すればよい[*3]．

このとき，$H^1(\mathbb{R}/T\mathbb{Z}, \mathbb{R}^N)$ における

$$\mathcal{A}(\boldsymbol{q}) = \int_0^T \frac{1}{2}\sum_{k=1}^{N} m_k \dot{q}_k^2 - V(\boldsymbol{q},t)dt$$

の最小点が存在することを示そう．ただし，$\mathcal{A}(\boldsymbol{q})$ は $H^1(\mathbb{R}/T\mathbb{Z}, \mathbb{R}^N)$ 上では強圧的にはならない．実際，$\boldsymbol{c} \in \mathbb{R}^N$ を任意に 1 つとって固定し，各 $\boldsymbol{l} \in \mathbb{Z}^N$ に対して，

$$\boldsymbol{q_l}(t) \equiv \boldsymbol{c} + \boldsymbol{l} \qquad (t \in [0,T])$$

とすると，

$$\mathcal{A}(\boldsymbol{q_l}) = \int_0^T -V(\boldsymbol{c}+\boldsymbol{l},t)dt = \int_0^T -V(\boldsymbol{c},t)dt = \mathcal{A}(\boldsymbol{q_0})$$

である．

$$\|\boldsymbol{q_l}\|_{H^1} = \|\boldsymbol{q_l}\|_{L^2} = T^{1/2}|\boldsymbol{c}+\boldsymbol{l}|$$

だから $|\boldsymbol{l}| \to \infty$ のとき $\|\boldsymbol{q_l}\|_{H^1} \to \infty$ であるが，$\mathcal{A}(\boldsymbol{q_l})$ は一定である．よって，$\mathcal{A}$ は強圧的ではない．

そこで，

$$\Omega = \{\boldsymbol{q} \in H^1(\mathbb{R}/T\mathbb{Z}, \mathbb{R}^N) \mid [q_k] \in (-1,1)\ (k=1,\cdots,N)\}$$

[*3] T についても同様に 1 にすることはできるが，自励的な場合には任意の T について周期解の存在がいえることを強調するために，T のままにしておく．

とする．ここで，

$$[q_k] = \frac{1}{T}\int_0^T q_k(t)dt$$

である．$\mathcal{A}|_\Omega$ が強圧的であることを示そう．

ポテンシャル関数 $V(\boldsymbol{q}, t)$ は周期性をもつから，有界である．

$$V(\boldsymbol{q}, t) \leq C \qquad (\boldsymbol{q} \in \mathbb{R}^N,\, t \in \mathbb{R})$$

とすると，

$$\mathcal{A}(\boldsymbol{q}) \geq \frac{m}{2}\|\dot{\boldsymbol{q}}\|_{L^2}^2 - CT$$

が成り立つから $\|\dot{\boldsymbol{q}}\|_{L^2}$ が無限大に発散すれば $\mathcal{A}(\boldsymbol{q})$ も無限大に発散する．よって，$\|\boldsymbol{q}\|_{L^2}$ が無限大に発散する場合を考えればよい．

$$R = \max_{k=1,\cdots,N}\max_{t\in[0,T]}|q_k(t)|$$

とおくと，

$$\|\boldsymbol{q}\|_{L^2}^2 = \int_0^T \sum_{k=1}^N (q_k(t))^2 dt \leq NR^2T$$

つまり，

$$N^{-1/2}T^{-1/2}\|\boldsymbol{q}\|_{L_2} \leq R \tag{4.6}$$

が成り立つ．また，$R = q_k(\tau_1)$ となる k と τ_1 が存在するが，一方，$[q_k] \in (-1, 1)$ より $q_k(\tau_2) \in (-1, 1)$ となる τ_2 が存在する．よって，

$$|q_k(\tau_1) - q_k(\tau_2)| \geq R - 1$$

が成り立つことから，$\boldsymbol{q}$ が描く曲線の長さは $2(R-1)$ 以上である．よって，

$$2(R-1) \leq \int_0^T |\dot{\boldsymbol{q}}(t)|dt \leq T^{1/2}\|\dot{\boldsymbol{q}}\|_{L^2} \tag{4.7}$$

が成り立つ．したがって，(4.6) と (4.7) より

$$2(N^{-1/2}T^{-1/2}\|\boldsymbol{q}\|_{L^2}-1)\le T^{1/2}\|\dot{\boldsymbol{q}}\|_{L^2}$$

となり $\|\boldsymbol{q}\|_{L^2}$ が無限大に発散すれば，$\|\dot{\boldsymbol{q}}\|_{L^2}$ が無限大に発散し，$\mathcal{A}(\boldsymbol{q})$ も無限大に発散する．以上より $\mathcal{A}|_\Omega$ が強圧的であることがいえた．これで解決ではない．一般に，最小点 $\boldsymbol{q}^*$ は作用積分の定義域の閉包において存在が，定理 2.8 によって保証されるのであった．これにより示された最小点は Ω の閉包

$$\overline{\Omega}=\{\boldsymbol{q}\in H^1(\mathbb{R}/T\mathbb{Z},\mathbb{R}^N)\mid [q_k]\in[-1,1]\ (k=1,\cdots,N)\}$$

に属する．最小点が Ω に属すれば，それは T-周期解である．

これまでの設定では，考えている曲線の集合とその閉包は一致していたので問題にならなかったが，最小点が境界に属する場合は，それは臨界点とは限らないのであった．

では，最小点が Ω の境界に属する場合を考える．この場合，少なくとも 1 つの $k\in\{1,\cdots,N\}$ について，$[q_k]=1$ か $[q_k]=-1$ となる．例えば，$[q_1]=1$ とし，$k=2,\cdots,N$ について $[q_k]\in(-1,1)$ とする．先ほどの最小点 $\boldsymbol{q}^*$ について

$$\boldsymbol{r}(t)=\boldsymbol{q}^*(t)+(-1,0,\cdots,0)$$

とすると，

$$\mathcal{A}(\boldsymbol{r})=\mathcal{A}(\boldsymbol{q}^*)$$

で，$\boldsymbol{r}$ は Ω に属し，$\mathcal{A}$ の最小点である．よって，$\boldsymbol{r}(t)$ は周期解である．同様に $[q_k]=\pm1$ となる k が複数あれば，その成分を ∓1 だけ平行移動すればよい．

例 4.4. これを自励系に応用すると，前節の最後に述べたことと同様に不安定な定常解になる．例えば，振り子のポテンシャル

$$V(q,t)=\rho^2\cos q$$

図 4.3　支点を左右に揺さぶった振り子

の場合，最小点は鉛直上方を向いた定常解になる．また，支点を上下に周期的に振動させた振り子 (例 1.11) に適用すると，つねに鉛直上方を向いた周期解になり，これも運動方程式からただちに求まる解である．そこで，支点を左右に揺さぶることを考えよう．支点の位置を水平方向に T-周期的に $f(t)$ (ここで $f(t+T)=f(t)$) と動かした振り子 (図 4.3) の運動方程式のポテンシャルは

$$V(q,t)=\rho^2\cos q+f''(t)\sin q$$

である．この場合は定常解はないので，非自明な周期解が求まったことになる．これは，鉛直上方を周期的に揺れる運動に対応する．

4.3　周回する周期解

例 4.2 で挙げた振り子の運動を思い出すと，鉛直上向の点を超えてぐるぐる回る周期解が存在した．そのような解の存在を変分法で示そう．$\boldsymbol{l}\in\mathbb{Z}^N\setminus\{\boldsymbol{0}\}$ に対して

$$\Xi_{T,\boldsymbol{l}}=\{\boldsymbol{q}\colon\mathbb{R}\to\mathbb{R}^N \mid \boldsymbol{q}\in H^1([0,T],\mathbb{R}^N),\ \boldsymbol{q}(t+T)=\boldsymbol{q}(t)+\boldsymbol{l}\}$$

とおく (図 4.4).

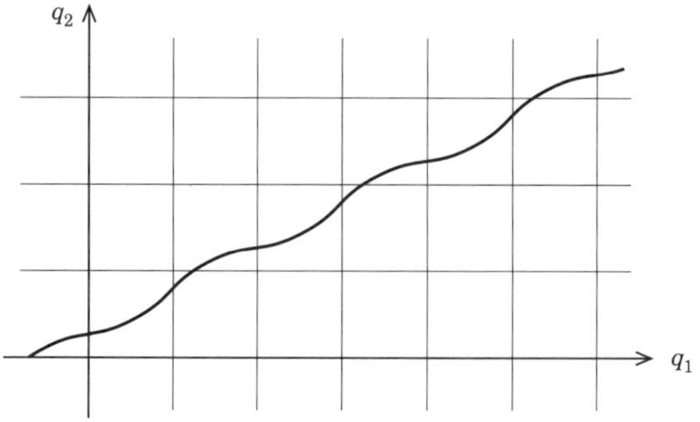

図 4.4　周期境界条件 ($\boldsymbol{l} = (2, 1)$)

前節と同様に，$\Xi_{T,\boldsymbol{l}}$ では $\mathcal{A}(\boldsymbol{q})$ は強圧的ではないが，

$$[q_k] = \frac{1}{T}\int_0^T q_k(t)dt \in (-1, 1) \qquad (k = 1, \cdots, N)$$

をみたすものに制限すると，強圧性を示せて，最小点の存在がわかる．境界上の $[q_k] = \pm 1$ の場合も前と同様に平行移動して $(-1, 1)$ に属するようにすればよい．前節の結果は $\boldsymbol{l} = \boldsymbol{0}$ の場合になる．それらを合わせると，次が示されたことになる．

定理 4.5. (4.4) と (4.5) を満たす C^1 級のポテンシャル関数 $V(\boldsymbol{q}, t)$ のポテンシャル系を考える．任意に $\boldsymbol{l} \in \mathbb{Z}^N$ をとる．このとき，

$$\boldsymbol{q}(t + T) = \boldsymbol{q}(t) + \boldsymbol{l} \tag{4.8}$$

を満たす解 $\boldsymbol{q}(t)$ が存在する．特に，ポテンシャル関数が自励的なら $\boldsymbol{l} \in \mathbb{Z}^N$ と任意の $T > 0$ に対し (4.8) を満たす解 $\boldsymbol{q}(t)$ が存在する．

例 4.3 に述べたように，この結果は 2 重振り子にも適用できる．任意の $T > 0$ と $l_1, l_2 \in \mathbb{Z}$ に対して，$[0, T]$ で第 1 の質点が支点を l_1 回まわり，第 2 の質点が第 1 の質点を l_2 回まわるような T-周期解が存在する (図 4.5)．2

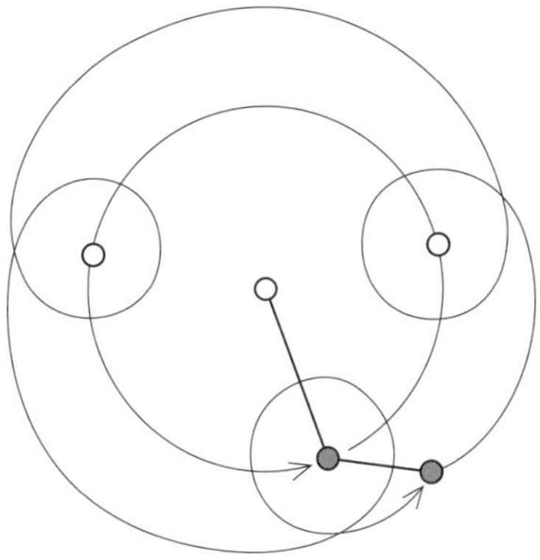

図 4.5　2 重振り子の $l_1 = 1,\ l_2 = 3$ に対する周期解

重振り子のほとんどの軌道は非常に複雑な振る舞いをすることが知られており，このような周期解が存在することは非自明な結果である．

4.4　ポテンシャルの最大点以外の平衡点周辺を振動する周期解

振り子の周期運動といえば，鉛直下方を中心に揺れるものを想起するであろう．一般に，ポテンシャルの最小点周辺を揺れる周期解の存在が期待される．

自励的なポテンシャル系

$$m_k \frac{d^2 q_k}{dt^2} = -\frac{\partial V}{\partial q_k}(\boldsymbol{q}) \qquad (k = 1, \cdots, N,\ \boldsymbol{q} \in \mathbb{R}^N)$$

を考え，$\mathbb{R}^N$ 上のポテンシャル関数 $V(\boldsymbol{q})$ がある $\alpha > 0, \beta \in \mathbb{R}$ と $0 < k < 2$ に対して，

$$V(\boldsymbol{q}) \leq \alpha |\boldsymbol{q}|^k + \beta \qquad (\boldsymbol{q} \in \mathbb{R}^N,\ t \in \mathbb{R}) \tag{4.9}$$

を満たすとする．(3.3) と同じ仮定である．もちろん，$\boldsymbol{q}$ について周期的なポテンシャル関数はこの仮定をみたす．また，

$$V(\boldsymbol{q}) = V(-\boldsymbol{q}) \tag{4.10}$$

と仮定する．このとき，

$$DV(\mathbf{0}) = \left(\frac{\partial V}{\partial q_1}(\mathbf{0}), \cdots, \frac{\partial V}{\partial q_N}(\mathbf{0})\right) = \mathbf{0}$$

であるから，$\boldsymbol{q}(t) \equiv \mathbf{0}$ は定常解である．

$\mathbf{0} \in \mathbb{R}^N$ 付近を振動する周期軌道の存在を示そう．始点を $\boldsymbol{q}(0) = \mathbf{0}$，終点を $\boldsymbol{q}(T) \in \mathbb{R}^N$(つまり制限しない) とする曲線の集合

$$\Gamma([0,T], \mathbb{R}^N; \mathbf{0}, \mathbb{R}^N) = \{\boldsymbol{q} \in H^1([0,T], \mathbb{R}^N) \mid \boldsymbol{q}(0) = \mathbf{0}\}$$

上で考える．

定理 3.1 の証明と同様にして，$\Gamma([0,T], \mathbb{R}^N; \mathbf{0}, \mathbb{R}^N)$ における作用積分の最小点 $\boldsymbol{q}^*(t)$ の存在がいえる．ここで，仮定 (4.10) より，$-\boldsymbol{q}^*(-t)$ も解である．また，$t = 0$ において $\boldsymbol{q}^*(t)$ と $-\boldsymbol{q}^*(-t)$ は位置と速度が一致するので，解の一意性より

$$\boldsymbol{q}^*(t) = -\boldsymbol{q}^*(-t)$$

が成り立つ．

一方，$t = T$ における位置の制限はないから命題 3.4 より $\dot{\boldsymbol{q}}^*(T)$ はすべてのベクトルと直交する．そのようなベクトルは $\mathbf{0}$ しかないため，$\dot{\boldsymbol{q}}^*(T) = \mathbf{0}$ が成り立つ．これより，$\boldsymbol{q}^*(t)$ と $\boldsymbol{q}^*(2T - t)$ は $t = T$ において位置と速度が一致するので，

$$\boldsymbol{q}^*(t) = \boldsymbol{q}^*(2T - t)$$

が成立する．以上を合わせると，

$$\boldsymbol{q}^*(t + 4T) = \boldsymbol{q}^*(2T - (-2T - t)) = \boldsymbol{q}(-2T - t)$$

$$= -\boldsymbol{q}^*(2T+t) = -\boldsymbol{q}(-t) = \boldsymbol{q}^*(t)$$

となり $\boldsymbol{q}^*(t)$ は $4T$-周期解であることがわかる．

ただし，$\boldsymbol{q}^*(t)$ は自明な解，つまり定常解 $\boldsymbol{q}(t) \equiv \boldsymbol{0}$ である可能性がある．その可能性を除去するために，第 2 変分を計算する．$\boldsymbol{q}^*(t)$ $(t \in [0,T])$ は $\mathcal{A}(\boldsymbol{q})$ の $\Gamma([0,T],\mathbb{R}^N;\boldsymbol{0},\mathbb{R}^N)$ における最小点であった．そこで定常解 $\boldsymbol{q}(t) \equiv \boldsymbol{0}$ が最小点でないことを示せばよい．最小点 $\boldsymbol{q}^*(t)$ について．任意の $\boldsymbol{\delta} \in \Gamma([0,T],\mathbb{R}^N;\boldsymbol{0},\mathbb{R}^N)$ に対し，$\mathcal{A}(\boldsymbol{q}^* + h\boldsymbol{\delta})$ は $h=0$ で最小となるから，$h=0$ における 1 階微分は 0，2 階微分は非負である．$\mathcal{A}(h\boldsymbol{\delta})$ の $h=0$ における 2 階微分が負になるような $\boldsymbol{\delta}$ が取れると，$\boldsymbol{0}$ は最小点ではない．2 階微分は

$$\left.\frac{d^2}{dh^2}\right|_{h=0} \mathcal{A}(h\boldsymbol{\delta}) = \int_0^T \sum_{k=1}^N m_k \dot{\delta}_k^2 - \sum_{k,j=1}^N \frac{\partial^2 V}{\partial q_j \partial q_k}(\boldsymbol{0})\delta_j\delta_k dt = (\#)$$

であり，ここで $\rho_k(t) = m_k^{1/2}\delta_k(t)$ とおくと，

$$(\#) = \int_0^T \sum_{k=1}^N \dot{\rho}_k^2 - \sum_{k,j=1}^N m_j^{-1/2} m_k^{-1/2} \frac{\partial^2 V}{\partial q_j \partial q_k}(\boldsymbol{0})\rho_j\rho_k dt = (\flat)$$

となる．$A = \left(m_j^{-1/2} m_k^{-1/2} \dfrac{\partial^2 V}{\partial q_j \partial q_k}(\boldsymbol{0})\right)_{j,k}$ は対称行列であるから，直交行列により対角化可能である．つまり，直交行列 P により

$$P^{-1}AP = \begin{pmatrix} \lambda_1 & 0 & \cdots & 0 \\ 0 & \lambda_2 & \ddots & \vdots \\ \vdots & \ddots & \ddots & 0 \\ 0 & \cdots & 0 & \lambda_N \end{pmatrix}$$

となる．$\boldsymbol{\xi} = P^{-1}\boldsymbol{\rho}$ とすると，

$$(\flat) = \int_0^T \sum_{k=1}^N \dot{\xi}_k^2 - \sum_{k=1}^N \lambda_k \xi_k^2 dt$$

となる．$\boldsymbol{\xi} \in \Gamma([0,T],\mathbb{R}^N;\mathbf{0},\mathbb{R}^N)$ である．いま，

$$\xi_1(t) = \sin\frac{\pi t}{2T}, \qquad \xi_2(t) = \cdots = \xi_N(t) = 0$$

とすると，(ｂ) の値は

$$\begin{aligned}\left.\frac{d^2}{dh^2}\right|_{h=0} \mathcal{A}(h\boldsymbol{\delta}) &= \int_0^T \frac{\pi^2}{2^2T^2}\cos^2\frac{\pi t}{2T} - \lambda_1 \sin^2\frac{\pi t}{2T}dt \\ &= \frac{\pi^2}{2^3T} - \frac{\lambda_1 T}{2}\end{aligned}$$

となる．よって，$\lambda_1 > 0$ なら $T > \dfrac{\pi}{2\sqrt{\lambda_1}}$ ととると，この値は負である．λ_1 に限らず，$\lambda_1,\cdots,\lambda_N$ のうち最大のものについて，T をこのようにとればよい．まとめると次のようになる．

定理 4.6. $\mathbb{R}^N$ 上の自励的なポテンシャル系について，とある $\alpha > 0, \beta \in \mathbb{R}$ と $0 < k < 2$ に対して (4.9) と (4.10) が成り立つとする． 対称行列 $\left(m_j^{-1/2}m_k^{-1/2}\dfrac{\partial^2 V}{\partial q_j \partial q_k}(\mathbf{0})\right)_{j,k}$ の固有値 $\lambda_1,\cdots,\lambda_N$ のうち最大のものを $\lambda_{\max}$ とし，正であるとする．このとき，$T > \dfrac{\pi}{2\sqrt{\lambda_{\max}}}$ について，

$$\boldsymbol{q}^*(t) = -\boldsymbol{q}^*(-t) = \boldsymbol{q}^*(2T-t)$$

を満たす $4T$-周期解 $\boldsymbol{q}^*(t)$ が存在する．

得られた軌道 $\boldsymbol{q}^*(t)$ は

$$\dot{\boldsymbol{q}}^*(\pm T) = \mathbf{0}$$

を満たす，このように，周期の間に 2 度速度が 0 になる周期軌道を**ブレーク軌道**という[*4]．

[*4] 速度が 1 度でも 0 になる軌道をブレーク軌道と呼んでいる文献もある．そのような軌道は必ずしも周期軌道にはならない．

例 4.7. この定理は 2 重振り子にも適用できる．ポテンシャルの最大点は，2 本の棒が上方を向いていおり 2 質点とも支点の上方にある配置に対応する (図 4.6 の左図)．それ以外に 3 つの平衡点がある．2 本の棒が下方を向いて 2 質点とも鉛直下方に位置する配置がポテンシャルの最小点に対応する．1 本の棒が下方を向き，もう 1 本の棒が上方を向いた平衡点も存在する．定理により，ポテンシャルの最大点以外の 3 つの平衡点については，その周辺を振動する周期解が存在する (図 4.6)．

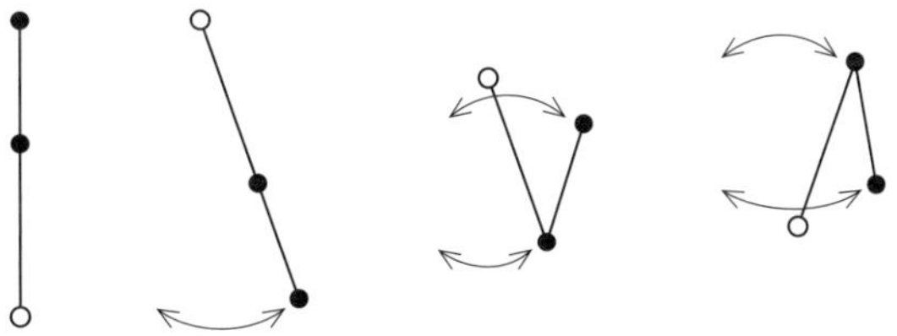

図 4.6 2 重振り子の周期解 (白丸が支点)

定理 4.6 で得られた軌道は周期境界条件のもとでの作用積分の最小点としては捉えられない．すでにみたように，周期境界条件のもとでの作用積分の最小点はポテンシャルの高いところを振動する周期軌道になるし，自励的な場合は定常解になる．定理 4.6 で得られた軌道は周期境界条件のもとでは作用積分の臨界点ではあるが最小点ではない．そのような臨界点は**峠点**と呼ばれるもので，変分法によりそのような臨界点の存在を示すにはより高度な理論が必要になる．峠の定理 ([88, 147] 参照) を適用することにより，より周期的なポテンシャル系においてより多くの周期軌道が得られている．結果だけ述べておく．

定理 4.8 (ラビノウィッツ [89])**.** $V\colon \mathbb{R}^N \to \mathbb{R}$ が C^1 級で，各 $q_k\,(k =$

$1, \cdots, N$) について周期的であるとする．さらに，(4.10) を満たし，対称行列 $\left(m_j^{-1/2} m_k^{-1/2} \dfrac{\partial^2 V}{\partial q_j \partial q_k}(\mathbf{0})\right)_{j,k}$ は正則であるとし，その固有値を $\lambda_1, \cdots, \lambda_N$ とする．$\rho(T)$ を

$$(2\pi k)^2 - T^2 \lambda_j < 0$$

を満たす整数のペア (k, j) の個数とする．このとき，$V(\boldsymbol{q})$ のポテンシャル系において $\rho(T)$ 個の異なる T-周期軌道が存在する．

注意 4.9. 定理 4.8 から $\lambda_1, \cdots, \lambda_N$ の最大値を $\lambda_{\max}$ とすると，$T > \dfrac{2\pi}{\sqrt{\lambda_{\max}}}$ であれば少なくとも 2 つの解が存在する．定理 4.6 は $4T$-周期軌道の存在を示していたので，仮定した T と $\lambda_{\max}$ に関する不等式は一致する．

4.5 得られた周期解の安定性

作用積分の最小点として得られた周期解の安定性*5 は興味深い問題であるが，その判定や証明は非常に難しい．安定性の解析に必要となる手法や最小点に関する情報が少ないからである．最小点についてわかる数少ない性質の 1 つとして，第 2 変分が非負というものがある．

ポテンシャル関数

$$V(\boldsymbol{q}, t) \qquad (\boldsymbol{q} \in \mathbb{R}^N,\ t \in \mathbb{R})$$

を考える．ある $T > 0$ について

$$V(\boldsymbol{q}, t + T) = V(\boldsymbol{q}, t)$$

*5 ここで，$\mathcal{U} \subset \mathbb{R}^k$ 上の常微分方程式 $\dot{x} = f(\boldsymbol{x})$ の T-周期解 $\boldsymbol{x}(t)$ が (リャプノフの意味で) **安定**であるとは，$l = \{\boldsymbol{x}(t) \mid t \in [0, T]\}$ の任意の近傍 $\mathcal{V} \subset \mathcal{U}$ に対し，l の近傍 $\mathcal{W}$ が存在し，$\tilde{\boldsymbol{x}}(0) \in \mathcal{W}$ となる任意の解 $\tilde{\boldsymbol{x}}(t)$ はすべての $t > 0$ に対し $\tilde{\boldsymbol{x}}(t) \in \mathcal{V}$ をみたすことである．なお，変分問題では，極小点であることを安定ということもあって，それは対応する解が力学系の意味において安定ということとは異なる (極小点はむしろ力学系としては不安定になることが多い) ので注意が必要である．

を満たすとする．$\boldsymbol{q}^*(t)$ が

$$\mathcal{A}(\boldsymbol{q}) = \int_0^T \frac{1}{2}|\dot{\boldsymbol{q}}|^2 - V(\boldsymbol{q}, t)dt$$

の最小点であるとすると，任意の $\boldsymbol{\delta} \in H^1(\mathbb{R}/T\mathbb{Z}, \mathbb{R}^N)$ に対して

$$\left.\frac{d^2}{dh^2}\right|_{h=0} \mathcal{A}(\boldsymbol{q}^* + h\boldsymbol{\delta})(\rho) = \int_0^T |\dot{\boldsymbol{\delta}}(t)|^2 - \sum_{j,k=1}^N \frac{\partial^2 V}{\partial q_j \partial q_k}(\boldsymbol{q}^*(t), t)\delta_j\delta_k dt$$

は非負である．これにより $\boldsymbol{q}^*(t)$ に沿った線形化方程式

$$\frac{d^2\rho_j}{dt^2} = -\sum_{k=1}^N \frac{\partial^2 V}{\partial q_j \partial q_k}(\boldsymbol{q}^*(t), t)\rho_k$$

に関する性質がいくらかわかる．

その結果，自由度 1 の周期的ポテンシャル系の場合は最小点は不安定な解であることが知られている．

定理 4.10 ([81, 116])**.** $V\colon \mathbb{R}^2 \to \mathbb{R}$ を C^2 級のポテンシャル関数とし，

$$V(q, t+T) = V(q, t)$$

を満たすとする．このポテンシャル系

$$\frac{d^2q}{dt^2} = -\frac{\partial V}{\partial q}(q, t)$$

を考える．$q^*(t)$ を $H^1(\mathbb{R}/T\mathbb{Z}, \mathbb{R})$ における

$$\mathcal{A}(q) = \int_0^T \frac{1}{2}\dot{q}^2 - V(q, t)dt$$

の最小点 (極小点でもよい) とする．このとき，$q^*(t)$ はこのポテンシャル系の周期解で，不安定である．

この定理の証明は省くが，いくつかの部分で自由度 1 であることが本質的に使われており，このままの形での一般の自由度への拡張はなされていない．

周期の変動を許し，エネルギー固定のもとで作用積分の最小点となる周期解の不安定性が自由度 2 の場合にバーコフ [7, 8] により主張されており，一般の自由度の場合にも不安定であることが近年証明されている [117].

第5章

特異点を持つポテンシャル系における周期解

本章では主に原点を特異点とするポテンシャル系における周期解の存在について議論する．まずは，中心力のポテンシャル系について周期解を求め，中心力の中で特に重要なケプラー問題を解く．そして，中心力とは限らない場合について，変分法により周期解の存在を示す．その際に，得られた最小点が，特異点である原点を通過しないことを示す必要があり，そこが困難な部分である．その困難さの度合いは原点からの引力の大きさによる．直感に反するかもしれないが，引力が強い方が原点を通過しないことを示すことが容易になる．最後にケプラー問題について，楕円軌道の作用積分の値を求める．これは，n 体問題の周期解の存在を示す際に重要な役割を果たす．

5.1　中心力の周期解

5.1.1　角運動量

$\mathbb{R}^3$ あるいは $\mathbb{R}^3 \setminus \{\mathbf{0}\}$ におけるポテンシャル関数 $V(\boldsymbol{q})$ で，その値が原点からの距離にしかよらない場合を考える[*1]．つまり，$[0,\infty)$ あるいは $(0,\infty)$ 上の滑らかな関数 $f(r)$ があって，$V(\boldsymbol{q}) = f(|\boldsymbol{q}|)$ と表すことができるとする．質量 m の質点がこのポテンシャル関数により定まる力を受けるときの運動を考える．この場合の力

$$-\frac{\partial V}{\partial \boldsymbol{q}}(\boldsymbol{q}) = -\frac{df}{dr}(|\boldsymbol{q}|)\frac{\boldsymbol{q}}{|\boldsymbol{q}|}$$

を**中心力**という．中心力は，位置ベクトルと同じ向きにはたらき，大きさが原点からの距離のみで決まるような力になる．対応するポテンシャル系は

$$m\frac{d^2\boldsymbol{q}}{dt^2} = -\frac{df}{dr}(|\boldsymbol{q}|)\frac{\boldsymbol{q}}{|\boldsymbol{q}|} \tag{5.1}$$

と表される．$\boldsymbol{p} = m\dfrac{d\boldsymbol{q}}{dt}$ とおくと，1 階の常微分方程式

$$\frac{d\boldsymbol{q}}{dt} = \frac{1}{m}\boldsymbol{p}, \quad \frac{d\boldsymbol{p}}{dt} = -\frac{df}{dr}(|\boldsymbol{q}|)\frac{\boldsymbol{q}}{|\boldsymbol{q}|} \tag{5.2}$$

になる．

$\boldsymbol{c} = \boldsymbol{q} \times \boldsymbol{p}$ を**角運動量**という．$(\boldsymbol{q}(t), \boldsymbol{p}(t))$ を (5.2) の任意の解とし，この解についての角運動量を t で微分すると，

$$\frac{d\boldsymbol{c}}{dt} = \frac{d\boldsymbol{q}}{dt} \times \boldsymbol{p} + \boldsymbol{q} \times \frac{d\boldsymbol{p}}{dt} = \frac{1}{m}\boldsymbol{p} \times \boldsymbol{p} + \boldsymbol{q} \times \left(-\frac{df}{dr}(|\boldsymbol{q}|)\frac{\boldsymbol{q}}{|\boldsymbol{q}|}\right) = \mathbf{0}$$

となることから，$\boldsymbol{c}$ の各成分は一定である．$\boldsymbol{c}$ の各成分のように，任意の解について一定になるような関数を**第一積分**という．すでにみたように，自励的なポテンシャル系について，エネルギーは第一積分である．

[*1] 原点を除いた場合を考えるのは，ケプラー問題のような場合は原点が特異点になるためである．

$\boldsymbol{c} \neq \boldsymbol{0}$ の場合を考える．原点を通り，$\boldsymbol{c}$ と垂直な平面を Π とする (図 5.1)．$\boldsymbol{q}$ は $\boldsymbol{c}$ と垂直であるから，$\boldsymbol{q}$ はつねに平面 Π に属する．したがって，解は平面 Π 上を運動する．

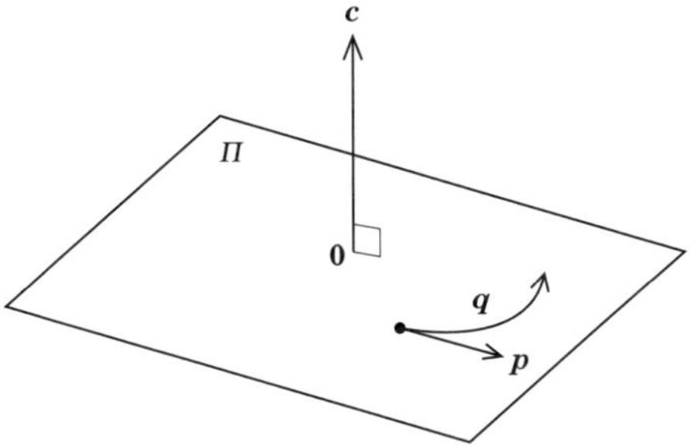

図 5.1　$\boldsymbol{c}$ に垂直な平面 Π

$\boldsymbol{c} = \boldsymbol{0}$ の場合を考える．解は $\boldsymbol{q}(0)\,(\neq \boldsymbol{0})$ と原点を通る直線上を運動することを示す．$\boldsymbol{q}(t)$ はつねに $\boldsymbol{q}(0)$ のスカラー倍になることを示せばよい．$\boldsymbol{q}(0)$ の成分の少なくとも 1 つは 0 ではないから，$q_1(0) \neq 0$ とする．$q_1(t)$ が 0 にならない t の範囲において，$\boldsymbol{c} = \boldsymbol{0}$ より

$$\frac{d}{dt}\frac{q_2}{q_1} = \frac{\dot{q}_2 q_1 - q_2 \dot{q}_1}{q_1^2} = 0$$

である．よって，$\dfrac{q_2(t)}{q_1(t)}$ は t によらず，

$$\frac{q_2(t)}{q_1(t)} = \frac{q_2(0)}{q_1(0)}$$

が成り立つ．同様に，

$$\frac{q_3(t)}{q_1(t)} = \frac{q_3(0)}{q_1(0)}.$$

よって，

$$(q_1(t), q_2(t), q_3(t)) = \frac{q_1(t)}{q_1(0)}(q_1(0), q_2(0), q_3(0)) \tag{5.3}$$

と表される．また，この関係式 (5.3) は $q_1(t) \neq 0$ となる t で成立する．ある $t_0 > 0$ で

$$\lim_{t \to t_0 - 0} q_1(t) = 0$$

となるときは，

$$\lim_{t \to t_0 - 0} q_2(t) = 0, \qquad \lim_{t \to t_0 - 0} q_3(t) = 0$$

となる．したがって，$\boldsymbol{q}(t) = (q_1(t), q_2(t), q_3(t))$ は $t \in [0, t_0)$ において，$(q_1(0), q_2(0), q_3(0))$ と原点を通る直線上を運動する．原点が特異点であれば，解は $t \geq t_0$ には拡張できない．

原点が特異点でない場合，$\boldsymbol{q}(t)$ は $t = t_0$ で原点を通過し，$t < t_0$ と $t > t_0$ でそれぞれ直線上を運動する．解の滑らかさから，

$$\lim_{t \to t_0 - 0} \dot{\boldsymbol{q}}(t) = \lim_{t \to t_0 + 0} \dot{\boldsymbol{q}}(t)$$

が成り立つから，それらの直線は同じものである．つまり，原点を通過しても同一直線上を運動し続ける．

5.1.2 中心力の運動方程式の周期解

中心力を受ける質点は平面上を運動するので，$\mathbb{R}^2$ あるいは $\mathbb{R}^2 \setminus \{\boldsymbol{0}\}$ 上の中心力のポテンシャル関数を考えれば十分である：

$$V(\boldsymbol{q}) = f(|\boldsymbol{q}|) \qquad (\boldsymbol{q} \in \mathbb{R}^2(\setminus \{\boldsymbol{0}\})).$$

この系のラグランジアンは

$$L(\boldsymbol{q}, \dot{\boldsymbol{q}}) = \frac{m}{2}(\dot{q}_1^2 + \dot{q}_2^2) - f(|\boldsymbol{q}|)$$

であり，ポテンシャル系はこのラグランジアンに対するオイラー-ラグランジュ方程式で表せるのであった (命題 1.4)．これを極座標で表そう．

$$(q_1, q_2) = r(\cos\theta, \sin\theta)$$

とする．速度もこれから誘導される変換

$$(\dot{q}_1, \dot{q}_2) = (\dot{r}\cos\theta - r\dot{\theta}\sin\theta, \dot{r}\sin\theta + r\dot{\theta}\cos\theta)$$

で対応させる．これらを，ラグランジアンに代入すると，

$$\begin{aligned} L_1(r, \theta, \dot{r}, \dot{\theta}) &= L(r\cos\theta, r\sin\theta, \dot{r}\cos\theta - r\dot{\theta}\sin\theta, \dot{r}\sin\theta + r\dot{\theta}\cos\theta) \\ &= \frac{m}{2}(\dot{r}^2 + r^2\dot{\theta}^2) - f(r) \end{aligned}$$

となる．

$L_1(r, \theta, \dot{r}, \dot{\theta})$ に対するオイラー–ラグランジュ方程式

$$\frac{d}{dt}\frac{\partial L_1}{\partial \dot{r}} = \frac{\partial L_1}{\partial r}, \qquad \frac{d}{dt}\frac{\partial L_1}{\partial \dot{\theta}} = \frac{\partial L_1}{\partial \theta}$$

より

$$m\frac{d^2 r}{dt^2} = mr\left(\frac{d\theta}{dt}\right)^2 - \frac{df}{dr}(r), \qquad \frac{d}{dt}\left(mr^2\frac{d\theta}{dt}\right) = 0$$

となる．よって，$r^2\dfrac{d\theta}{dt}$ は一定である．これはもとの座標での

$$\boldsymbol{q} \times \boldsymbol{p} = q_1 p_2 - q_2 p_1$$

に一致し，平面運動の場合はこれを**角運動量**という．この値を $c \in \mathbb{R}$ としよう．すると，第 1 式は

$$m\frac{d^2 r}{dt^2} = \frac{mc^2}{r^3} - \frac{df}{dr}(r)$$

と表せる．ここで，$g(r) = \dfrac{mc^2}{2r^2} + f(r)$ とすると，$r(t)$ は自由度 1 のポテンシャル系

$$m\frac{d^2 r}{dt^2} = -\frac{dg}{dr}(r) \tag{5.4}$$

の解になる．$g(r)$ を**有効ポテンシャル**という．

$c = 0$ の場合，もとの座標系で $\boldsymbol{q}(t)$ は直線上を運動し，$g(r) = f(r)$ をポテンシャルとするポテンシャル系の解となる．

$c \neq 0$ の場合を考える．$g(r)$ が臨界点 ($\dfrac{dg}{dr}(r_0) = 0$ となる r_0) をもてば，

$$r(t) = r_0, \qquad \theta(t) = \frac{ct}{r_0^2} + \theta_0$$

が (5.4) の解になる (θ_0 は定数)． 対応する解 $(q_1(t), q_2(t))$ は周期 $\dfrac{2\pi r_0^2}{c}$ の周期解である．r_0 が $g(r)$ の狭義の極小点ならば，その周辺の解について，$r(t)$ は周期的である．その周期を $T > 0$ としよう．

$$\frac{d\theta}{dt} = \frac{c}{r(t)^2}$$

であるから，

$$\theta(t) - \theta(0) = c\int_0^t \frac{1}{r(s)^2} ds$$

である．ある $n \in \mathbb{N}$ で $\theta(nT) - \theta(0)$ が 2π の整数倍になれば，もとの座標で見た解 $(q_1(t), q_2(t))$ は nT 周期解である．そのような $n \in \mathbb{N}$ が存在しない場合，準周期解と呼ばれる解になる*2．

具体的な例として，$k > 0, \alpha \neq 0$ を定数とし

$$f(r) = \frac{k}{\alpha} r^\alpha \tag{5.5}$$

を考えよう．有効ポテンシャル

$$g(r) = \frac{mc^2}{2r^2} + \frac{k}{\alpha} r^\alpha$$

*2 トーラス $\mathbb{T}^k = \mathbb{R}^k/(2\pi\mathbb{Z})^k$ において，定ベクトル $\boldsymbol{\omega} \in \mathbb{R}^k$ と $\boldsymbol{\theta}_0 \in \mathbb{T}^k$ により $\boldsymbol{\theta}(t) = t\boldsymbol{\omega} + \boldsymbol{\theta}_0$ と表される軌道を**クロネッカー軌道**という．$\mathbb{R}^d$ 上の常微分方程式 $\dot{\boldsymbol{x}} = f(\boldsymbol{x})$ について，写像 $\varphi\colon \mathbb{T}^k \to \mathbb{R}^d$ とクロネッカー軌道 $\boldsymbol{\theta}(t)$ により $\boldsymbol{x}(t) = \varphi(\boldsymbol{\theta}(t))$ の形に表せる解を**準周期解**という．

の微分は

$$g'(r) = -\frac{mc^2}{r^3} + kr^{\alpha-1}$$

だから $g(r)$ の臨界点は

$$r_0 = \left(\frac{mc^2}{k}\right)^{1/(\alpha+2)} \tag{5.6}$$

である．r_0 は $\alpha > -2$ のときは極小点，$\alpha < -2$ のときは極大点である (図 5.2).

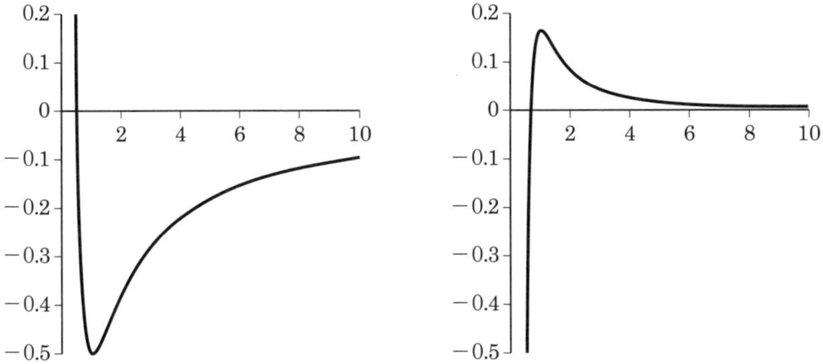

図 5.2　$\alpha = -1$(左図) と $\alpha = -3$(右図) の $g(r)$ のグラフ．m, c, k はすべて 1

$\alpha = -2$ の場合は，$k = mc^2$ が成り立っているとき，$g(r)$ は定数関数になるためすべての r_0 が $g(r)$ の臨界点であるが，$k \neq mc^2$ ならば $g(r)$ の臨界点は存在しない.

周期は $T = \dfrac{2\pi r_0^2}{c}$ であるから，(5.6) より c を消去して整理すると

$$r_0 = \left(\frac{4\pi^2 m}{T^2 k}\right)^{1/(\alpha-2)}$$

となる．運動方程式を確かめることで，これは $\alpha = -2$ でも正しいことがわかる.

整理すると，$\alpha \neq 2$ の場合，任意の $T > 0$ について，周期 T で原点の周りを反時計回りに 1 周し，原点からの距離が一定の周期解が存在して，それは

$$(q_1(t), q_2(t)) = r_0 \left(\cos \frac{2\pi(t - t_0)}{T}, \sin \frac{2\pi(t - t_0)}{T} \right),$$
$$r_0 = \left(\frac{4\pi^2 m}{T^2 k} \right)^{1/(\alpha-2)}$$

と表される．

$\alpha = 2$ の場合を解いておこう．

$$V(q_1, q_2) = \frac{k}{2}(q_1^2 + q_2^2)$$

のポテンシャル系の解で円軌道を描くのは, r_0 を任意の定数として,

$$(q_1, q_2) = r_0 \left(\cos \sqrt{\frac{k}{m}}(t - t_0), \sin \sqrt{\frac{k}{m}}(t - t_0) \right)$$

と表される．周期は $T = \dfrac{2\pi}{\sqrt{k}}$ のみである．一般解は r_0, r_1, t_0, t_1 を任意の定数として,

$$(q_1, q_2) = \left(r_0 \cos \sqrt{\frac{k}{m}}(t - t_0), r_1 \cos \sqrt{\frac{k}{m}}(t - t_1) \right)$$

と表され，すべて周期 $T = 2\pi\sqrt{\dfrac{m}{k}}$ の周期解になる．

5.1.3 ケプラー問題：$\alpha = -1$

前節で $\alpha = -1$ の場合のポテンシャル系は，惑星の運動のモデルである**ケプラー問題**である．ここでは，**ケプラーの法則**と呼ばれる次の 3 つの法則を示そう．

第 1 法則 惑星は太陽を 1 つの焦点とする楕円軌道を描く．

第 2 法則 惑星と太陽とを結ぶ線分が単位時間に掃く面積は一定である．

第 3 法則　惑星の公転周期の 2 乗は軌道の長半径の 3 乗に比例する．

ここで紹介する解法は [66] を参考にした．運動量ベクトルの振る舞いに焦点を当てた解法である．以下，$m = 1$ とする．$\boldsymbol{p} = \dfrac{d\boldsymbol{q}}{dt}$ とおくことで，平面上のケプラー問題

$$\frac{d^2\boldsymbol{q}}{dt^2} = -\frac{k}{|\boldsymbol{q}|^3}\boldsymbol{q} \qquad (\boldsymbol{q} \in \mathbb{R}^2 \setminus \{\boldsymbol{0}\})$$

は

$$\frac{d\boldsymbol{q}}{dt} = \boldsymbol{p}, \qquad \frac{d\boldsymbol{p}}{dt} = -\frac{k}{|\boldsymbol{q}|^3}\boldsymbol{q} \qquad (\boldsymbol{q} \in \mathbb{R}^2 \setminus \{\boldsymbol{0}\}, \boldsymbol{p} \in \mathbb{R}^2) \tag{5.7}$$

と表すことができる．$\boldsymbol{q} = r(\cos\theta, \sin\theta)$ とすると

$$\frac{d\boldsymbol{p}}{dt} = -\frac{k}{r^2}(\cos\theta, \sin\theta)$$

となる．

角運動量 $r^2\dot{\theta}$ は一定であった．この値を c とし，$c \neq 0$ の場合を考える．独立変数 t を θ に変換すると，

$$\frac{d\boldsymbol{p}}{d\theta} = \frac{d\boldsymbol{p}}{dt}\frac{dt}{d\theta} = -\frac{k}{r^2}(\cos\theta, \sin\theta)\frac{r^2}{c} = -R(\cos\theta, \sin\theta)$$

となる．ここで，$R = \dfrac{k}{c}$ である．θ で積分して，

$$\boldsymbol{p} = R(-\sin\theta, \cos\theta) + \boldsymbol{b}$$

となる．$\boldsymbol{b}$ は一定のベクトルである．$\boldsymbol{b}$ を中心とし，半径 R の円を C とする．$\boldsymbol{p}(t)$ は C 全体か C の一部を描く．

ケプラーは，ブラーエの観測結果から惑星の軌道は必ずしも太陽を中心とする円ではないことに気づき，最初は太陽とは限らない点を中心とする円周上を運動すると予想したようである．その予想は誤りで後に楕円であることを発見するわけだが，その当初の予想は運動量ベクトルに対しては成立するのである．

さて，$e = \dfrac{|\boldsymbol{b}|}{R}$ とおく．$\boldsymbol{q}$ の座標系を回転させると，(5.7) より $\boldsymbol{p}$ の座標系も同じだけ回転されるので，$\boldsymbol{b}$ が y 軸上にくるように回転させる．すると，

$$\boldsymbol{p} = R(-\sin\theta, e + \cos\theta)$$

と書ける．$\boldsymbol{q} = (q_1, q_2)$, $\boldsymbol{p} = (p_1, p_2)$ とすると角運動量は

$$c = q_1 p_2 - q_2 p_1 = r\cos\theta R(e + \cos\theta) - r\sin\theta(-R\sin\theta) = rR(1 + e\cos\theta)$$

と表せる．

$$r = \frac{c}{R(1 + e\cos\theta)}$$

となる．これは円錐曲線を極座標表示したものである．これから，軌道が円錐曲線になるという事実が導かれた．特に，軌道が有界になるのは $0 \le e < 1$ の場合で，楕円になる．これで，第1法則が示せた．

エネルギー E と R, e の関係を調べておこう．

$$\begin{aligned}
2E &= |\boldsymbol{p}|^2 - \frac{2k}{r} = R^2 + |\boldsymbol{b}|^2 + 2R\boldsymbol{b}\cdot(-\sin\theta, \cos\theta) - \frac{2k}{r} \\
&= R^2 + |(0, Re)|^2 + 2R(0, Re)\cdot(-\sin\theta, \cos\theta) - \frac{2kR(1 + e\cos\theta)}{c} \\
&= R^2 + R^2e^2 + 2R^2 e\cos\theta - 2R^2(1 + e\cos\theta) = R^2(e^2 - 1)
\end{aligned}$$

となる．よって，$E < 0$ なら $0 \le e < 1$ である．

第2法則は，角運動量保存則であり，ケプラー問題に限らず一般の中心力で成り立つ性質である．実際，中心力における角運動量 c をもつ解について，時間 $[t_0, t_1]$ で $\boldsymbol{q}(t)$ と原点を結ぶ線分が掃く面積は

$$\int_{t_0}^{t_1} \frac{1}{2} r^2 \dot{\theta} dt = \frac{1}{2} c(t_1 - t_0)$$

と表される．

ケプラーの第3法則を示そう．$0 \le e < 1$ のとき，$\boldsymbol{q}$ の描く楕円の長軸の長さを $2l$ とすると

$$2l = \frac{c}{R(1-e)} + \frac{c}{R(1+e)} = \frac{2c}{R(1-e^2)} = -\frac{2k}{R^2(e^2-1)} = -\frac{k}{E}$$

となり，よって

$$2E = -\frac{k}{l} \tag{5.8}$$

である．短軸の長さを $2n$ とする．q_2 が極値をとるのは $\dfrac{dq_2}{dt} = p_2 = R(e + \cos\theta) = 0$ となるときである．この θ のとき $\cos\theta = -e$ であるから

$$\begin{aligned} q_2 = r\sin\theta &= \pm\frac{c\sqrt{1-\cos^2\theta}}{R(1+e\cos\theta)} \\ &= \pm\frac{c\sqrt{1-e^2}}{R(1-e^2)} = \pm\frac{c}{R\sqrt{1-e^2}} = \pm\frac{k}{R\sqrt{-2E}} \end{aligned}$$

となるので，

$$2n = \frac{2k}{R\sqrt{-2E}}$$

となる．よって，楕円に囲まれる部分の面積は

$$\pi ln = -\frac{\pi k}{2E}\frac{k}{R\sqrt{-2E}} = \frac{\pi k^2}{R(-2E)^{3/2}} \tag{5.9}$$

である．一方，この面積は角運動量を用いても計算できる．周期を T とすると，

$$\pi ln = \frac{1}{2}\int_0^{2\pi} r^2 d\theta = \frac{1}{2}\int_0^T r^2\frac{d\theta}{dt}dt = \frac{1}{2}\int_0^T c\,dt = \frac{cT}{2} \tag{5.10}$$

となる．よって，(5.8), (5.9), (5.10) より

$$T = \frac{2\pi k^2}{cR(-2E)^{3/2}} = \frac{2\pi k}{(-2E)^{3/2}} = \frac{2\pi k l^{3/2}}{k^{3/2}} = \frac{\pi(2l)^{3/2}}{(2k)^{1/2}} \tag{5.11}$$

となり，ケプラーの第 3 法則が示された．

注意 5.1. 中心力でポテンシャルが 2 次の場合はすべての解が周期解になる．また，ケプラー問題の場合は有界で衝突しない解はすべて周期解であっ

た．中心力でほかにそのようなポテンシャルはあるであろうか．実は，有界な解がすべて周期解になるような中心力は上記の2種類しかないことが示されている (ベルトランの定理 [131, 第2章8節]).

次節では中心力を一般化したポテンシャル系で，原点の周りを回る周期解の存在を変分法を用いて示す．

5.2　特異点をもつポテンシャル系

5.2.1　最小点の存在

前節では中心力の運動方程式を解き，それにより原点の周りを回る周期解の存在を示した．この節では，それを一般化したポテンシャル系で原点の周りを回る周期解の存在を変分法を用いて示そう．

中心力のポテンシャル

$$V(\boldsymbol{q}) = \frac{k}{\alpha}|\boldsymbol{q}|^{\alpha}$$

の場合，$\alpha < 0$ だと $\boldsymbol{q} = \boldsymbol{0}$ が特異点になる．特異点になるからこそ，原点の周りを回るという制限が効果的に働く．ここでは $\alpha < 0$ の場合のみ考えるので $\beta = -\alpha > 0$ とし，平面における中心力を一般化して，

$$V(\boldsymbol{q}, t) = -\frac{k}{\beta|\boldsymbol{q}|^{\beta}} + f(\boldsymbol{q}, t) \qquad (\boldsymbol{q} \in \mathbb{R}^2 \setminus \{\boldsymbol{0}\}) \tag{5.12}$$

の形のポテンシャル関数を考える．ここで，$k > 0$ は定数で，$f(\boldsymbol{q}, t)$ は $\mathbb{R}^2 \times \mathbb{R}$ 上の滑らかな関数で，$T > 0$ について

$$f(\boldsymbol{q}, t + T) = f(\boldsymbol{q}, t) \tag{5.13}$$

を満たすとする．さらに，t について一様に

$$\lim_{|\boldsymbol{q}| \to \infty} f(\boldsymbol{q}, t) = 0 \tag{5.14}$$

と仮定する．つまり，任意の $\varepsilon > 0$ について，ある $l > 0$ があって，$|\boldsymbol{q}| > l$ を満たす任意の $\boldsymbol{q} \in \mathbb{R}^2$ と $t \in \mathbb{R}$ について，

$$|f(\boldsymbol{q}, t)| < \varepsilon$$

が成り立つとする．このポテンシャル系

$$m\frac{d^2\boldsymbol{q}}{dt^2} = -\frac{\partial V}{\partial \boldsymbol{q}}(\boldsymbol{q}, t)$$

の周期解の存在について考えよう．

5.1 節で求めた周期解はすべて原点の周りを回るものであった．よって，原点の周りを 1 周もしない周期解の存在は一般には期待できない．そこで，原点の周りを何周かする閉曲線に制限して変分問題を考えよう．

閉曲線 $\boldsymbol{q}(t) = (x(t), y(t)) \in H^1(\mathbb{R}/T\mathbb{Z}, \mathbb{R}^2 \setminus \{\boldsymbol{0}\})$ について

$$(x(t), y(t)) = r(t)(\cos\theta(t), \sin\theta(t))$$

と表す．$\theta(t)$ は連続になるようにとっている．$\boldsymbol{q}(t) = (x(t), y(t))$ の $[0, T]$ における回転数を

$$\mathrm{wind}(\boldsymbol{q}) = \frac{\theta(T) - \theta(0)}{2\pi}$$

により定義する．$\theta(t)$ は 2π の整数倍だけ取り方があるが，$\mathrm{wind}(\boldsymbol{q})$ はその取り方によらず，整数値になる．

$\boldsymbol{q}(0) = \boldsymbol{q}(T)$ を満たす $\mathbb{R}^2 \setminus \{\boldsymbol{0}\}$ 上の H^1 曲線全体を $H^1(\mathbb{R}/T\mathbb{Z}, \mathbb{R}^2 \setminus \{\boldsymbol{0}\})$ と書き，$j \in \mathbb{Z}$ に対し

$$\Lambda_j = \{\boldsymbol{q} \in H^1(\mathbb{R}/T\mathbb{Z}, \mathbb{R}^2 \setminus \{\boldsymbol{0}\}) \mid \mathrm{wind}(\boldsymbol{q}) = j\} \tag{5.15}$$

とおく．$j \neq 0$ とし Λ_j における作用積分

$$\mathcal{A}(\boldsymbol{q}) = \int_0^T \frac{m}{2}|\dot{\boldsymbol{q}}(t)|^2 - V(\boldsymbol{q}(t), t)dt$$

の最小点の存在について考える．

Λ_j 上の作用積分 $\mathcal{A}(\boldsymbol{q})$ の強圧性を示そう．つまり，$\|\boldsymbol{q}\|_{H^1} \to \infty$ $(\boldsymbol{q} \in \Lambda_j)$ のとき $\mathcal{A}(\boldsymbol{q}) \to \infty$ となることを示す．(5.13) と (5.14) より $f(\boldsymbol{q}, t)$ は有界であるから，

$$\|f\|_\infty := \sup_{(\boldsymbol{q},t)\in\mathbb{R}^2\times\mathbb{R}} |f(\boldsymbol{q}, t)|$$

が有限値として定まる．これより，作用積分は

$$\begin{aligned}\mathcal{A}(\boldsymbol{q}) &= \int_0^T \frac{m}{2}|\dot{\boldsymbol{q}}|^2 - V(\boldsymbol{q}, t)dt = \int_0^T \frac{m}{2}|\dot{\boldsymbol{q}}|^2 + \frac{k}{\beta|\boldsymbol{q}|^\beta} - f(\boldsymbol{q}, t)dt \\ &\geq \frac{m}{2}\|\dot{\boldsymbol{q}}\|_{L^2}^2 - T\|f\|_\infty\end{aligned}$$

と評価できる．したがって，$\|\dot{\boldsymbol{q}}\|_{L^2}$ が無限大に発散するとき，$\mathcal{A}(\boldsymbol{q})$ も無限大に発散する．

$\|\boldsymbol{q}\|_{L^2}$ が発散する場合を考えよう．L^2 ノルムの定義より

$$\|\boldsymbol{q}\|_{L^2} \leq T^{1/2} \max_{t\in[0,T]} |\boldsymbol{q}(t)|$$

が成り立つ．$j \neq 0$ より $\boldsymbol{q}(t)$ の描く曲線の長さは $2 \max_{t\in[0,T]} |\boldsymbol{q}(t)|$ 以上である．命題 2.2 より

$$\|\dot{\boldsymbol{q}}\|_{L^1} \leq T^{1/2}\|\dot{\boldsymbol{q}}\|_{L^2}$$

が成り立ち，この左辺は閉曲線の長さであるから，

$$\|\boldsymbol{q}\|_{L^2} \leq T^{1/2} \max_{t\in[0,T]} |\boldsymbol{q}(t)| \leq \frac{T^{1/2}}{2}\|\dot{\boldsymbol{q}}\|_{L^1} \leq \frac{T}{2}\|\dot{\boldsymbol{q}}\|_{L^2}$$

が成り立つ．ゆえに，$\|\boldsymbol{q}\|_{L^2} \to \infty$ のとき $\|\dot{\boldsymbol{q}}\|_{L^2} \to \infty$ となるので，$\mathcal{A}(\boldsymbol{q})$ は無限大に発散する．強圧性がいえたので，定理 2.8 より $\mathcal{A}$ の最小点 $\boldsymbol{q}^*$ が Λ_j の閉包 $\overline{\Lambda}_j$ に存在する．しかし，$\boldsymbol{q}^*$ が $\overline{\Lambda}_j \setminus \Lambda_j$ に属する可能性があるので，まだこれが解であるとはいえていない．

5.2.2 強い力の場合

最小点 $\boldsymbol{q}^*$ の存在がいえたが，これが Λ_j に属することをいわないといけない．つまり，$\boldsymbol{q}^*$ が Λ_j の境界 $\partial\Lambda_j$ に属さないことを示す必要がある．$\partial\Lambda_k$ は $\boldsymbol{0}$ に達する曲線 $\boldsymbol{q}(t)$ からなる．そのことを $\boldsymbol{q}(t)$ の**衝突**と呼ぶことにする．最小点が衝突をもたないことは，$\beta>0$ が小さい場合はつねにいえるわけではない．はじめに，$\beta\geq 2$ の場合を考えよう．$\boldsymbol{q}\in\partial\Lambda_j$ とすると，ある $t_0\in[0,T)$ で $\boldsymbol{q}(t_0)=\boldsymbol{0}$ となる．$\delta>0$ を $t_0+\delta<T$, $\boldsymbol{q}(t_0+\delta)\neq\boldsymbol{0}$ を満たすようにとる．作用積分は

$$\begin{aligned}\mathcal{A}(\boldsymbol{q})&=\int_0^T\frac{m}{2}|\dot{\boldsymbol{q}}|^2-V(\boldsymbol{q},t)dt=\int_0^T\frac{m}{2}|\dot{\boldsymbol{q}}|^2+\frac{k}{\beta|\boldsymbol{q}|^\beta}-f(\boldsymbol{q},t)dt\\&\geq\int_{t_0}^{t_0+\delta}\frac{m}{2}|\dot{\boldsymbol{q}}|^2+\frac{k}{\beta|\boldsymbol{q}|^\beta}dt-T\|f\|_\infty\end{aligned}$$

と評価できる．この最後の式の積分の部分を極座標 (r,θ) で表すと，

$$\begin{aligned}\int_{t_0}^{t_0+\delta}\frac{m}{2}|\dot{\boldsymbol{q}}|^2+\frac{k}{\beta|\boldsymbol{q}|^\beta}dt&=\int_{t_0}^{t_0+\delta}\frac{m}{2}(\dot{r}^2+r^2\dot{\theta}^2)+\frac{k}{\beta r^\beta}dt\\&\geq\int_{t_0}^{t_0+\delta}\frac{m}{2}\dot{r}^2+\frac{k}{\beta r^\beta}dt=(\#)\end{aligned}$$

となる．ここで，相加相乗平均の公式より

$$(\#)\geq\int_{t_0}^{t_0+\delta}\sqrt{\frac{2mk}{\beta}}\frac{\dot{r}}{r^{\beta/2}}dt=\int_0^{r(t_0+\delta)}\sqrt{\frac{2mk}{\beta}}\frac{1}{r^{\beta/2}}dr=(*)$$

と評価できる．$\beta>2$ のとき

$$(*)=\sqrt{\frac{2mk}{\beta}}\left[-\frac{2}{(\beta-2)r^{(\beta-2)/2}}\right]_0^{r(t_0+\delta)}=\infty$$

となる．$\beta=2$ のとき

$$(*)=\sqrt{\frac{2mk}{\beta}}[\log r]_0^{r(t_0+\delta)}$$

$$= \sqrt{\frac{2mk}{\beta}}(\log r(t_0+\delta) - \log(+0)) = \infty$$

となる．以上より，$\boldsymbol{q} \in \partial\Lambda_j$ とすると $\mathcal{A}(\boldsymbol{q}) = \infty$ となる．ゆえに，最小点は $\boldsymbol{q}^*$ は Λ_j に属し，周期解になる．まとめておこう．

定理 5.2. ポテンシャル関数が (5.12) の形で $\beta \geq 2$ であり，$\mathbb{R}^2 \times \mathbb{R}$ 上の C^1 級関数 $f(\boldsymbol{q}, t)$ が (5.13) と (5.14) を満たすとする．このとき，任意の $j \in \mathbb{Z}\backslash\{0\}$ と $T > 0$ に対し，回転数が j となる T-周期解 $\boldsymbol{q}(t)$ が存在する．

5.2.3 弱い力の場合

$0 < \beta < 2$ の場合を考えよう．この場合，衝突する曲線の作用積分の値は必ずしも無限大にならない．例えば，γ を

$$\frac{1}{\beta} < \gamma < \frac{1}{2}$$

を満たす定数とし，

$$\boldsymbol{q}_{\mathrm{col}}(t) = \begin{cases} (t^\gamma, 0) & \left(t \in \left[0, \dfrac{T}{2}\right)\right) \\ ((T-t)^\gamma, 0) & \left(t \in \left[\dfrac{T}{2}, T\right)\right) \end{cases}$$

としよう．この曲線は $\boldsymbol{q}(0) = \mathbf{0}$ となるが，作用積分の値は

$$\begin{aligned} \mathcal{A}(\boldsymbol{q}_{\mathrm{col}}) &= \int_0^T \frac{m}{2}(\gamma t^{\gamma-1})^2 + \frac{k}{\beta t^{\beta\gamma}} - f(\boldsymbol{q}_{\mathrm{col}}(t), t)dt \\ &\leq 2\int_0^{T/2} \frac{m}{2}(\gamma t^{\gamma-1})^2 + \frac{k}{\beta t^{\beta\gamma}} dt + T\|f\|_\infty \\ &= 2\left[\frac{m\gamma^2 t^{2\gamma-1}}{2\gamma-1} + \frac{k}{\beta(1-\beta\gamma)} t^{1-\beta\gamma}\right]_0^{T/2} + T\|f\|_\infty \\ &= \frac{2^{2-2\gamma} m\gamma^2 T^{2\gamma-1}}{2\gamma-1} + \frac{2^{\beta\gamma} k T^{1-\beta\gamma}}{\beta(1-\beta\gamma)} + T\|f\|_\infty \end{aligned}$$

と評価でき，有限値である．そのため，最小点が衝突をもたないことは直ちには導けない．$1<\beta<2$ で V が自励的，つまり $\boldsymbol{q}$ のみの関数のとき，$\Lambda_{\pm 1}$ における最小点として周期解が得られる．

定理 5.3. 自励的なポテンシャル関数が

$$V(\boldsymbol{q}) = -\frac{k}{\beta|\boldsymbol{q}|^\beta} + f(\boldsymbol{q}) \qquad (\boldsymbol{q} \in \mathbb{R}^2 \setminus \{\boldsymbol{0}\})$$

の形で，$1<\beta<2$ であり，$\mathbb{R}^2$ 上の C^1 級関数 $f(\boldsymbol{q})$ が (5.14) を満たすとする．このとき，$j=\pm 1$ に対し，$[0,T]$ における回転数が j となる T-周期解が存在する．

証明の概略. この証明については，[147, 第 6 章] により一般的な設定で詳しく書かれているので，ここでは概略のみ述べる．田中 [107] により導入されたスケーリングの手法を適用する．

まず $\varepsilon>0$ をとって

$$\mathcal{A}_\varepsilon(\boldsymbol{q}) = \int_0^T \frac{m}{2}|\dot{\boldsymbol{q}}|^2 - V(\boldsymbol{q}) + \frac{\varepsilon}{|\boldsymbol{q}|^2} dt$$

を考える．すると，$\dfrac{\varepsilon}{|\boldsymbol{q}|^2}$ の項があるので前節と同様にして $\mathcal{A}_\varepsilon(\boldsymbol{q})$ の $\Lambda_{\pm 1}$ における最小点 $\boldsymbol{q}^\varepsilon(t)$ は衝突しないことがいえる．

$\boldsymbol{q}^\varepsilon(t)$ を $\mathcal{A}^\varepsilon$ の最小点とする．$\boldsymbol{q}^{\varepsilon_n}(t)$ がある $\boldsymbol{q}^0(t)$ に収束するように列 $\varepsilon_n \to +0$ をとることができる．このとき，$\boldsymbol{q}^0(t)$ が衝突しなければ解である．

$\boldsymbol{q}^0(t)$ が衝突すると仮定する．作用積分は

$$\mathcal{A}^\varepsilon(\boldsymbol{q}^\varepsilon) = \int_0^{2\pi} \frac{m}{2}|\dot{\boldsymbol{q}^\varepsilon}|^2 + \frac{k}{\beta|\boldsymbol{q}^\varepsilon|^\beta} - f(\boldsymbol{q}^\varepsilon) + \frac{\varepsilon}{|\boldsymbol{q}^\varepsilon|^2} dt$$

と表せる．パラメータ t を取り替えて，$|\boldsymbol{q}^{\varepsilon_n}(t)|$ を最小にする t が 0 となるようにする．すると，$\boldsymbol{q}^0(0)=0$ となるので，$\boldsymbol{q}^{\varepsilon_n}(t)$ をスケーリングにより拡大する．数列 δ_n を

$$\delta_n = |\boldsymbol{q}^{\varepsilon_n}(0)| > 0$$

により定義する．$\boldsymbol{q}^{\varepsilon_n}$ のスケールリングされた曲線 $\boldsymbol{x}_n$ を

$$\boldsymbol{x}_n(s) = \delta_n^{-1}\boldsymbol{q}^{\varepsilon_n}(\delta_n^{3/2}s)$$

により定義する．必要であれば，部分列を取り直すことで

$$\frac{\varepsilon_n}{\delta_n} \to d \in [0, \infty] \tag{5.16}$$

とする．まず，$0 \le d < \infty$ の場合を考えよう．任意に固定した $l > 0$ に対して $\boldsymbol{x}_n$ は $[0, l]$ 上で微分方程式

$$m\ddot{\boldsymbol{y}} + \frac{k\boldsymbol{y}}{|\boldsymbol{y}|^{\beta+1}} + \frac{d\boldsymbol{y}}{|\boldsymbol{y}|^4} = 0 \tag{5.17}$$

の解 $\boldsymbol{y}_d$ に一様収束する．座標を回転して，初期条件を

$$\boldsymbol{y}(0) = (1, 0) \tag{5.18}$$

となるようにしよう．すると，

$$\dot{\boldsymbol{y}}(0) = \sqrt{2(1+d)}(0, 1) \tag{5.19}$$

が成り立つ．$r_d(s)$ と $\theta_d(s)$ を

$$\boldsymbol{y}_d(s) = r_d(s)(\cos\theta_d(s), \sin\theta_d(s)), \qquad \theta_d(0) = 0$$

により定める．(5.17) は中心力の運動方程式であるので解くことができて，初期条件 (5.18), (5.19) より

$$\lim_{s\to\pm\infty} r_d(s) = \infty, \qquad \lim_{s\to\pm\infty} \theta_d(s) = \pm\frac{\pi\sqrt{1+d}}{2-\beta}$$

が示される (図 5.3)．

$\boldsymbol{y}_d$ は (5.17) の解であるから，$\boldsymbol{y}_d$ は作用積分

$$\mathcal{I}_d(\boldsymbol{y}) = \int_0^l \frac{m}{2}|\dot{\boldsymbol{y}}|^2 + \frac{k}{\beta|\boldsymbol{y}|^\beta} + \frac{d}{|\boldsymbol{y}|^2} ds$$

の最小点である．ここまでは，$0 < \beta < 2$ で成立する．

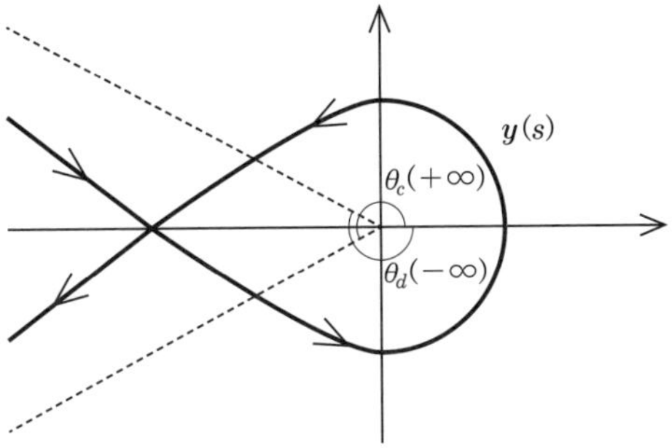

図 5.3 $\boldsymbol{y}_d$ の振る舞い

$1 < \beta < 2$ であれば,

$$\lim_{s\to+\infty}\theta_d(s) - \lim_{s\to-\infty}\theta_d(s) > 2\pi$$

であるので,

$$\theta_d(l) - \theta_d(-l) > 2\pi \tag{5.20}$$

となるような十分大きな $l > 0$ をとり固定する．(5.20) より $y_d(s)$ $(-l \le s \le l)$ は自己交叉をもつのでその点を $\boldsymbol{y}(s_0)$ $(0 < s_0 < l)$ とする．

$$R_x = \begin{pmatrix} 1 & 0 \\ 0 & -1 \end{pmatrix}$$

とし，$[0, s_0]$ で x 軸について反転した曲線

$$\hat{\boldsymbol{y}} = \begin{cases} R_x\boldsymbol{y}_d(s) & (-s_0 \le s \le s_0) \\ \boldsymbol{y}_d(s) & (-l \le s \le -s_0,\ s_0 \le s \le l) \end{cases} \tag{5.21}$$

をとる (図 5.4)．$\hat{\boldsymbol{y}}$ と $\boldsymbol{y}_d$ に関する $\mathcal{I}_d$ の値は同じであるから，$\hat{\boldsymbol{y}}$ も $\mathcal{I}_d$ の最小点である．$\hat{\boldsymbol{y}}$ は $s = s_0$ で滑らかではない．これは，定理 2.9 に反する．

$d = \infty$ の場合は,

$$\boldsymbol{z}_n(s) = \delta_n^{-1}\boldsymbol{q}_1^{\varepsilon_n}\left(\left(\frac{\varepsilon_n}{\delta_n^4}\right)^{-1/2} s\right)$$

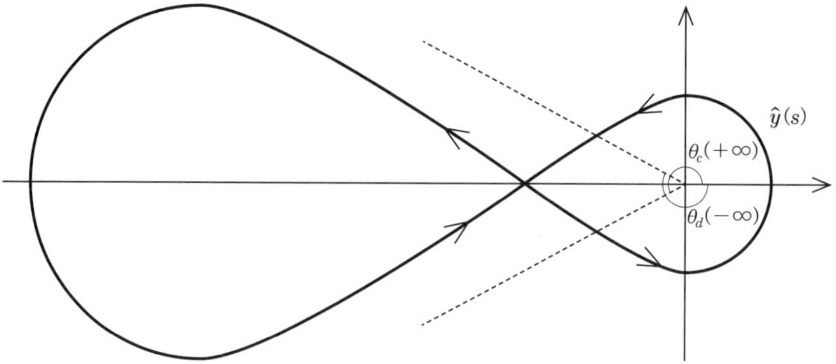

図 5.4　曲線 $\hat{\boldsymbol{y}}(t)$

とすれば，任意の $l > 0$ に対して，$\boldsymbol{z}_n$ は $[0, l]$ 上で次の微分方程式の解 $\boldsymbol{y}_\infty$ に一様収束する：

$$\begin{aligned}
&\ddot{\boldsymbol{y}} + \frac{2\boldsymbol{y}}{|\boldsymbol{y}|^4} = 0,\\
&\boldsymbol{y}(0) = (0, 1),\\
&\dot{\boldsymbol{y}}(0) = (\pm\sqrt{2}, 0).
\end{aligned}$$

この解は

$$\boldsymbol{y}_\infty(s) = (\cos\sqrt{2}s, \pm\sin\sqrt{2}s)$$

と表せる．この場合も，$\boldsymbol{y}_\infty$ は y 軸と交差するので，$0 < d < \infty$ の場合と同様に一部を y 軸に関して反転した曲線も最小点となり，矛盾する．　□

なお，上記の証明において，$d \in [0, \infty)$ の場合，

$$\theta_d(\pm\infty) := \lim_{s\to\infty} \theta_d(s)$$

について，次の結果が知られている．

定理 5.4 (田中 [109])**.** $\beta \in (0,2)$, $d \in [0,\infty)$ のとき,

$$\lim_{t\to\pm 0}\frac{\boldsymbol{q}^0(t)}{|\boldsymbol{q}^0(t)|} = (\cos\theta_d(\pm\infty), \sin\theta_d(\pm\infty))$$

が成り立つ.

これは, 最小点が衝突をもった場合に, 衝突に漸近する向きが $\theta_d(\pm\infty)$ により定まることを意味する.

5.3 ケプラー問題の解の作用積分の値

5.3.1 周期解の作用積分の値

ポテンシャル関数が (5.12) の形のポテンシャル系で, $\beta = 1$ の場合はケプラー問題の摂動とみなせるので, 大変重要なものであるが, 定理 5.3 の結論は一般には成立しない. そこで, (摂動のない) ケプラー問題について考えよう. ケプラー問題の解の性質はよくわかっているので, それをもとに解の作用積分の値を求め, 何が最小点になるかを調べることにする. $m = 1$ とする. 作用積分は

$$\mathcal{A}(\boldsymbol{q}) = \int_0^T \frac{1}{2}|\dot{\boldsymbol{q}}|^2 + \frac{k}{|\boldsymbol{q}|}dt$$

である. 周期解の作用積分の値を計算する. $\boldsymbol{q}(t)$ が T-周期解であるとする. 慣性モーメントと呼ばれる

$$I(t) = \frac{1}{2}|\boldsymbol{q}(t)|^2$$

の変化を調べよう. これを微分すると

$$\frac{dI}{dt}(t) = \boldsymbol{q}(t)\cdot\dot{\boldsymbol{q}}(t)$$

となる. さらに微分すると

$$\frac{d^2I}{dt^2}(t) = |\dot{\boldsymbol{q}}(t)|^2 + \boldsymbol{q}(t)\cdot\ddot{\boldsymbol{q}}(t) = |\dot{\boldsymbol{q}}(t)|^2 - \boldsymbol{q}(t)\cdot\frac{k}{|\boldsymbol{q}(t)|^3}\boldsymbol{q}(t)$$

$$= |\dot{\boldsymbol{q}}(t)|^2 - \frac{k}{|\boldsymbol{q}(t)|}$$

これを，エネルギー

$$E = \frac{1}{2}|\dot{\boldsymbol{q}}|^2 - \frac{k}{|\boldsymbol{q}|}$$

とラグランジアン

$$L = \frac{1}{2}|\dot{\boldsymbol{q}}|^2 + \frac{k}{|\boldsymbol{q}|}$$

を用いて書くと，

$$\frac{d^2 I}{dt^2}(t) = \frac{3}{2}E + \frac{1}{2}L$$

となる．これは，**ラグランジュ–ヤコビの公式**と呼ばれており，一般の n 体問題でも成立する．

これを用いて，作用積分の値と周期，エネルギーの関係式が導かれる．$\boldsymbol{q}(t)$ を周期 T で原点の周りを 1 周する周期解として，これに対する作用積分の値を計算する．作用積分の値とエネルギー，周期の関係は

$$\begin{aligned}\mathcal{A}(\boldsymbol{q}) &= \int_0^T L(\boldsymbol{q}(t), \dot{\boldsymbol{q}}(t))dt = \int_0^T \frac{d^2 I}{dt^2}(t) - 3Edt \\ &= \left[\frac{dI}{dt}(t)\right]_0^T - 3ET = \frac{dI}{dt}(T) - \frac{dI}{dt}(0) - 3ET = -3ET\end{aligned}$$

となる．(5.11) より，

$$T = \frac{2\pi k}{(-2E)^{3/2}}$$

が成り立つ．これより，E を消去すると

$$\mathcal{A}(\boldsymbol{q}) = 2^{-1/3} \cdot 3\pi^{2/3} k^{2/3} T^{1/3} \tag{5.22}$$

となる．これは T だけで決まる．したがって，同じ周期の周期解はすべて同じ作用積分値をもつ．

5.3.2 衝突解の作用積分の値

離心率 e を持つ楕円軌道について，e が 1 に近づくと楕円はつぶれて極限として衝突解になる (図 5.5)．その衝突時間を $t=0$ とすると，それは

$$\lim_{t\to+0}\boldsymbol{q}(t)=\lim_{t\to T-0}\boldsymbol{q}(t)=\boldsymbol{0},$$
$$\boldsymbol{q}(t)\neq\boldsymbol{0}\qquad(t\in(0,T))$$

を満たす解になり，その作用積分の値も (5.22) になると期待される．前節では衝突を含まない解を考えていたので，別途確かめておこう．$\boldsymbol{q}(t)$ は $(0,T)$ においてはケプラー問題の運動方程式を満たしている．衝突をもつ解の角運動量は 0 であり原点を通る直線上を運動する．

その衝突解を $\boldsymbol{q}(t)=(r(t),0)$ とする．$r(t)$ は $(0,T)$ 上で $\dfrac{1}{2}\dot{r}^2+\dfrac{k}{r}$ をラグランジアンとするオイラー–ラグランジュ方程式を満たすから，エネルギー保存則より，

$$\frac{1}{2}\dot{r}^2-\frac{k}{r}=E$$

が成り立つ．

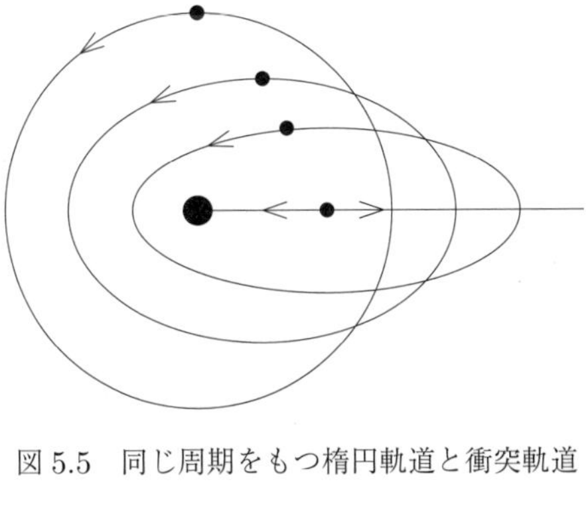

図 5.5　同じ周期をもつ楕円軌道と衝突軌道

$r\left(\frac{T}{2}\right)=r_0$ とする．$\dot{r}\left(\frac{T}{2}\right)=0$ が成り立つので $E=-\frac{k}{r_0}$ である．

$$\frac{dr}{dt}=\sqrt{\frac{2Er+2k}{r}}$$

を使って，

$$\begin{aligned}
\mathcal{A}(\boldsymbol{q}) &= 2\int_0^{T/2}\frac{1}{2}\dot{r}^2+\frac{k}{r}dt = 2\int_0^{r_0}\left(\frac{1}{2}\dot{r}^2+\frac{k}{r}\right)\frac{dt}{dr}dr \\
&= 2\int_0^{r_0}\left(E+\frac{2k}{r}\right)\sqrt{\frac{r}{2Er+2k}}dr \\
&= 2\int_0^{r_0}\left(-\frac{k}{r_0}+\frac{2k}{r}\right)\sqrt{\frac{r}{-\frac{2k}{r_0}r+2k}}dr \\
&= 2\int_0^{1}\left(-\frac{k}{r_0}+\frac{2k}{r_0 s}\right)\sqrt{\frac{r_0 s}{-2ks+2k}}r_0 ds \qquad (r=r_0 s) \\
&= 2\sqrt{\frac{kr_0}{2}}\int_0^1(2-s)\sqrt{\frac{1}{s(1-s)}}ds \\
&= 2\sqrt{2kr_0}\int_0^{\pi/2}(2-\sin^2\theta)d\theta \qquad (s=\sin^2\theta) \\
&= 2\sqrt{2kr_0}\int_0^{\pi/2}\left(2-\frac{1-\cos 2\theta}{2}\right)d\theta \\
&= 2^{-1/2}\cdot 3\pi k^{1/2}r_0^{1/2}
\end{aligned}$$

となる．また，

$$\begin{aligned}
\frac{T}{2} &= \int_0^{T/2}1dt = -\int_0^{r_0}\frac{dt}{dr}dr = \int_0^{r_0}\sqrt{\frac{r}{2Er+2k}}dr \\
&= \int_0^{r_0}\sqrt{\frac{r}{-\frac{2kr}{r_0}+2k}}dr = \sqrt{\frac{1}{2k}}\int_0^{r_0}\sqrt{\frac{r}{-\frac{r}{r_0}+1}}dr \\
&= \sqrt{\frac{r_0^3}{2k}}\int_0^1\sqrt{\frac{s}{-s+1}}ds \qquad (r=r_0 s)
\end{aligned}$$

$$
\begin{aligned}
&= \sqrt{\frac{r_0^3}{2k}} \int_0^{\pi/2} 2\sin^2\theta d\theta \qquad (s = \sin^2\theta) \\
&= \frac{\pi}{2}\sqrt{\frac{r_0^3}{2k}}
\end{aligned}
$$

となるので，

$$
r_0 = 2^{1/3}\pi^{-2/3}T^{2/3}k^{1/3} \tag{5.23}
$$

が得られる．よって，この軌道に対する作用積分の値は

$$
\mathcal{A}(\boldsymbol{q}) = 2^{-1/3} \cdot 3\pi^{2/3}k^{2/3}T^{1/3}
$$

となり，これは (5.22) とも一致する．なお，(5.23) はケプラーの第 3 法則が衝突解についても成立していることを表している．

複数回衝突する解の作用積分を計算しよう．$\boldsymbol{q}(t)$ が $[0, T)$ で l 回衝突するとし，$0 \leq t_1 < t_2 < \cdots < t_l < t_{l+1} = T$ を衝突時間とし，各 (t_i, t_{i+1}) でケプラー問題の解になっているとする．その作用積分値は

$$
\mathcal{A}(\boldsymbol{q}) = 2^{-1/3} \cdot 3\pi^{2/3}k^{2/3}\sum_{i=1}^{l}(t_{i+1} - t_i)^{1/3}
$$

となる．$x_i > 0$ $(i = 1, \cdots, n)$ に対する不等式

$$
\left(\sum_{i=1}^{n} x_i\right)^3 > \sum_{i=1}^{n} x_i^3 \tag{5.24}
$$

に $x_i = (t_{i+1} - t_i)^{1/3}$ を代入して両辺を $\dfrac{1}{3}$ 乗することより，

$$
\sum_{i=1}^{l}(t_{i+1} - t_i)^{1/3} > \left(\sum_{i=1}^{l} t_{i+1} - t_i\right)^{1/3} = T^{1/3}
$$

が得られる．よって，複数回衝突する衝突解の方が，1 回衝突する衝突解より作用積分が大きい．

$[0,T]$ で無限回衝突する解も考えられる．衝突する時間の集合

$$\boldsymbol{q}^{-1}(\{\mathbf{0}\}) = \{t \in [0,T] \mid \boldsymbol{q}(t) = \mathbf{0}\}$$

は閉集合である．その補集合は，可算無限個の互いに共通部分を持たない開区間からなる[*3]：

$$\boldsymbol{q}^{-1}(\mathbb{R}^2 \setminus \{\mathbf{0}\}) = \{t \in [0,T] \mid \boldsymbol{q}(t) \neq \mathbf{0}\} = \bigsqcup_{i\in\mathbb{N}} (a_i, b_i).$$

$\boldsymbol{q}^{-1}(\mathbf{0})$ が正の測度をもてば，作用積分の値は無限大になるので，

$$\sum_{i=1}^{\infty} (b_i - a_i) = T$$

である．(5.24) は無限和でも成立するので，

$$\sum_{i=1}^{\infty} (b_i - a_i)^{1/3} > \left(\sum_{i=1}^{\infty} (b_i - a_i) \right)^{1/3} = T^{1/3}$$

が成り立ち，無限回衝突する軌道は最小点でないことがわかる．

以上の議論を変分法の観点から見直しておこう．ケプラー問題の作用積分

$$\mathcal{A}(\boldsymbol{q}) = \int_0^T \frac{1}{2}|\dot{\boldsymbol{q}}|^2 + \frac{k}{|\boldsymbol{q}|} dt$$

の Λ_1((5.15) 参照) における最小点が存在する．それは衝突しなければケプラー問題の解であり，T-周期のすべての楕円軌道について作用積分は同じ値をもつ．衝突をもつ曲線が最小点になるなら，衝突以外の時間では解になっており直線運動をする．その中で，$[0,T)$ で 1 回だけ衝突する解が作用積分が小さく，楕円軌道と同じ値をもつ．Λ_{-1} における最小点も同様である．

*3 この集合は開集合であるから，各連結成分も開区間で，有理数を含む．開区間ごとにその中の有理数を 1 つとるとする．$[0,T]$ における有理数は可算個であるので，連結成分の個数も可算個である．

$|j| \geq 2$ の場合，$\mathcal{A}(\boldsymbol{q})$ の Λ_j における最小点を考えよう．Λ_j に属する周期解は最小周期が $\dfrac{T}{j}$ の楕円軌道である．その作用積分の値は最小周期である積分区間 $\left[0, \dfrac{T}{j}\right]$ の作用積分の j 倍だから

$$\mathcal{A}(\boldsymbol{q}) = 2^{-1/3} \cdot 3\pi^{2/3} k^{2/3} j^{2/3} T^{1/3}$$

となる．一方，$[0, T)$ で 1 度だけ衝突する解 $\boldsymbol{q}_{\mathrm{col}}$ は $\overline{\Lambda}_j$ に属する．実際，$\boldsymbol{q}_{\mathrm{col}}$ が x 軸の正の部分を運動し，$t = 0$ で衝突するとすると，

$$\boldsymbol{q}_k(t) = \begin{cases} \left|\boldsymbol{q}_{\mathrm{col}}\left(\dfrac{1}{k}\right)\right| \left(\cos \pi k j \left(t + \dfrac{1}{k}\right), \sin \pi k j \left(t + \dfrac{1}{k}\right)\right) & \left(t \in \left[-\dfrac{1}{k}, \dfrac{1}{k}\right]\right) \\ \boldsymbol{q}_{\mathrm{col}}(t) & \left(t \in \left(\dfrac{1}{k}, T - \dfrac{1}{k}\right]\right) \end{cases}$$

は回転数 j だが $k \to \infty$ のとき $\boldsymbol{q}_{\mathrm{col}}$ に漸近する．よって，回転数が j の楕円軌道より 1 度だけ衝突する衝突解の方が作用積分の値が小さくなるので，$\mathcal{A}(\boldsymbol{q})$ の Λ_j における最小点は衝突解になる．以上をまとめると次の定理になる．

定理 5.5 (ゴードン [44])**.** 平面ケプラー問題の作用積分

$$\mathcal{A}(\boldsymbol{q}) = \int_0^T \frac{1}{2}|\dot{\boldsymbol{q}}|^2 + \frac{k}{|\boldsymbol{q}|} dt$$

について，周期 T の楕円軌道と $[0, T)$ で 1 度だけ衝突する衝突解が $\mathcal{A}(\boldsymbol{q})$ の $\Lambda_{\pm 1}$ における最小点である．その作用積分の値は

$$\inf_{\boldsymbol{q} \in \Lambda_{\pm 1}} \mathcal{A}(\boldsymbol{q}) = 2^{-1/3} \cdot 3\pi^{2/3} k^{2/3} T^{1/3}$$

である．$|j| \geq 2$ のとき周期 $[0, T)$ で 1 度だけ衝突する衝突解のみが Λ_j における $\mathcal{A}(\boldsymbol{q})$ の最小点で，最小周期 $\dfrac{T}{|j|}$ の楕円軌道は Λ_j に属する解であるが $\mathcal{A}|_{\Lambda_j}$ の最小点ではない．

5.4 より力が弱い場合や高次元の場合

$0 < \beta < 1$ については，中心力の場合を考えると，周期解よりも衝突解の方が作用積分の値が小さくなるので，周期解の存在を示すのは困難である．

$$V(\boldsymbol{q}) = -\frac{k}{\beta|\boldsymbol{q}|^{\beta}} \qquad (\boldsymbol{q} \in \mathbb{R}^2\backslash\{\boldsymbol{0}\})$$

の場合，$0 < \beta < 2$ について前節と同様の計算により衝突をもつ軌道に対する作用積分の最小値は

$$f(\beta) := \frac{1}{2-b}\left(2^b\pi^{2b}b^{2b-2}\,(b+2)^{2-b}\,B\left(\frac{3}{2},\frac{1}{b}\right)^{-2b}k^2T^{2-b}\right)^{1/(b+2)}$$

となる．ここで，B はベータ関数

$$B(x,y) = \int_0^1 t^{x-1}(1-t)^{y-1}dt$$

である．一方，回転数 1 の軌道で最も単純な円軌道に対する作用積分値は

$$g(\beta) := (b+2)\left(2^{b-2}\pi^{2b}b^{-b-2}k^2T^{2-b}\right)^{1/(b+2)}$$

である．$0 < \beta < 1$ においては

$$f(\beta) < g(\beta)$$

である (図 5.6)．このことから，$0 < \beta < 1$ において (衝突をもたない) 周期解の存在を示すことは，困難であることがわかるであろう．この困難さの分かれ目が $\beta = 1$ でケプラー問題となっている．

なお，力学の観点から見ると，β が大きい方が引力が強いので，衝突しやすくなる．つまり，β が大きいほど，軌道が衝突に達するような初期点の集合は大きくなる．力学的には衝突しやすい系ほど変分法では衝突を避けやすいということは少々不思議なことであるかもしれない．

また，自由度が 3 以上の場合では回転数が意味をなさないので，まったく別の議論が必要になる．その場合，作用積分の最小点としては周期解は捉え

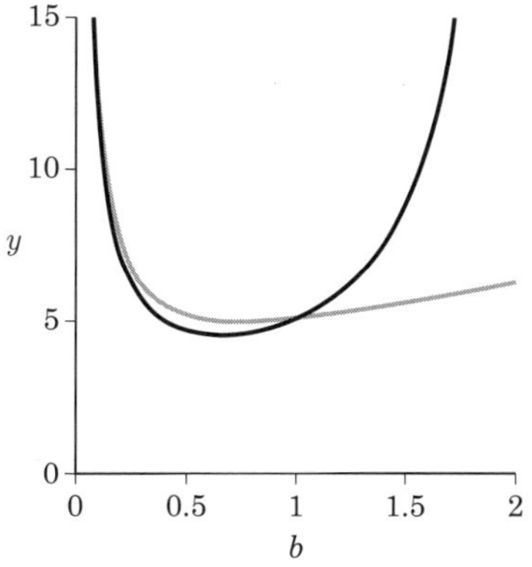

図 5.6　$f(\beta)$ と $g(\beta)$ のグラフ $(k = T = 1)$.

られないので，最小点ではない臨界点を求める必要がある．実際に，閉曲線の族に対して定まる写像の写像度を固定したもので，峠の定理を適用することで周期解の存在がいえる．詳しくは [147] を参照されたい．

第 6 章

n 体問題の中心配置と自己相似解

n 体問題は古くから研究されてきた問題で，膨大な研究結果がある．ここでは，n 体問題の中心配置とそれから導かれる自己相似解について解説する．

6.1　n 体問題

n 体問題

$$m_k \frac{d^2 \boldsymbol{q}_k}{dt^2} = -\sum_{j \neq k} \frac{m_k m_j (\boldsymbol{q}_k - \boldsymbol{q}_j)}{|\boldsymbol{q}_k - \boldsymbol{q}_j|^3} \qquad (k = 1, \cdots, n,\ \boldsymbol{q}_k \in \mathbb{R}^3)$$

を考える．

2 体問題の運動方程式は

$$m_1 \frac{d^2 \boldsymbol{q}_1}{dt^2} = -\frac{m_1 m_2}{|\boldsymbol{q}_1 - \boldsymbol{q}_2|^3} (\boldsymbol{q}_1 - \boldsymbol{q}_2),$$
$$m_2 \frac{d^2 \boldsymbol{q}_2}{dt^2} = -\frac{m_2 m_1}{|\boldsymbol{q}_2 - \boldsymbol{q}_1|^3} (\boldsymbol{q}_2 - \boldsymbol{q}_1)$$

である．ここで，

$$\boldsymbol{Q}_1 = m_1\boldsymbol{q}_1 + m_2\boldsymbol{q}_2, \qquad \boldsymbol{Q}_2 = \boldsymbol{q}_2 - \boldsymbol{q}_1,$$

とおくと，運動方程式は

$$\frac{d^2\boldsymbol{Q}_1}{dt^2} = \boldsymbol{0}, \qquad \frac{d^2\boldsymbol{Q}_2}{dt^2} = -\frac{m_1+m_2}{|\boldsymbol{Q}_2|^3}\boldsymbol{Q}_2,$$

に変換される．$\boldsymbol{Q}_1$ に関する方程式の解は t の 1 次関数 (等速運動) で $\boldsymbol{Q}_2$ に関する方程式はケプラー問題であるので，これより 2 体問題は解ける．$\boldsymbol{Q}_1$ が一定で，$\boldsymbol{Q}_2$ が楕円軌道を描けば，$\boldsymbol{q}_1$ と $\boldsymbol{q}_2$ も楕円を描く周期解になる (図 6.1).

$n \geq 3$ の場合の n 体問題の解析は非常に難しい．図 6.2 は平面 3 体問題の 1 つの解を数値計算したものである．3 質点の質量の比を 3 : 4 : 5 とし，それぞれの対辺の長さの比を 3 : 4 : 5 とする直角三角形を初期位置 (図 6.2 の黒丸) とし，初速度を 0 とする解を数値計算したものである．この初期条件を満たす解を求める問題を**ピタゴラス 3 体問題**という．ピタゴラス 3 体問題の解を数値計算すると，しばらく複雑な振る舞いをした後，1 体と 2 体に別れて無限に離れていく (図 6.2 の白丸)．ほかの初期条件で数値計算してみてもほとんどの軌道は複雑な運動をする．

実際，一般には 3 体問題を解くことはできないことが示されている．2 体問題は等速運動とケプラー問題に変換することで解けた．ケプラー問題を解く際には第一積分が本質的な役割を果たしていた．n 体問題にもいくつか第一積分がある．n 体問題は，運動量 $\boldsymbol{p}_k = m_k \dfrac{d\boldsymbol{q}_k}{dt}$ を導入することで，1 階の

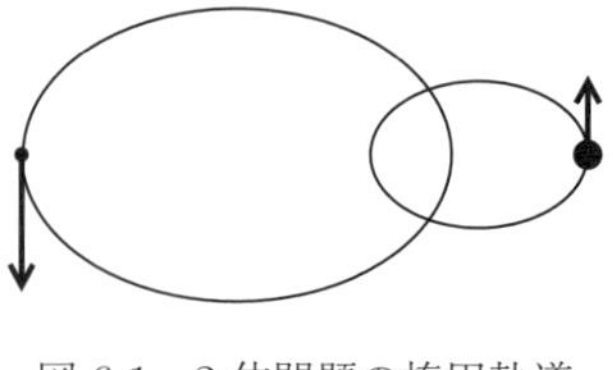

図 6.1　2 体問題の楕円軌道

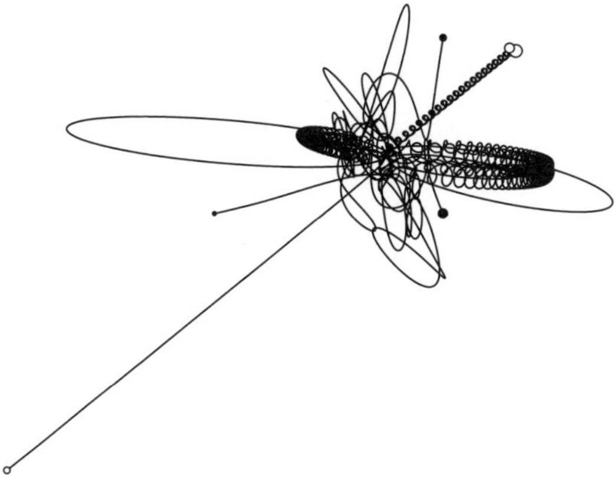

図 6.2　ピタゴラス 3 体問題の数値解

常微分方程式

$$\frac{d\boldsymbol{q}_k}{dt} = \frac{1}{m_k}\boldsymbol{p}_k,$$
$$\frac{d\boldsymbol{p}_k}{dt} = -\sum_{j\neq k} \frac{m_k m_j}{|\boldsymbol{q}_k - \boldsymbol{q}_j|^3}(\boldsymbol{q}_k - \boldsymbol{q}_j) \qquad (k = 1, 2, \cdots, n)$$

で表される．この第一積分としてエネルギー

$$\sum_{k=1}^{n} \frac{1}{2m_k}|\boldsymbol{p}_k|^2 - \sum_{i<j} \frac{m_i m_j}{|\boldsymbol{q}_i - \boldsymbol{q}_j|},$$

運動量ベクトル

$$\sum_{k=1}^{n} \boldsymbol{p}_k$$

の各成分，角運動量

$$\sum_{k=1}^{n} \boldsymbol{q}_k \times \boldsymbol{p}_k$$

の各成分がある.

3体問題を解くには以上の第一積分だけでは足りない. 19世紀末にブルンス [11] は3体問題について代数関数により表される第一積分が既知のもの以外には存在しないことを示した. その後, ポアンカレ [85, 87] が, 制限3体問題という3体問題の特別な場合について摂動論的な手法で質量パラメータも含めて解析的に依存する第一積分が存在しないことを示した ([143] 参照). このポアンカレの結果が,「3体問題は解けない」と言われるもととなっている. 20世紀後半からこれまで, ジグリン解析や微分ガロア理論の応用により, さまざまな設定や仮定のもとで, 3体問題が解けないこと (正確には, 可積分系でないこと) が証明されている [9, 10, 114, 115, 124, 130].

ポアンカレの頃から, 3体問題を解くことは絶望的であることが認識され, ポアンカレ自身, 幾何的な手法を取り入れた研究を始めた. それが, 現在の力学系理論の源流となっている. また, カオスと呼ばれる複雑な現象が発生していることも示されている. ほとんどの軌道が複雑な振る舞いをすると考えられるが, その中で見つかる単純な周期解は興味深いものであるといえよう.

6.2 中心配置と自己相似解

古典的に知られている3体問題の周期解に**オイラー解**と**ラグランジュ解**がある (図6.3). それぞれ, 1767年, 1772年に求められた解である. オイラー解は, 3質点がつねに1直線上に並び, 内分比を保ちながら運動する. ラグランジュ解は, 3質点がつねに正三角形をなしながら運動する. 各質点はケプラー問題の解と同じ振る舞いをする. どちらの解も任意の質量に対して存在する. オイラーによる直線配置の内分比は質量比に依存する. 3節と4節でオイラー解とラグランジュ解の存在を示す.

より一般の n 体問題について, このように n 個の質点がある決まった配置に関してつねに相似であるような軌道について考えよう. 平面上の n 体問題を考える. $\mathbb{R}^2$ を $\mathbb{C}$ と同一視する. 相似的な運動は, ある定ベクトル

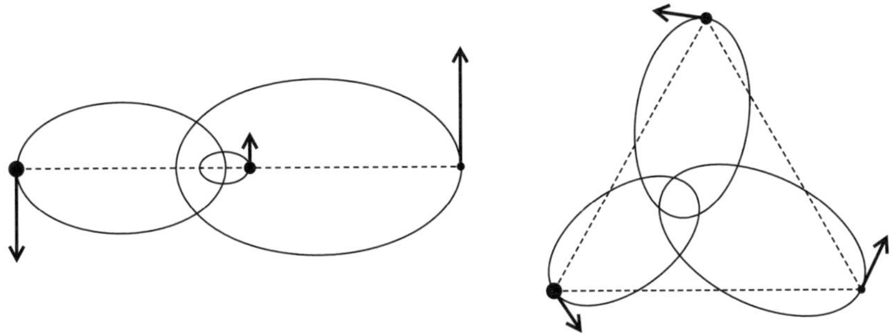

図 6.3　オイラー解 (左)，ラグランジュ解 (右)

$(\boldsymbol{c}_1, \cdots, \boldsymbol{c}_n) \in (\mathbb{R}^2)^n \cong \mathbb{C}^n$ と関数 $\boldsymbol{\varphi}\colon \mathbb{R} \to \mathbb{R}^2 \cong \mathbb{C}$ により

$$(\boldsymbol{q}_1(t), \cdots, \boldsymbol{q}_n(t)) = \boldsymbol{\varphi}(t)(\boldsymbol{c}_1, \cdots, \boldsymbol{c}_n) \tag{6.1}$$

と表される．$\boldsymbol{\varphi}(t)$ と $\boldsymbol{c}_k$ の積は複素数としての積である．これを n 体問題の運動方程式に代入すると，

$$m_k \boldsymbol{c}_k \frac{d^2 \boldsymbol{\varphi}}{dt^2} = -\sum_{j \neq k} \frac{m_k m_j (\boldsymbol{c}_k - \boldsymbol{c}_j)}{|\boldsymbol{c}_k - \boldsymbol{c}_j|^3} \frac{\boldsymbol{\varphi}(t)}{|\boldsymbol{\varphi}(t)|^3} \qquad (k = 1, \cdots, n)$$

となる．これは，ある定数 $\lambda \in \mathbb{R} \setminus \{0\}$ に対して $(\boldsymbol{c}_1, \cdots, \boldsymbol{c}_n)$ が

$$\lambda m_k \boldsymbol{c}_k = \sum_{j \neq k} \frac{m_k m_j (\boldsymbol{c}_k - \boldsymbol{c}_j)}{|\boldsymbol{c}_k - \boldsymbol{c}_j|^3} \qquad (k = 1, \cdots, n) \tag{6.2}$$

を満たし，かつ $\boldsymbol{\varphi}(t)$ が

$$\frac{d^2 \boldsymbol{\varphi}}{dt^2} = -\frac{\lambda \boldsymbol{\varphi}}{|\boldsymbol{\varphi}|^3} \tag{6.3}$$

を満たすことと同値である．$\lambda > 0$ なら (6.3) はケプラー問題である．$\lambda < 0$ だと斥力になるが，このようなことは起こらないことを後で示す．(6.2) を満たす $(\boldsymbol{c}_1, \cdots, \boldsymbol{c}_n)$ について，その配置を相似的に保ちながら，各々の質点がケプラー問題の軌道に沿って運動をするような軌道が存在する．

空間の場合も考えることができる．同一平面上にない $(\boldsymbol{c}_1, \cdots, \boldsymbol{c}_n) \in (\mathbb{R}^3)^n$ がある $\lambda \in \mathbb{R} \setminus \{0\}$ について (6.2) を満たし，$\boldsymbol{\varphi}(t)$ が実数値関数で (6.3) を満たせば，(6.1) は空間 n 体問題の解になる．つまり，その配置につねに相似で，1 次元ケプラー問題の軌道を描くような軌道が存在する．それは，全衝突をする．つまり，ある時間ですべての質点が原点に漸近する．(6.2) を満たす $(\boldsymbol{c}_1, \cdots, \boldsymbol{c}_n)$ を**中心配置** (central configuration) といい，それにつねに相似な配置となる解を**自己相似解**と呼ぶ．

中心配置の特徴づけをおこなっておく．(6.2) を $k = 1, \cdots, n$ について足し合わせることにより，中心配置の重心は $\mathbf{0}$ であることがわかる．つまり，中心配置 $(\boldsymbol{c}_1, \cdots, \boldsymbol{c}_n)$ は

$$\sum_{k=1}^{n} m_k \boldsymbol{c}_k = \mathbf{0}$$

を満たす．n 体問題について**慣性モーメント**を

$$I = \frac{1}{2} \sum_{k=1}^{n} m_k |\boldsymbol{q}_k|^2$$

により定める．

$$U(\boldsymbol{q}_1, \cdots, \boldsymbol{q}_n) = \sum_{i<j} \frac{m_i m_j}{|\boldsymbol{q}_i - \boldsymbol{q}_j|}$$

とおく．これは n 体問題のポテンシャル関数の -1 倍である．以上を用いると，(6.3) は

$$\lambda \frac{\partial I}{\partial \boldsymbol{q}_k}(\boldsymbol{c}_1, \cdots, \boldsymbol{c}_n) = -\frac{\partial U}{\partial \boldsymbol{q}_k}(\boldsymbol{c}_1, \cdots, \boldsymbol{c}_n) \qquad (k = 1, \cdots, n) \tag{6.4}$$

と表される．これは，$(\boldsymbol{c}_1, \cdots, \boldsymbol{c}_n)$ が $U(\boldsymbol{q}_1, \cdots, \boldsymbol{q}_n) + \lambda I(\boldsymbol{q}_1, \cdots, \boldsymbol{q}_n)$ の臨界点であることを意味する．

さて，$(\boldsymbol{c}_1, \cdots, \boldsymbol{c}_n)$ が $\lambda \in \mathbb{R} \setminus \{0\}$ に対する中心配置とする．$\lambda > 0$ となること，つまり $\lambda < 0$ に対応する中心配置は存在しないことを示す．斉次関

数に対するオイラーの定理を用いる．C^1 級関数 $f(x_1, \cdots, x_N)$ が，任意の $(x_1, \cdots, x_N) \in \mathbb{R}^N$ と任意の $\rho > 0$ に対して

$$f(\rho x_1, \cdots, \rho x_N) = \rho^a f(x_1, \cdots, x_N) \tag{6.5}$$

を満たすとき，a 次の斉次関数であるという．(6.5) の ρ に関して，$\rho = 1$ における微分を計算すると，

$$\sum_{j=1}^{N} \frac{\partial f}{\partial x_j}(x_1, \cdots, x_N) x_j = a f(x_1, \cdots, x_N)$$

が得られる．これを**オイラーの斉次関数定理**という．

さて，これを用いて λ を計算しよう．(6.4) に $\boldsymbol{c}_k$ との内積をとり，k について足し合わせると，

$$\sum_{k=1}^{n} \lambda \frac{\partial I}{\partial \boldsymbol{q}_k}(\boldsymbol{c}_1, \cdots, \boldsymbol{c}_n) \cdot \boldsymbol{c}_k = -\sum_{k=1}^{n} \frac{\partial U}{\partial \boldsymbol{q}_k}(\boldsymbol{c}_1, \cdots, \boldsymbol{c}_n) \cdot \boldsymbol{c}_k$$

が得られる．I, U はそれぞれ 2 次，-1 次の斉次関数であるから，オイラーの斉次関数定理より

$$2\lambda I(\boldsymbol{c}_1, \cdots, \boldsymbol{c}_n) = U(\boldsymbol{c}_1, \cdots, \boldsymbol{c}_n)$$

が得られる．よって，

$$\lambda = \frac{U(\boldsymbol{c}_1, \cdots, \boldsymbol{c}_n)}{2I(\boldsymbol{c}_1, \cdots, \boldsymbol{c}_n)}$$

となる．したがって，λ は正である．

なお，$U + \lambda I$ の臨界点として得られる中心配置 $(\boldsymbol{c}_1, \cdots, \boldsymbol{c}_n)$ について，それを拡大縮小した $\alpha(\boldsymbol{c}_1, \cdots, \boldsymbol{c}_n)$ $(\alpha \neq 0)$ も中心配置で $U + |\alpha|^{-3}\lambda I$ の臨界点である．つまり，λ は中心配置のサイズを定めるパラメータである．

6.3 オイラー解

3 質点が直線上に並ぶ配置を考える．位置を $q_1, q_2, q_3 \in \mathbb{R}$ とし，$q_1 < q_2 < q_3$ とする[*1]．その順に質点が並ぶ中心配置は，

$$\mathcal{D} = \{(q_1, q_2, q_3) \mid q_1 < q_2 < q_3\}$$

における

$$\begin{aligned}&U(q_1, q_2, q_3) + \lambda I(q_1, q_2, q_3)\\&\quad = \frac{m_1 m_2}{q_2 - q_1} + \frac{m_2 m_3}{q_3 - q_2} + \frac{m_1 m_3}{q_3 - q_1} + \frac{\lambda}{2}(m_1 q_1^2 + m_2 q_2^2 + m_3 q_3^2)\end{aligned}$$

の臨界点に対応する．$\lambda > 0$ だから，$|(q_1, q_2, q_3)| \to \infty$ のとき，

$$U(q_1, q_2, q_3) + \lambda I(q_1, q_2, q_3) \to \infty$$

である．また，$q_2 - q_1 \to +0$ または $q_3 - q_2 \to +0$ のとき $U(q_1, q_2, q_3)$ は無限大に発散する．$\mathcal{D}$ の境界と無限遠方で $U + \lambda I$ は発散するので，最小点が存在し，それは中心配置である．

$q_1 < q_2 < q_3$ の順に直線上に並ぶ中心配置の一意性を示す．この中心配置は $U(q_1, q_2, q_3) + \lambda I(q_1, q_2, q_3)$ の臨界点である．$U + \lambda I$ のヘッセ行列は

$$\mathrm{Hess}(U + \lambda I) =$$
$$\begin{pmatrix} \frac{2m_1m_2}{(q_2-q_1)^3} + \frac{2m_3m_1}{(q_3-q_1)^3} + \lambda m_1 & -\frac{2m_1m_2}{(q_2-q_1)^3} & -\frac{2m_1m_3}{(q_3-q_1)^3} \\ -\frac{2m_1m_2}{(q_2-q_1)^3} & \frac{2m_1m_2}{(q_2-q_1)^3} + \frac{2m_3m_2}{(q_3-q_2)^3} + \lambda m_2 & -\frac{2m_2m_3}{(q_3-q_2)^3} \\ -\frac{2m_1m_3}{(q_3-q_1)^3} & -\frac{2m_2m_3}{(q_3-q_2)^3} & \frac{2m_1m_3}{(q_3-q_1)^3} + \frac{2m_2m_3}{(q_3-q_2)^3} + \lambda m_3 \end{pmatrix}$$

である．$(v_1, v_2, v_3) \in \mathbb{R}^3$ に対して，

$$(v_1, v_2, v_3)\mathrm{Hess}(U+\lambda I)\begin{pmatrix} v_1 \\ v_2 \\ v_3 \end{pmatrix} = \sum_{i<j} \frac{2m_i m_j}{(q_j - q_i)^3}(v_i - v_j)^2 + \lambda \sum_{k=1}^{3} m_k v_k^2$$

[*1] 1 次元なので，ここでは，q_1, q_2, q_3 を太字にしていない．

となり，これは任意の $(v_1, v_2, v_3) \neq \mathbf{0}$ に対して正の値をとる．したがって，ヘッセ行列は正定値であるため，$U + \lambda I$ は凸関数である．連結領域上の凸関数の臨界点は最小点で高々 1 つしか存在しないことから，$U + \lambda I$ の $\mathcal{D}$ における臨界点は 1 つだけである．

q_1, q_2, q_3 はほかの順序にしても，同様に中心配置がただ 1 つ存在する．したがって，拡大縮小や回転で移り合うものを同一視すると，3 体問題の同一直線上にある中心配置は 3 つである．これらから導かれる周期解がオイラー解である．

6.4 ラグランジュ解

平面 3 体問題の中心配置を求めよう．3 質点の重心を原点に固定し，回転により移り合うものを同一視すると，配置は 3 質点のなす三角形の 3 辺の長さで決まる．$i, j = 1, 2, 3$ に対して

$$\rho_{ij} = |\boldsymbol{q}_i - \boldsymbol{q}_j|$$

とおく．$U(\boldsymbol{q}_1, \boldsymbol{q}_2, \boldsymbol{q}_3)$ は

$$U = \frac{m_1 m_2}{\rho_{12}} + \frac{m_2 m_3}{\rho_{23}} + \frac{m_3 m_1}{\rho_{31}}$$

と表される．臨界点であることは変数のとり方によらない性質なので，$\rho_{12}, \rho_{23}, \rho_{13}$ を独立変数として $U + \lambda I$ の臨界点を求めよう[*2]．3 質点が同一直線上になく三角形の 3 辺の長さとして実現できるものとすると，変数の範囲は

$$\{(\rho_{12}, \rho_{23}, \rho_{13}) \in \mathbb{R}^3 \mid |\rho_{12} - \rho_{23}| < \rho_{13} < \rho_{12} + \rho_{23}\}$$

[*2] 配位空間の次元を数えると，もともと $\boldsymbol{q}_1, \boldsymbol{q}_2, \boldsymbol{q}_3$ が 2 次元ずつで合わせて 6 次元で，重心を固定することで 4 次元になる．$\rho_{12}, \rho_{23}, \rho_{13}$ の 3 つでは変数が 1 つ足りないが，もう 1 つの変数は 3 角形を重心について回す角に対応する．3 角形を重心について回しも，ポテンシャル関数と慣性モーメントは変化しないので，その変数に関する微分はつねに 0 である．

である．また，

$$
\begin{aligned}
&\sum_{i=1}^{3}\sum_{j=1}^{3} m_i m_j \rho_{ij}^2 \\
&\quad = \sum_{i=1}^{3}\sum_{j=1}^{3} m_i m_j |\boldsymbol{q}_i - \boldsymbol{q}_j|^2 \\
&\quad = \sum_{i=1}^{3}\sum_{j=1}^{3} m_i m_j |\boldsymbol{q}_i|^2 - 2\sum_{i=1}^{3}\sum_{j=1}^{3} m_i m_j \boldsymbol{q}_i \cdot \boldsymbol{q}_j + \sum_{i=1}^{3}\sum_{j=1}^{3} m_i m_j |\boldsymbol{q}_j|^2 \\
&\quad = 2\sum_{j=1}^{3} m_j I - 2\left(\sum_{i=1}^{3} m_i \boldsymbol{q}_i\right)\cdot\left(\sum_{j=1}^{3} m_j \boldsymbol{q}_j\right) + 2\sum_{i=1}^{3} m_i I \\
&\quad = 4\sum_{j=1}^{3} m_j I
\end{aligned}
$$

が成り立つ．最後の等号で重心が原点であることを用いた．よって，

$$
M = \sum_{j=1}^{3} m_j
$$

とすると，

$$
I = \frac{1}{4M}\sum_{i=1}^{3}\sum_{j=1}^{3} m_i m_j \rho_{ij}^2
$$

と表される．(6.4) は座標のとり方によらないので，$i < j$ に対して

$$
\lambda \frac{\partial I}{\partial \rho_{ij}} = -\frac{\partial U}{\partial \rho_{ij}}
$$

であればよい．これは，$\rho_{ji} = \rho_{ij}$ に注意して計算すると，

$$
\frac{\lambda m_i m_j \rho_{ij}}{M} = \frac{m_i m_j}{\rho_{ij}^2}
$$

と表されることがわかる．したがって，

$$
\rho_{ij} = \left(\frac{M}{\lambda}\right)^{1/3}
$$

となり，ρ_{ij} は $i, j\,(i < j)$ によらない．つまり，対応する配置は原点を重心とする正三角形である．これで，ラグランジュ解の存在が示された．また，以上の導出より，3 質点が三角形をなす (同一直線上に退化しない) 中心配置は正三角形配置のみであることもわかった．n 体問題では，中心配置は拡大縮小と回転で移り合うものは同一視し，向きの違いは区別するので，3 質点が三角形をなす中心配置は 2 つの正三角形のみである．前節の直線配置も合わせると，3 体問題の中心配置は 5 つである．

6.5　$n \geqq 4$ の場合の n 体問題の中心配置

中心配置が得られれば相似的な運動をする周期解が得られる．それは，n 体問題の周期解としては最も単純なものである．図 6.4 は $n = 5, 6$ の場合の中心配置を 1 つずつ数値的に求めたものである．このような配置を相似的に保ったまま楕円を描く周期解が存在するというのは少々不思議な感じがしないでもない．

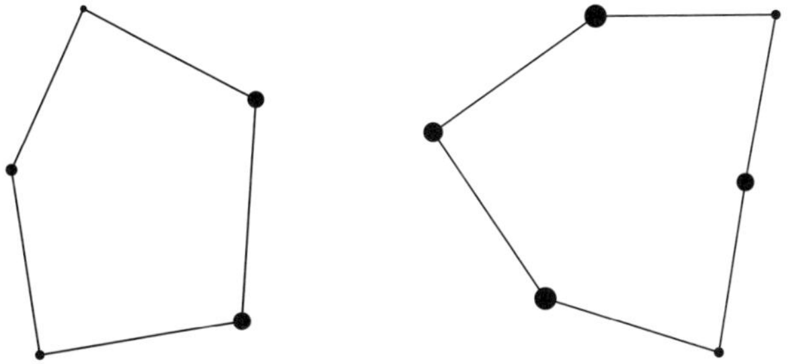

図 6.4　数値的に求めた 5, 6 体問題の中心配置 (点の大きさは質量に対応している)

n 体問題の研究において中心配置はさまざまな面で重要である．例えば，1 節の最後に述べたジグリン解析や微分ガロア理論を応用して n 体問題の非可積分性を示す際には，中心配置から導かれる自己相似解で各質点が直線的に運動し衝突に向かう解に沿った線形化方程式の解析が鍵となる．

また，n 体問題の衝突特異点の解析は古くからなされてきた．時間 $(0, t_0)$ で定まる n 体問題の解 $(\boldsymbol{q}_1(t), \cdots, \boldsymbol{q}_n(t))$ が $t \to t_0 - 0$ で l 個の質点が位置 $\boldsymbol{a}$ で衝突をすると仮定する．つまり，$1 \leq k_1 < k_2 < \cdots < k_l \leq n$ $(l \geq 2)$ と $\boldsymbol{a} \in \mathbb{R}^3$ があって，

$$
\begin{aligned}
\boldsymbol{q}_j(t) &\to \boldsymbol{a} \qquad (t \to t_0 - 0,\, j = k_1, \cdots, k_l) \\
\boldsymbol{q}_j(t) &\not\to \boldsymbol{a} \qquad (t \to t_0 - 0,\, j \neq k_1, \cdots, k_l)
\end{aligned}
$$

とする．このとき，l 体問題のある中心配置 $(\boldsymbol{c}_1, \cdots, \boldsymbol{c}_l)$ があって，$t \to t_0 - 0$ のときの漸近的な振る舞いは

$$
\boldsymbol{q}_{k_i}(t) = \boldsymbol{a} + (t - t_0)^{2/3} \boldsymbol{c}_i + O(t - t_0) \qquad (i = 1, \cdots, l)
$$

となることが示されている ([140] 参照)．このことから衝突特異点の研究でも中心配置は重要な役割を果たしてきた．

また，6.1 節で述べたように n 体問題には第一積分がいくつか存在する．それらの値を固定して解析することは自然であろう．第一積分の値を固定してできる集合は多くの場合は多様体になるが，例外的に多様体にならない場合がある．その場合に，角ができたり，2 つの多様体が接し始めたり，分裂し始めたりする点は中心配置に対応する点となることが多い．

このように，n 体問題の研究において中心配置は大変重要であるが，$n \geq 4$ の場合の n 体問題について，中心配置がどのような形のものがあり，どのくらい多くあるかというのは難しい問題である．

中心配置の個数について述べよう．以下，中心配置の個数は相似なものを同一視したもとでのものを指すことにする．中心配置の形状は一般には質量比に依存し，n が 4 以上の n 体問題では中心配置の数も質量により変化する．

直線配置に限れば，中心配置の個数は知られている．オイラーにより求められた 3 体問題の直線配置は，n 体問題の直線配置として 1910 年にムールトン (Moulton) により拡張されている．つまり，任意の質量と $q_1, \cdots, q_n \in \mathbb{R}$ に定めた任意の順序に対し，その順に並ぶ直線上の中心配置がただ 1 つ存在

する [63].　並べ方は $n!$ 通りで拡大縮小や回転で移り合うものを同一視すると，質点が同一直線上に並ぶ中心配置は $\dfrac{n!}{2}$ 個ある.

平面や空間の中心配置の個数については未解決な部分が多い．スメイルは 21 世紀に解決を目指す問題の 1 つとして次のような問題を提唱している.

問題 6.1 (スメイル [101]). 任意の質量 $m_1, \cdots, m_n > 0$ に対して，その質量に対する n 体問題の中心配置は有限個か？

スメイルの問題は，4 体問題については解決されている.

定理 6.2 (ハンプトン-モエケル [45]). 4 体問題において，任意の質量 $m_1, \cdots, m_4 > 0$ に対して，中心配置は有限個[*3]である.

平面 5 体問題についてもほとんどの質量に対して解決されている.

定理 6.3 (アルブイ-カローシン [1]). $(\mathbb{R}_{>0})^5$ における余次元 2 の代数多様体 $\mathcal{M}$ があって，任意の $(m_1, \cdots, m_5) \in (\mathbb{R}_{>0})^5 \setminus \mathcal{M}$ に対する平面 5 体問題の中心配置は有限個である.

$\mathcal{M}$ に属する質量に対して，中心配置が有限個かどうかはわかっていない. 6 体問題については未解決であるが，有限性を示す試みがチェンらにより精力的になされている [13].

また，n 体問題の中心配置の個数は，有限だとしても n とともに非常に速く増大することが知られている．中心配置 $(\boldsymbol{c}_1, \cdots, \boldsymbol{c}_n)$ は $U + \lambda I$ の臨界点であるが，ラグランジュの未定乗数法より，これは I の値を固定したもとでの U の臨界点であることを意味する．その観点から，パルモア [83] はモース理論を適用し，$d = 2$ の場合，I の値を制限したもとでの U のすべての臨

[*3] より具体的に，どの質量に対しても，32 個以上 8472 個以下であることが証明されている.

界点が非退化ならば 臨界点の個数 (つまり平面 n 体問題の中心配置の個数) が $\dfrac{(3n-4)\{(n-1)!\}}{2}$ 個以上であることを示した．このことから，n が大きくなるとともに，n 体問題の中心配置の個数は急速に増加することがわかる．これは質量によらない評価だが，シャー [122] は質量に極端な差がある場合，例えば $m_1 \gg m_2 \gg \cdots \gg m_n > 0$ のとき，より多く，$\dfrac{(n+2)!}{24}$ 個以上の中心配置があることを示している (表 6.1)．3 体問題の中心配置についてはよくわかっているが，$n \geq 4$ の場合の n 体問題は中心配置も明確にわからないため，より難しい問題であるといえる．

自己相似解は n 体問題の解の中で最も単純なものであった．第 7,8 章では，自己相似解とは異なる解で，対称性をもち単純な運動をする周期解の存在について述べていく．

表 6.1 パルモアとシャーによる個数評価

n	パルモアの評価	シャーの評価
3	5	5
4	24	30
5	132	210
6	840	1680
7	6120	15120
8	50400	151200
9	463680	1663200
10	4717440	19958400

第 7 章

3 体問題の 8 の字解

n 体問題について，2000 年ごろからこれまで変分法により多数の周期解の存在が示されてきた．本章では，その契機となった 8 の字解の存在証明に焦点を当てて主に述べる．3 体問題に限らずより一般に成立する定理については，n 体問題に対する定理として述べる．次の章でそれら定理を再び用いて，より多様な周期解の存在を示す．

7.1　n 体問題の変分構造

まえがきで述べたように，シャンシネとモンゴメリー [27] により等質量の平面 3 体問題において 3 体が 8 の字型の曲線上を互いに追跡し合うような解 (**8 の字解**) の存在が証明された (図 7.1)．3 体問題の単純な周期解としては，オイラー解やラグランジュ解以来の発見であった．8 の字解の存在証明

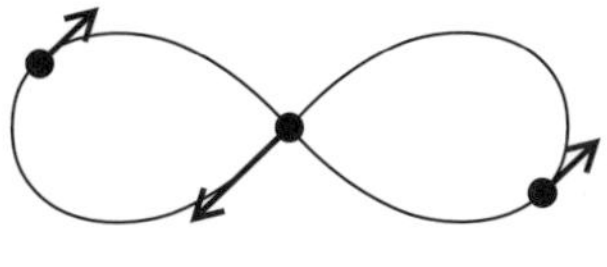

図 7.1　8 の字解

以降，多くの周期解の存在が証明されてきた．

8の字解の存在証明には変分法が用いられる．第5章で述べたように，ケプラー問題のようなポテンシャル系でも，変分法により周期解の存在を示すには困難を伴う．その難しい点は，作用積分の最小点が衝突しないことを示すことであった．n体問題に変分法を応用する際にもそれが最も困難な点であるが，シャンシネとモンゴメリーは曲線の集合に巧妙に対称性を課すことによりその問題を解消し，3体問題の8の字解の存在証明に成功した．

$\mathbb{R}^d$ $(d=2,3)$ におけるn体問題のラグランジアンは

$$L(\boldsymbol{q},\dot{\boldsymbol{q}})=\sum_{k=1}^{n}\frac{1}{2}m_k|\dot{\boldsymbol{q}}_k|^2+\sum_{i<j}\frac{m_i m_j}{|\boldsymbol{q}_i-\boldsymbol{q}_j|}$$

である．ここで，$\boldsymbol{q}=(\boldsymbol{q}_1,\cdots,\boldsymbol{q}_n)$，$\dot{\boldsymbol{q}}=(\dot{\boldsymbol{q}}_1,\cdots,\dot{\boldsymbol{q}}_n)$ $(\boldsymbol{q}_k\in\mathbb{R}^d,\ \dot{\boldsymbol{q}}_k\in\mathbb{R}^d)$ である．n体問題は作用積分

$$\mathcal{A}(\boldsymbol{q})=\int_{t_0}^{t_1}L(\boldsymbol{q}(t),\dot{\boldsymbol{q}}(t))dt$$

に関する変分問題として定式化できる．重心は原点に固定して

$$\mathcal{X}=\left\{(\boldsymbol{q}_1,\cdots,\boldsymbol{q}_n)\in(\mathbb{R}^d)^n\ \middle|\ \sum_{k=1}^{n}m_k\boldsymbol{q}_k=0\right\}$$

とし，

$$\Delta_{ij}=\{(\boldsymbol{q}_1,\cdots,\boldsymbol{q}_n)\in\mathcal{X}\mid\boldsymbol{q}_i=\boldsymbol{q}_j\}\qquad(i<j),$$
$$\Delta=\bigcup_{i<j}\Delta_{ij}$$

とする．Δは衝突の配置全体の集合である．衝突を除いた配置全体を

$$\widehat{\mathcal{X}}=\mathcal{X}\backslash\Delta$$

とする．

$\mathcal{X},\widehat{\mathcal{X}}$上の周期$2\pi$の曲線全体をそれぞれ$\Lambda,\widehat{\Lambda}$とする：

$$\Lambda=H^1(\mathbb{R}/2\pi\mathbb{Z},\mathcal{X})$$

$$
\begin{aligned}
&= \{\boldsymbol{q}\colon \mathbb{R} \to \mathcal{X} \mid \boldsymbol{q}(t) = \boldsymbol{q}(t+2\pi),\ \|\boldsymbol{q}\|_{H^1} < \infty\},\\
\widehat{\Lambda} &= H^1(\mathbb{R}/2\pi\mathbb{Z}, \widehat{\mathcal{X}})\\
&= \{\boldsymbol{q}\colon \mathbb{R} \to \widehat{\mathcal{X}} \mid \boldsymbol{q}(t) = \boldsymbol{q}(t+2\pi),\ \|\boldsymbol{q}\|_{H^1} < \infty\}.
\end{aligned}
$$

以下，周期解を求めることを目的とするので，$t_0 = 0, t_1 = 2\pi$ とし，作用積分 $\mathcal{A}$ の定義域を $\widehat{\Lambda}$ とする．周期解を求めるためには $\widehat{\mathcal{X}}$ 上の曲線の集合 $\widehat{\Lambda}$ における $\mathcal{A}$ の臨界点を求めることになる．議論の都合上，衝突を含めた配位空間 $\mathcal{X}$ や衝突をもちうる曲線の集合 Λ も定義しておいた．

なお，一般に，$\boldsymbol{q}(t)$ が n 体問題の解であれば，$\lambda > 0$ に対し $\lambda^{-2/3}\boldsymbol{q}(\lambda t)$ も解になるので，周期 2π の周期解が求まれば，任意の $T > 0$ に対して，T を周期とする周期解が得られたことになる．

7.2　群作用による制限

対称性を持つ曲線の集合に制限する．一般に対称性をもつ数学的対象は群作用に対して不変な元として特徴づけられる．

必要となる群について述べておく．$\mathfrak{S}_n$ を $\{1, 2, \cdots, n\}$ からそれ自身への全単射な写像全体の集合とする．これは，写像の合成を積とすることにより群になる．$\mathfrak{S}_n$ を n 次**対称群**という．

E_l を l 次の単位行列とする．実数を成分とする l 次正方行列 A について，その転置行列 ${}^tA$ が A の逆行列となるとき，つまり

$$
{}^tAA = A{}^tA = E_l
$$

を満たすとき，A は l 次の**直交行列**であるという．l 次直交行列全体の集合 $O(l)$ は群である．$O(l)$ を l 次**直交群**という．

G を有限群とし，G の $\Lambda, \widehat{\Lambda}$ への作用を与える．そのために，準同型

$$
\begin{aligned}
&\tau\colon G \to O(2),\\
&\rho\colon G \to O(d),\\
&\sigma\colon G \to \mathfrak{S}_n
\end{aligned}
$$

が与えられたとする．G の $\widehat{\Lambda}$ への作用は，$g \in G$ と $\boldsymbol{q} \in \widehat{\Lambda}$ に対して

$$\begin{aligned} g \cdot (\boldsymbol{q}(t)) &= g \cdot (\boldsymbol{q}_1(t), \cdots, \boldsymbol{q}_n(t)) \\ &= (\rho(g)\boldsymbol{q}_{\sigma(g^{-1})(1)}(\tau(g^{-1})(t)), \cdots, \rho(g)\boldsymbol{q}_{\sigma(g^{-1})(n)}(\tau(g^{-1})(t))) \end{aligned}$$

により定める．τ により G は時間 t に，ρ により G は各質点の位置 $\boldsymbol{q}_k$ に，σ により G は質点の番号に作用している．時間 t は $\mathbb{R}/2\pi\mathbb{Z}$ の元とみなせるから，$t \in \mathbb{R}/2\pi\mathbb{Z}$ を

$$(\cos t, \sin t) \in \mathbb{S}^1 = \{(x, y) \in \mathbb{R}^2 \mid x^2 + y^2 = 1\}$$

と同一視することで，直交群 $O(2)$ が $\mathbb{R}/2\pi\mathbb{Z} \cong \mathbb{S}^1 \subset \mathbb{R}^2$ に作用するものとみなす．

この作用の不変集合 $\widehat{\Lambda}^G$ に制限された作用積分を $\mathcal{A}^G$ とおく：

$$\begin{aligned} &\widehat{\Lambda}^G = \{\boldsymbol{q} \in \widehat{\Lambda} \mid g \cdot \boldsymbol{q} = \boldsymbol{q} \quad (\forall g \in G)\}, \\ &\mathcal{A}^G = \mathcal{A}|_{\widehat{\Lambda}^G}. \end{aligned}$$

$\mathcal{A}^G$ の最小点の存在を示すことにより，n 体問題の周期解が得られることになる．以降，紛れがなければ作用の記号 $g \cdot \boldsymbol{q}$ を $g\boldsymbol{q}$ と略記する．

7.3 8の字解の場合

8の字解の存在を示す際に，曲線の集合に課される対称性について述べよう．

$$\begin{aligned} &R_x = \begin{pmatrix} 1 & 0 \\ 0 & -1 \end{pmatrix}, \qquad R_y = \begin{pmatrix} -1 & 0 \\ 0 & 1 \end{pmatrix}, \\ &S(\theta) = \begin{pmatrix} \cos\theta & -\sin\theta \\ \sin\theta & \cos\theta \end{pmatrix} \end{aligned}$$

とする．R_x, R_y はそれぞれ x 軸，y 軸に関する対称変換である．$S(\theta)$ は原点を中心として反時計回りに θ 回転する変換である．すべて $O(2)$ に属する．

平面上の 3 体問題を考える ($n=3,\ d=2$).

$$G=D_6=\langle g_1,g_2 \mid g_1^2=g_2^6=(g_1g_2)^2=1\rangle$$

とし[*1],

$$\tau(g_1)=R_y, \qquad \rho(g_1)=R_x, \qquad \sigma(g_1)=(2\quad 3),$$
$$\tau(g_2)=S\left(\frac{\pi}{3}\right), \qquad \rho(g_2)=R_y, \qquad \sigma(g_2)=(1\quad 2\quad 3)$$

により，準同型 τ,ρ,σ を定める．

$\boldsymbol{q}\in\widehat{\Lambda}^G$ とする．$g_1\boldsymbol{q}=\boldsymbol{q}$ より

$$(\boldsymbol{q}_1(t),\boldsymbol{q}_2(t),\boldsymbol{q}_3(t))=(R_x\boldsymbol{q}_1(-t),R_x\boldsymbol{q}_3(-t),R_x\boldsymbol{q}_2(-t)) \tag{7.1}$$

が成り立つ．これより，

$$R_x\boldsymbol{q}_1(0)=\boldsymbol{q}_1(0), \qquad \boldsymbol{q}_3(0)=R_x\boldsymbol{q}_2(0) \tag{7.2}$$

が成り立つ．つまり，$\boldsymbol{q}_1(0),\boldsymbol{q}_2(0),\boldsymbol{q}_3(0)$ は x 軸に関して対称な二等辺三角形をなすことがわかる (図 7.2)．また，

$$\boldsymbol{q}_1(t)=R_x\boldsymbol{q}_1(-t), \qquad \boldsymbol{q}_2(t)=R_x\boldsymbol{q}_3(-t)$$

より $\boldsymbol{q}_1(t)$ と $\boldsymbol{q}_1(-t)$，$\boldsymbol{q}_2(t)$ と $\boldsymbol{q}_3(-t)$ はつねに x 軸に対して対称的な位置にある．

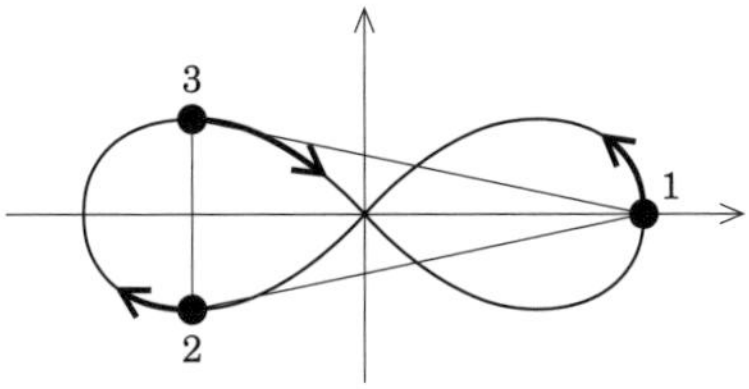

図 7.2 $t=0$

---

*1 $D_N=\langle g_1,g_2 \mid g_1^2=g_2^N=(g_1g_2)^2=1\rangle$ は正 N 角形を自分自身に移す合同変換からなる群で，2 **面体群**と呼ばれる．

さらに，$g_2\boldsymbol{q}=\boldsymbol{q}$ より

$$(\boldsymbol{q}_1(t),\boldsymbol{q}_2(t),\boldsymbol{q}_3(t))=\left(R_y\boldsymbol{q}_2\left(t-\frac{\pi}{3}\right),R_y\boldsymbol{q}_3\left(t-\frac{\pi}{3}\right),R_y\boldsymbol{q}_1\left(t-\frac{\pi}{3}\right)\right) \tag{7.3}$$

が成り立つ．これから，質点の描く曲線は y 軸に対して対称で，$\dfrac{1}{6}$ 周期ずらして y 軸に対して反転させた位置に別の質点がある (図 7.3).

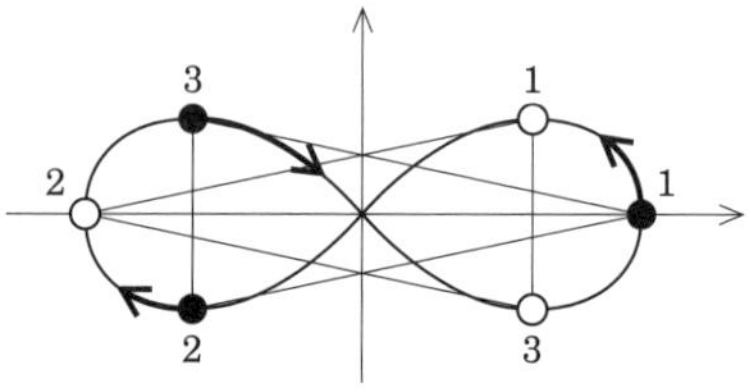

図 7.3　$t=0$ (黒丸) と $t=\dfrac{\pi}{3}$ (白丸) の配置

また，(7.1) と (7.3) より

$$\begin{aligned}
&\left(\boldsymbol{q}_1\left(\frac{\pi}{6}\right),\boldsymbol{q}_2\left(\frac{\pi}{6}\right),\boldsymbol{q}_3\left(\frac{\pi}{6}\right)\right)\\
&\quad=\left(R_y\boldsymbol{q}_3\left(-\frac{\pi}{6}\right),R_y\boldsymbol{q}_1\left(-\frac{\pi}{6}\right),R_y\boldsymbol{q}_2\left(-\frac{\pi}{6}\right)\right)\\
&\quad=\left(R_yR_x\boldsymbol{q}_2\left(\frac{\pi}{6}\right),R_yR_x\boldsymbol{q}_1\left(\frac{\pi}{6}\right),R_yR_x\boldsymbol{q}_3\left(\frac{\pi}{6}\right)\right)\\
&\quad=\left(-\boldsymbol{q}_2\left(\frac{\pi}{6}\right),-\boldsymbol{q}_1\left(\frac{\pi}{6}\right),-\boldsymbol{q}_3\left(\frac{\pi}{6}\right)\right)
\end{aligned}$$

となるので，

$$\boldsymbol{q}_2\left(\frac{\pi}{6}\right)=-\boldsymbol{q}_1\left(\frac{\pi}{6}\right),\qquad \boldsymbol{q}_3\left(\frac{\pi}{6}\right)=\boldsymbol{0} \tag{7.4}$$

が成り立つ． つまり，$\boldsymbol{q}_3\left(\dfrac{\pi}{6}\right)$ は原点にあり，$\boldsymbol{q}_1\left(\dfrac{\pi}{6}\right)$ と $\boldsymbol{q}_2\left(\dfrac{\pi}{6}\right)$ は互いに原点に対して対称的な位置にある (図 7.4).

さらに，$g_2^2\boldsymbol{q}=\boldsymbol{q}$ より

$$(\boldsymbol{q}_1(t),\boldsymbol{q}_2(t),\boldsymbol{q}_3(t))=\left(\boldsymbol{q}_3\left(t-\frac{2\pi}{3}\right),\boldsymbol{q}_1\left(t-\frac{2\pi}{3}\right),\boldsymbol{q}_2\left(t-\frac{2\pi}{3}\right)\right)$$

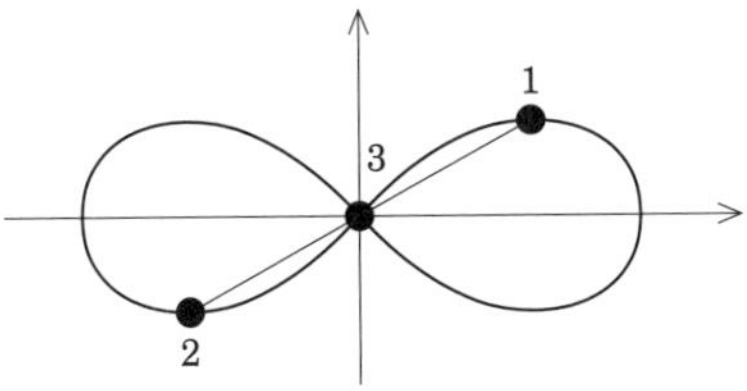

図 7.4　$t = \dfrac{\pi}{6}$

がわかる．つまり，3 質点は $\dfrac{1}{3}$ 周期ずつずれて互いに追跡し合っている．

ここまで，$\boldsymbol{q} \in \widehat{\Lambda}^G$ が満たす性質を見てきたが，逆に $\boldsymbol{q} \in \widehat{\Lambda}$ がどのような性質をもてば $\boldsymbol{q} \in \widehat{\Lambda}^G$ となるかを調べよう．$\boldsymbol{q}(t)$ が $t=0$ において (7.2) を満たし，$t = \dfrac{\pi}{6}$ において (7.4) を満たすとする．その間 $\left[0, \dfrac{\pi}{6}\right]$ での $\boldsymbol{q}(t)$ はそれらをつなぐ任意の曲線とする．それをもとに (7.1) で $\left[-\dfrac{\pi}{6}, 0\right]$ での振る舞いを定め，さらに (7.3) で t を $\dfrac{\pi}{3}$ 移動した部分を定めていくことで，すべての t について $\boldsymbol{q}(t)$ が定まる．すると，その $\boldsymbol{q}(t)$ は $\widehat{\Lambda}^G$ に属する．つまり，(7.2) と (7.4) を満たす曲線 $\boldsymbol{q}(t)$ $\left(t \in \left[0, \dfrac{\pi}{6}\right]\right)$ を与えれば，それをもとに全体の $\boldsymbol{q}(t)$ $(t \in \mathbb{R})$ が定まり，それは $\widehat{\Lambda}^G$ に属する．8 の字解はこの対称性をもつ曲線の集合における作用積分の最小点として得られる．

7.4　パレ原理

E をヒルベルト空間する．ここで，$\langle \cdot, \cdot \rangle_E$ を E の内積とすると，E 上のノルムは

$$\|v\|_E = \sqrt{\langle v, v \rangle_E}$$

で定められている．$A\colon E \to \mathbb{R}$ が**有界線形汎関数**であるとは，A が線型写像で，

$$\frac{|Av|}{\|v\|_E} \qquad (v \in E \setminus \{0\})$$

が有界であることをいう．

$u \in E$ を固定し，$A(v) = \langle u, v\rangle_E$ とすると，

$$\frac{|Av|}{\|v\|_E} = \frac{|\langle u, v\rangle|}{\|v\|_E} \le \frac{\|u\|_E\|v\|_E}{\|v\|_E} = \|u\|_E$$

が成り立ち，A は有界線形汎関数である．逆に，一般に有界線形汎関数はこのように表すことができる．

定理 7.1 (リースの表現定理)**.** 有界線形汎関数 A に対して，

$$Av = \langle u, v\rangle_E \qquad (v \in E)$$

を満たす $u \in E$ が一意的に存在する

証明は，関数解析の本 (例えば [155] 参照) を参照されたい．

M を E の開集合とする．関数 $f\colon M \to \mathbb{R}$ が $p \in M$ で**フレシェ微分可能**であるとは，有界線形汎関数 $A\colon E \to \mathbb{R}$ が存在して

$$\lim_{v\to 0} \frac{|f(p+v) - f(p) - Av|}{\|v\|_E} = 0$$

が成り立つことである．この A を Df_p と書く．$Df_p = 0$ となるとき，p と**臨界点**という．

フレシェ微分可能性はガトー微分可能性より強い条件である．フレシェ微分可能な場合，フレシェ微分の意味で臨界点となることと，ガトー微分の意味で臨界点になることは同値である．滑らかなポテンシャルに対する作用積分はフレシェ微分可能である (証明は読者に委ねる)．

$\widehat{\Lambda}$ における $\mathcal{A}$ の臨界点は n 体問題の周期解になる．7.2 節で対称性をもつ曲線に制限した集合 Λ^G を考えた．作用積分を Λ^G に制限した $\mathcal{A}^G$ の臨界

点が $\mathcal{A}$ の臨界点となることは自明ではない．それを保証するのがパレ原理である．まず，一般的な設定のもとでのパレ原理を述べておく．

定理 7.2 (パレ原理 [82])**.** M をヒルベルト空間 E の開集合とし，群 G が E に等長的に作用するとする．つまり，G は E に作用し，各 $g \in G$ について，$\langle gx, gy \rangle = \langle x, y \rangle$ $(x, y \in E)$ を満たすとする．また，各 $g \in G$ に対して，$x \in E \mapsto gx \in E$ は線形とし，$x \in M$ なら $gx \in M$ とする．$f\colon M \to \mathbb{R}$ を各点でフレシェ微分可能で G 不変な関数とする：

$$f(gx) = f(x) \qquad (x \in M,\, g \in G).$$

また，M において G 不変な点の集合

$$\Sigma = \{x \in M \mid gx = x\ (\forall g \in G)\}$$

は M の閉部分空間[*2]であるとする．このとき，$p \in \Sigma$ が $f|_\Sigma$ の臨界点ならば，p は f の臨界点である．

証明の前に簡単な例を見ておこう．

例 7.3. $G = \mathbb{Z}_2 = \langle g \mid g^2 = 1 \rangle$ とし，

$$\begin{aligned} g\colon \mathbb{R}^2 &\to \mathbb{R}^2 \\ (x, y) &\mapsto (x, -y) \end{aligned}$$

とする．$f\colon \mathbb{R}^2 \to \mathbb{R}$ を微分可能で G 不変な関数とすると，$f(x, y) = f(x, -y)$ が成り立つ．$\Sigma = \{(x, y) \mid g \cdot (x, y) = (x, y)\} = \{(x, y) \mid y = 0\}$ であるので，$h(x) = f(x, 0)$ とおく．

$h'(x_0) = 0$ とすると，$f_x(x_0, 0) = 0$ である．また，$f_y(x, y) = -f_y(x, -y)$ であるから，$f_y(x, 0) = 0$ である．よって，$Df_{(x_0, 0)} = 0$ が成立する．したがって，たしかに，$h(x)$ の臨界点 x_0 は $f(x, y)$ の臨界点 $(x_0, 0)$ に対応している．

---

*2 正確には，E の閉部分空間と M の共通部分ということ．

定理 7.2 の証明. 各 $p \in M$ について，リースの表現定理により

$$Df_p v = \langle u, v \rangle_E \qquad (v \in E)$$

となる $u \in E$ が一意的に存在する．この u を ∇f_p と書く．

p は $f|_\Sigma$ の臨界点だから任意の $v \in \Sigma$ に対して，

$$\langle \nabla f_p, v \rangle = Df_p v = 0 \tag{7.5}$$

が成り立つ．よって，∇f_p は Σ に直交する．Σ の元で Σ に直交するものは 0 しかないから，$\nabla f_p \in \Sigma$ であること，つまり G 不変であることを示せば十分である．任意の $g \in G$ に対して $f(g^{-1}x) = f(x)$ であるから，これを $x = p \in \Sigma$ で微分すると，$Df_{g^{-1}p}(g^{-1}v) = Df_p(v)$ $(v \in E)$．また，$gp = p$ より $Df_{g^{-1}p} = Df_p$ である．これより，任意の $w \in E$ に対して，

$$\begin{aligned}\langle \nabla f_p, w \rangle &= Df_p w = Df_p g^{-1} w = \langle \nabla f_p, g^{-1} w \rangle = \langle g \nabla f_p, g g^{-1} w \rangle \\ &= \langle g \nabla f_p, w \rangle\end{aligned}$$

よって，$g \nabla f_p = \nabla f_p$ $(\forall g \in G)$ となり，これは $\nabla f_p \in \Sigma$ であることを意味し，(7.5) より $\nabla f_p = 0$ が成り立つ． □

n 体問題の場合，$\widehat{\Lambda}^G$ は関係式 $g\boldsymbol{q} = \boldsymbol{q}$ を満たすものに制限した集合であるから $\widehat{\Lambda}$ の閉部分空間である．定理 7.2 の応用により，n 体問題の作用積分について次が成り立つ．

命題 7.4. n 体問題の作用積分 $\mathcal{A}(\boldsymbol{q})$ が G の作用で不変，すなわちすべての $\boldsymbol{q} \in \widehat{\Lambda}, g \in G$ に対して $\mathcal{A}(g\boldsymbol{q}) = \mathcal{A}(\boldsymbol{q})$ ならば，$\mathcal{A}^G(\boldsymbol{q})$ の臨界点は $\mathcal{A}(\boldsymbol{q})$ の臨界点である．

この命題の仮定が成立するには，ある $g \in G$ について $\sigma(g)(i) = j$ となる i, j に対して $m_i = m_j$ が成り立てばよい．

8 の字解の存在を示す際に課される群作用についてもすべての質点が入れ替わるので，パレ原理を応用するために等質量 $(m_1 = m_2 = m_3)$ である必要がある．等質量の 3 体問題において前節にあげてた群 G の作用のもとで

不変な曲線における作用積分 $\mathcal{A}^G$ の最小点として 8 の字解は得られることになる．

7.5 最小点の存在

群の作用による不変集合に制限したときの作用積分が強圧的になるための必要十分条件を述べる．ρ, σ だけ考えて配位空間 $\mathcal{X}$ への作用を考える．つまり，$g \in G$ と $\boldsymbol{q} = (\boldsymbol{q}_1, \cdots, \boldsymbol{q}_n) \in \mathcal{X}$ に対して，

$$g(\boldsymbol{q}_1, \cdots, \boldsymbol{q}_n) = \left(\rho(g)\boldsymbol{q}_{\sigma(g^{-1})(1)}, \cdots, \rho(g)\boldsymbol{q}_{\sigma(g^{-1})(n)}\right)$$

とする．この作用で不変な元全体を $\mathcal{X}^G$ と書く：

$$\mathcal{X}^G = \{\boldsymbol{q} \in \mathcal{X} \mid g\boldsymbol{q} = \boldsymbol{q}\}.$$

$\boldsymbol{u} \in \mathcal{X}^G$ に対して，定数関数 $\boldsymbol{q}(t) \equiv \boldsymbol{u}$ は Λ^G に属する．

$\boldsymbol{q} \in \widehat{\Lambda}^G$ なら $\boldsymbol{q}$ の 1 周期分の積分

$$[\boldsymbol{q}] = \int_0^{2\pi} \boldsymbol{q}(t)dt = \left(\int_0^{2\pi} \boldsymbol{q}_1(t)dt, \cdots, \int_0^{2\pi} \boldsymbol{q}_n(t)dt\right)$$

が $\mathcal{X}^G$ に属することを示しておく．$g \in G, \widehat{\boldsymbol{q}} \in \Lambda^G$ とする．置換積分と $\boldsymbol{q}(t)$ の周期性より，

$$\begin{aligned}\int_0^{2\pi} \boldsymbol{q}_k(t)dt &= \int_0^{2\pi} \rho(g)\boldsymbol{q}_{\sigma(g^{-1})(k)}(\tau(g^{-1})(t))dt \\ &= \int_{\tau(g)(0)}^{\tau(g)(2\pi)} \rho(g)\boldsymbol{q}_{\sigma(g^{-1})(k)}(t)\mathrm{sgn}(\tau(g))dt \\ &= \int_0^{2\pi} \rho(g)\boldsymbol{q}_{\sigma(g^{-1})(k)}(t)dt\end{aligned}$$

が成り立つ．ここで，$\mathrm{sgn}(\tau(g))$ は $\det(\tau(g))$ の正負に応じて ± 1 をとるものとする．これより，$[\boldsymbol{q}]$ が $\mathcal{X}^G$ に属する．

定理 7.5 ([36])**.** $\mathcal{A}^G = \mathcal{A}|_{\widehat{\Lambda}^G}$ が強圧的になるための必要十分条件は $\mathcal{X}^G = \{\boldsymbol{0}\}$ である．

証明. $\mathcal{X}^G = \{\mathbf{0}\}$ と仮定する．$\boldsymbol{q} \in \widehat{\Lambda}^G$ に対して $[\boldsymbol{q}] = \mathbf{0}$ が成り立つ．命題 2.6 より定数 $C > 0$ に対して

$$\|\boldsymbol{q}\|_{L^2} \leq C\|\dot{\boldsymbol{q}}\|_{L^2} \qquad (\boldsymbol{q} \in \widehat{\Lambda}^G)$$

が成立する．

$$m = \min_{k=1,\cdots,n} m_k$$

とすると，

$$\begin{aligned}
\|\boldsymbol{q}\|_{H^1}^2 &= \|\boldsymbol{q}\|_{L^2}^2 + \|\dot{\boldsymbol{q}}\|_{L^2}^2 \leq (1+C^2)\|\dot{\boldsymbol{q}}\|_{L^2}^2 \\
&= (1+C^2)\int_0^{2\pi} \sum_{k=1}^n |\dot{\boldsymbol{q}}_k(t)|^2 dt \\
&\leq \frac{2(1+C^2)}{m}\int_0^{2\pi} \frac{1}{2}\sum_{k=1}^n m_k|\dot{\boldsymbol{q}}_k(t)|^2 dt \\
&\leq \frac{2(1+C^2)}{m}\int_0^{2\pi} \frac{1}{2}\sum_{k=1}^n m_k|\dot{\boldsymbol{q}}_k(t)|^2 + \sum_{i<j}\frac{m_i m_j}{|\boldsymbol{q}_i - \boldsymbol{q}_j|} dt \\
&= \frac{2(1+C^2)}{m}\mathcal{A}^G(\boldsymbol{q})
\end{aligned}$$

となり，強圧的であることが示された．

逆に，$\mathcal{X}^G \neq \{\mathbf{0}\}$ と仮定する．

$$\boldsymbol{u} = (\boldsymbol{u}_1, \cdots, \boldsymbol{u}_n) \in \mathcal{X}^G \backslash \{\mathbf{0}\}$$

とする．$\boldsymbol{q} \in \widehat{\Lambda}^G$ を 1 つとり固定する．$\alpha \in \mathbb{R}$ に対して

$$\boldsymbol{q}^\alpha(t) = \boldsymbol{q}(t) + \alpha\boldsymbol{u}$$

とすると，$\boldsymbol{q}^\alpha \in \widehat{\Lambda}^G$ である．また，

$$\dot{\boldsymbol{q}}^\alpha(t) = \dot{\boldsymbol{q}}(t)$$

であるから，$\boldsymbol{q}$ と $\boldsymbol{q}^\alpha$ のラグランジアンの運動エネルギーの部分は同じである．

$\boldsymbol{u}_i = \boldsymbol{u}_j$ となる $i < j$ について

$$|\boldsymbol{q}_i^\alpha(t) - \boldsymbol{q}_j^\alpha(t)| = |\boldsymbol{q}_i(t) - \boldsymbol{q}_j(t)|$$

である．$\boldsymbol{u}_i \neq \boldsymbol{u}_j$ となる $i < j$ について

$$\begin{aligned}|\boldsymbol{q}_i^\alpha(t) - \boldsymbol{q}_j^\alpha(t)| &= |\alpha(\boldsymbol{u}_i - \boldsymbol{u}_j) + \boldsymbol{q}_i(t) - \boldsymbol{q}_j(t)| \\ &\geq \alpha|\boldsymbol{u}_i - \boldsymbol{u}_j| - |\boldsymbol{q}_i(t) - \boldsymbol{q}_j(t)|\end{aligned}$$

となるので，十分大きな α をとると，

$$|\boldsymbol{q}_i^\alpha(t) - \boldsymbol{q}_j^\alpha(t)| \geq |\boldsymbol{q}_i(t) - \boldsymbol{q}_j(t)| \qquad (t \in [0, 2\pi])$$

が成り立つ．したがって，十分大きな α に対して

$$\mathcal{A}^G(\boldsymbol{q}^\alpha) \leq \mathcal{A}^G(\boldsymbol{q})$$

が成り立つ．一方，$\boldsymbol{u} \neq \boldsymbol{0}$ より

$$\begin{aligned}\|\boldsymbol{q}^\alpha\|_{H^1} &= \|\boldsymbol{q} + \alpha\boldsymbol{u}\|_{H^1} \geq \alpha\|\boldsymbol{u}\|_{H^1} - \|\boldsymbol{q}\|_{H^1} \\ &= \alpha(2\pi)^{1/2}|\boldsymbol{u}| - \|\boldsymbol{q}\|_{H^1} \to \infty \qquad (\alpha \to \infty)\end{aligned}$$

となるので $\mathcal{A}^G$ は強圧的でない．□

8 の字解の対称性を課した作用積分について，最小点の存在を示そう．群とその作用は 7.3 節の通りとする．

$\boldsymbol{q} \in \mathcal{X}^G$ とする．$g_2^2\boldsymbol{q} = \boldsymbol{q}$ より，

$$\boldsymbol{q}_1 = \boldsymbol{q}_2 = \boldsymbol{q}_3$$

である．$\boldsymbol{q} \in \mathcal{X}$ の重心は原点であるから，$\boldsymbol{q} = \boldsymbol{0}$ である．したがって，定理 7.5 より $\mathcal{A}^G$ は強圧的であるから，$\mathcal{A}^G$ の最小点が $\widehat{\Lambda}^G$ の閉包 Λ^G に存在する．

7.6　衝突曲線の作用積分の評価

8の字解について，$\mathcal{A}^G$ の Λ^G における最小点の存在が示されたがそれが $\widehat{\Lambda}^G$ に属することをいわなければならない．$\Lambda^G \setminus \widehat{\Lambda}^G$ に属する曲線はある時間において衝突する曲線である．衝突する曲線が最小点になり得ないことを示せばよい．それを示すためには衝突をもつ曲線に対する作用積分の値が最小値より大きいことをいえばよい．

$\boldsymbol{q}_{\mathrm{col}} \in \Lambda^G \setminus \widehat{\Lambda}^G$ とする．7.3節で述べたように $\left[0, \dfrac{\pi}{6}\right]$ での振る舞いが決まればほかの部分も決まる． 各区間 $\left[\dfrac{\pi(l-1)}{6}, \dfrac{\pi l}{6}\right]$ $(l = 1, \cdots, 6)$ ごとの積分値は一致する．よって，作用積分は

$$
\begin{aligned}
\mathcal{A}^G(\boldsymbol{q}_{\mathrm{col}}) &= \int_0^{2\pi} \frac{1}{2}(|\dot{\boldsymbol{q}}_1|^2 + |\dot{\boldsymbol{q}}_2|^2 + |\dot{\boldsymbol{q}}_3|^2) \\
&\qquad + \frac{1}{|\boldsymbol{q}_1 - \boldsymbol{q}_2|} + \frac{1}{|\boldsymbol{q}_2 - \boldsymbol{q}_3|} + \frac{1}{|\boldsymbol{q}_3 - \boldsymbol{q}_1|} dt \\
&= 12 \int_0^{\pi/6} \frac{1}{2}(|\dot{\boldsymbol{q}}_1|^2 + |\dot{\boldsymbol{q}}_2|^2 + |\dot{\boldsymbol{q}}_3|^2) \\
&\qquad + \frac{1}{|\boldsymbol{q}_1 - \boldsymbol{q}_2|} + \frac{1}{|\boldsymbol{q}_2 - \boldsymbol{q}_3|} + \frac{1}{|\boldsymbol{q}_3 - \boldsymbol{q}_1|} dt
\end{aligned}
$$

と表せる．

$\boldsymbol{q}_1(t_0) = \boldsymbol{q}_2(t_0) \left(t_0 \in \left[0, \dfrac{\pi}{6}\right]\right)$ としよう． 全衝突 $\boldsymbol{q}_1(t_0) = \boldsymbol{q}_2(t_0) = \boldsymbol{q}_3(t_0)$ の場合も含むものとする．$\boldsymbol{q}_3$ を含む項を除去して，

$$
\mathcal{A}^G(\boldsymbol{q}_{\mathrm{col}}) > 12 \int_0^{\pi/6} \frac{1}{2}(|\dot{\boldsymbol{q}}_1|^2 + |\dot{\boldsymbol{q}}_2|^2) + \frac{1}{|\boldsymbol{q}_1 - \boldsymbol{q}_2|} dt
$$

と評価できる．この右辺は2体問題の作用積分である．衝突をもつ曲線に対する2体問題の作用積分の値を評価すれば，$\mathcal{A}^G(\boldsymbol{q}_{\mathrm{col}})$ を下から評価できる．

$$
\boldsymbol{Q}_1 = \boldsymbol{q}_1 + \boldsymbol{q}_2, \qquad \boldsymbol{Q}_2 = \boldsymbol{q}_2 - \boldsymbol{q}_1
$$

とすると，

$$
12 \int_0^{\pi/6} \frac{1}{2}(|\dot{\boldsymbol{q}}_1|^2 + |\dot{\boldsymbol{q}}_2|^2) + \frac{1}{|\boldsymbol{q}_1 - \boldsymbol{q}_2|} dt
$$

$$
\begin{aligned}
&= 12\int_0^{\pi/6} \frac{1}{4}|\dot{\boldsymbol{Q}}_1|^2 + \frac{1}{4}|\dot{\boldsymbol{Q}}_2|^2 + \frac{1}{|\boldsymbol{Q}_2|}dt \\
&\geq 12\int_0^{\pi/6} \frac{1}{4}|\dot{\boldsymbol{Q}}_2|^2 + \frac{1}{|\boldsymbol{Q}_2|}dt \\
&\geq 6\int_0^{\pi/6} \frac{1}{2}|\dot{\boldsymbol{Q}}_2|^2 + \frac{2}{|\boldsymbol{Q}_2|}dt
\end{aligned} \tag{7.6}
$$

と評価できる．(7.6) の積分はケプラー問題の作用積分であり，

$$
\boldsymbol{Q}_2(t_0) = \boldsymbol{q}_2(t_0) - \boldsymbol{q}_1(t_0) = \boldsymbol{0}
$$

が成り立つ．ケプラー問題の衝突軌道に対する作用積分の値は定理 5.5 で求めていた．衝突をもつ T-周期の曲線 $\boldsymbol{Q}\colon [0,T] \to \mathbb{R}^2$ に対する

$$
\int_0^T \frac{1}{2}|\dot{\boldsymbol{Q}}|^2 + \frac{k}{|\boldsymbol{Q}|}dt
$$

の最小点は 1 度だけ衝突する解で，それに対する作用積分の値は

$$
2^{-1/3} \cdot 3\pi^{2/3}k^{2/3}T^{1/3}
$$

であった．その周期境界条件に合わせるために調整しよう．$t \in \left[0, \dfrac{\pi}{3}\right]$ に対して

$$
\tilde{\boldsymbol{Q}}(t) = \begin{cases} \boldsymbol{Q}_2(t) & \left(t \in \left[0, \dfrac{\pi}{6}\right]\right) \\ \boldsymbol{Q}_2\left(\dfrac{\pi}{3} - t\right) & \left(t \in \left[\dfrac{\pi}{6}, \dfrac{\pi}{3}\right]\right) \end{cases}
$$

とすると，$\tilde{\boldsymbol{Q}}(t)$ は周期 $\dfrac{\pi}{3}$ の周期関数とみなせる．これより，

$$
\int_0^{\pi/3} \frac{1}{2}|\dot{\tilde{\boldsymbol{Q}}}|^2 + \frac{2}{|\tilde{\boldsymbol{Q}}|}dt \geq 2^{-1/3} \cdot 3\pi^{2/3}2^{2/3}\left(\frac{\pi}{3}\right)^{1/3} = 2^{1/3} \cdot 3^{2/3}\pi
$$

と評価できる．積分区間 $\left[0, \dfrac{\pi}{6}\right]$ と $\left[\dfrac{\pi}{6}, \dfrac{\pi}{3}\right]$ で積分値は同じだから

$$
\int_0^{\pi/6} \frac{1}{2}|\dot{\boldsymbol{Q}}_2|^2 + \frac{2}{|\boldsymbol{Q}_2|}dt \geq 2^{-2/3} \cdot 3^{2/3}\pi
$$

と評価できる.

以上より，$\mathcal{A}^G$ が衝突をもつ曲線 $\boldsymbol{q}_{\mathrm{col}} \in \Lambda^G \setminus \widehat{\Lambda}^G$ に対してとる値は

$$\mathcal{A}^G(\boldsymbol{q}_{\mathrm{col}}) \geq 6 \cdot 2^{-2/3} \cdot 3^{2/3}\pi = 2^{1/3} \cdot 3^{5/3}\pi \tag{7.7}$$

と評価できる.

この評価をもとに，衝突をもつ曲線が $\mathcal{A}^G$ の最小点とはならないことをいう．そのために，うまく曲線 $\boldsymbol{q}_{\mathrm{test}} \in \widehat{\Lambda}^G$ を構成して，

$$\mathcal{A}^G(\boldsymbol{q}_{\mathrm{test}}) < 2^{1/3} \cdot 3^{5/3}\pi$$

となればよい．なぜなら，最小点 $\boldsymbol{q}^* \in \Lambda^G$ は作用積分を最小にするものであるから，

$$\mathcal{A}^G(\boldsymbol{q}^*) \leq \mathcal{A}^G(\boldsymbol{q}_{\mathrm{test}})$$

が成り立ち，以上より $\boldsymbol{q}^*$ が衝突をもち得ないことがいえるからである．$\boldsymbol{q}_{\mathrm{test}}$ を**テスト曲線**と呼ぶ．テスト曲線の具体的な構成は，形状空間を準備した後，7.8 節で行う.

7.7 3 体問題の形状空間

等質量の平面 3 体問題を考える．作用積分の値が衝突をもつ曲線に対してより小さいような曲線を構成するために，配位空間の商空間を導入する．重心が $\mathbf{0}$ に制限した配位空間は

$$\mathcal{X} = \{(\boldsymbol{q}_1, \boldsymbol{q}_2, \boldsymbol{q}_3) \in (\mathbb{R}^2)^3 \mid \boldsymbol{q}_1 + \boldsymbol{q}_2 + \boldsymbol{q}_3 = \mathbf{0}\}$$

である．$\mathcal{X}$ は 4 次元である．これに適した座標を入れよう.

次で決まる変換 $J\colon (\mathbb{R}^2)^3 \to (\mathbb{R}^2)^3$ を**ヤコビ変換**という：

$$\begin{aligned}(\boldsymbol{z}_1, \boldsymbol{z}_2, \boldsymbol{z}_3) &= J(\boldsymbol{q}_1, \boldsymbol{q}_2, \boldsymbol{q}_3)\\ &= \left(\frac{1}{\sqrt{2}}(\boldsymbol{q}_3 - \boldsymbol{q}_2), \sqrt{\frac{2}{3}}\left(\boldsymbol{q}_1 - \frac{1}{2}(\boldsymbol{q}_2 + \boldsymbol{q}_3)\right), \frac{1}{\sqrt{3}}(\boldsymbol{q}_1 + \boldsymbol{q}_2 + \boldsymbol{q}_3)\right).\end{aligned}$$

変換された座標 $(\boldsymbol{z}_1, \boldsymbol{z}_2, \boldsymbol{z}_3) \in (\mathbb{R}^2)^3$ を**ヤコビ座標**いう．速度ベクトルも同じ変換で移される：

$$(\dot{\boldsymbol{z}}_1, \dot{\boldsymbol{z}}_2, \dot{\boldsymbol{z}}_3) = J(\dot{\boldsymbol{q}}_1, \dot{\boldsymbol{q}}_2, \dot{\boldsymbol{q}}_3).$$

ヤコビ変換により，慣性モーメント，運動エネルギー，角運動量は

$$\begin{aligned}
&\frac{1}{2}(|\boldsymbol{q}_1|^2 + |\boldsymbol{q}_2|^2 + |\boldsymbol{q}_3|^2) = \frac{1}{2}(|\boldsymbol{z}_1|^2 + |\boldsymbol{z}_2|^2 + |\boldsymbol{z}_3|^2),\\
&\frac{1}{2}(|\dot{\boldsymbol{q}}_1|^2 + |\dot{\boldsymbol{q}}_2|^2 + |\dot{\boldsymbol{q}}_3|^2) = \frac{1}{2}(|\dot{\boldsymbol{z}}_1|^2 + |\dot{\boldsymbol{z}}_2|^2 + |\dot{\boldsymbol{z}}_3|^2),\\
&\boldsymbol{q}_1 \times \dot{\boldsymbol{q}}_1 + \boldsymbol{q}_2 \times \dot{\boldsymbol{q}}_2 + \boldsymbol{q}_3 \times \dot{\boldsymbol{q}}_3 = \boldsymbol{z}_1 \times \dot{\boldsymbol{z}}_1 + \boldsymbol{z}_2 \times \dot{\boldsymbol{z}}_2 + \boldsymbol{z}_3 \times \dot{\boldsymbol{z}}_3
\end{aligned}$$

となる．一般に線形変換をするとこれらは複雑な形になってしまうが，ヤコビ変換はこのような重要な量の形を保ち，かつ $(\boldsymbol{q}_1, \boldsymbol{q}_2, \boldsymbol{q}_3)$ の重心 $\boldsymbol{q}_1+\boldsymbol{q}_2+\boldsymbol{q}_3$ を $\boldsymbol{z}_3$ だけを用いて表すことができる見事な変換である．なお，ヤコビ変換は，等質量の3体問題に限らず，任意の質量に対する n 体問題に対して定義される ([63] 参照)．

ヤコビ座標を使って，もとの配置の質点間の距離は

$$\begin{aligned}
|\boldsymbol{q}_1 - \boldsymbol{q}_2| &= \left|\frac{1}{\sqrt{2}}\boldsymbol{z}_1 + \sqrt{\frac{3}{2}}\boldsymbol{z}_2\right|,\\
|\boldsymbol{q}_2 - \boldsymbol{q}_3| &= \left|\sqrt{2}\boldsymbol{z}_1\right|,\\
|\boldsymbol{q}_3 - \boldsymbol{q}_1| &= \left|\frac{1}{\sqrt{2}}\boldsymbol{z}_1 - \sqrt{\frac{3}{2}}\boldsymbol{z}_2\right|
\end{aligned}$$

と表される．$(\boldsymbol{q}_1, \boldsymbol{q}_2, \boldsymbol{q}_3) \in \mathcal{X}$ の重心は $\mathbf{0}$ であるので，$\boldsymbol{z}_3 = \mathbf{0}$ として $(\boldsymbol{z}_1, \boldsymbol{z}_2) \in \mathbb{R}^4$ を座標とすればよい．

ヤコビ座標により，重心を $\mathbf{0}$ に固定した3体問題の作用積分は

$$\begin{aligned}
\mathcal{A} = \int_0^{2\pi} &\frac{1}{2}(|\dot{\boldsymbol{z}}_1|^2 + |\dot{\boldsymbol{z}}_2|^2)\\
&+ \frac{1}{\left|\frac{1}{\sqrt{2}}\boldsymbol{z}_1 + \sqrt{\frac{3}{2}}\boldsymbol{z}_2\right|} + \frac{1}{\sqrt{2}|\boldsymbol{z}_1|} + \frac{1}{\left|\frac{1}{\sqrt{2}}\boldsymbol{z}_1 - \sqrt{\frac{3}{2}}\boldsymbol{z}_2\right|} dt
\end{aligned}$$

と表せる．

次に，原点について回転で移り合う配置同士を同一視する．そこで，回転を簡潔に表現するために，平面 $\mathbb{R}^2$ を複素平面 $\mathbb{C}$ と同一視する．$\boldsymbol{z}_1 = (x_1, y_1)$, $\boldsymbol{z}_2 = (x_2, y_2) \in \mathbb{R}^2$ に対して，$z_1 = x_1 + iy_1$, $z_2 = x_2 + iy_2 \in \mathbb{C}$ とする．z_1, z_2 は $\mathbb{C}$ の元であるので太字にはしない．$z, w \in \mathbb{C}$ の外積は $z \times w$ と書くと通常の複素数の積と紛らわしいので，$z \wedge w$ と書くことにする．つまり，$z = x + iy$, $w = u + iv$ に対して，

$$z \wedge w = xv - yu = \mathrm{Im}(\bar{z}w)$$

である．$\mathbb{S}^1$ を複素平面 $\mathbb{C}$ における原点を中心とした単位円として，$\omega \in \mathbb{S}^1$ の $(z_1, z_2) \in \mathbb{C}^2 \setminus \{\mathbf{0}\}$ への作用を $(\omega z_1, \omega z_2)$ で定める．$\mathbb{C}^2 \setminus \{\mathbf{0}\}$ 上に

$$(z_1, z_2) \sim (z_1', z_2') \iff (z_1', z_2') = (\omega z_1, \omega z_2) \qquad (\exists \omega \in \mathbb{S}^1) \tag{7.8}$$

により同値関係を定め，この商空間 $(\mathbb{C}^2 \setminus \{\mathbf{0}\})/\mathbb{S}^1$ を**形状空間** (shape space) と呼ぶ．これは，もとの配置 $(\boldsymbol{q}_1, \boldsymbol{q}_2, \boldsymbol{q}_3) \in \mathcal{X}$ では，その3点がなす三角形を原点について回転したものを同一視することに対応する．

$(\mathbb{C}^2 \setminus \{\mathbf{0}\})/\mathbb{S}^1$ は $\mathbb{R}^3 \setminus \{\mathbf{0}\}$ と同相になる．$\mathbb{C}^2 \setminus \{\mathbf{0}\}$ から $(\mathbb{C}^2 \setminus \{\mathbf{0}\})/\mathbb{S}^1 \cong \mathbb{R}^3 \setminus \{\mathbf{0}\}$ への写像を与えるものとして，**ホップ写像**がある．天体力学で空間運動における2体衝突の正則化のために導入された**クスターンヘイモ-シュティーフェル** (Kustaanheimo–Stiefel) **変換**と呼ばれる変換とも同じである．

ホップ写像は

$$\begin{aligned} F\colon \mathbb{C}^2 \setminus \{\mathbf{0}\} &\to (\mathbb{R} \times \mathbb{C}) \setminus \{\mathbf{0}\} \cong \mathbb{R}^3 \setminus \{\mathbf{0}\} \\ (z_1, z_2) &\mapsto (u_1, u_2 + iu_3) = (|z_1|^2 - |z_2|^2, 2\bar{z}_1 z_2) \end{aligned}$$

で与えられる[*3]．$u_2 + iu_3 \in \mathbb{C}$ は $(u_2, u_3) \in \mathbb{R}^2$ と同一視する．

$$z_1 = r_1 \exp(i\theta_1), \quad z_2 = r_2 \exp(i\theta_2) \in \mathbb{C}$$

*3 多様体論で出てくるホップ写像は，$\mathbb{C}^2 \setminus \{\mathbf{0}\}$ を単位球面 $\mathbb{S}^3$ に制限して得られる写像 $\mathbb{S}^3 \to \mathbb{S}^2$ に対応する．

とすると,

$$F(z_1, z_2) = (r_1^2 - r_2^2, 2r_1 r_2 \exp(i(\theta_2 - \theta_1))),$$
$$|F(z_1, z_2)| = r_1^2 + r_2^2$$

である．これより，$(z_1, z_2), (z_1', z_2') \in \mathbb{C}^2 \setminus \{\mathbf{0}\}$ に対して，(7.8) と $F(z_1, z_2) = F(z_1', z_2')$ が同値である．これにより形状空間への写像が実現された．

$(\boldsymbol{z}_1, \boldsymbol{z}_2, \boldsymbol{z}_3) = J(\boldsymbol{q}_1, \boldsymbol{q}_2, \boldsymbol{q}_3)$ に対して，$F(z_1, z_2) = \boldsymbol{u} = (u_1, u_2, u_3)$ とすると，質点間の距離は

$$|\boldsymbol{q}_1 - \boldsymbol{q}_2| = \sqrt{|\boldsymbol{u}| - \frac{1}{2}u_1 + \frac{\sqrt{3}}{2}u_2},$$
$$|\boldsymbol{q}_2 - \boldsymbol{q}_3| = \sqrt{|\boldsymbol{u}| + u_1},$$
$$|\boldsymbol{q}_3 - \boldsymbol{q}_1| = \sqrt{|\boldsymbol{u}| - \frac{1}{2}u_1 - \frac{\sqrt{3}}{2}u_2}$$

と表される．$|\boldsymbol{u}| = 1$ において，2 体衝突に対応する点は

$$C_1 = (-1, 0, 0), \quad C_2 = \left(\frac{1}{2}, \frac{\sqrt{3}}{2}, 0\right), \quad C_3 = \left(\frac{1}{2}, -\frac{\sqrt{3}}{2}, 0\right) \tag{7.9}$$

である．ポテンシャル関数 (の -1 倍)

$$U(\boldsymbol{q}) = \frac{1}{|\boldsymbol{q}_1 - \boldsymbol{q}_2|} + \frac{1}{|\boldsymbol{q}_2 - \boldsymbol{q}_3|} + \frac{1}{|\boldsymbol{q}_3 - \boldsymbol{q}_1|}$$

は形状空間では

$$\tilde{U}(\boldsymbol{u}) = \frac{1}{\sqrt{|\boldsymbol{u}| - C_1 \cdot \boldsymbol{u}}} + \frac{1}{\sqrt{|\boldsymbol{u}| - C_2 \cdot \boldsymbol{u}}} + \frac{1}{\sqrt{|\boldsymbol{u}| - C_3 \cdot \boldsymbol{u}}} \tag{7.10}$$

と表される．つまり，$\tilde{U}(\boldsymbol{u})$ は $\boldsymbol{u} = F(z_1, z_2) = F(J(\boldsymbol{q}_1, \boldsymbol{q}_2, \boldsymbol{q}_3))$ に対し，$\tilde{U}(\boldsymbol{u}) = U(\boldsymbol{q}_1, \boldsymbol{q}_2, \boldsymbol{q}_3)$ を満たすものである．

速度ベクトルの対応も F から誘導される．

$$(\dot{u}_1, \dot{u}_2 + i\dot{u}_3) = (2\mathrm{Re}(\dot{z}_1\bar{z}_1 - \dot{z}_2\bar{z}_2), 2\dot{\bar{z}}_1 z_2 + 2\bar{z}_1\dot{z}_2)$$

であるから，運動エネルギーの対応は

$$\frac{1}{2}(|\dot{z}_1|^2+|\dot{z}_2|^2) = \frac{\dot{u}_1^2+\dot{u}_2^2+\dot{u}_3^2}{8\sqrt{u_1^2+u_2^2+u_3^2}} + \frac{1}{2(|z_1|^2+|z_2|^2)}(|z_1\wedge\dot{z}_1+z_2\wedge\dot{z}_2|^2)$$

となる．

なお，慣性モーメント I の対応は

$$2I = |\boldsymbol{q}_1|^2+|\boldsymbol{q}_2|^2+|\boldsymbol{q}_3|^2 = |z_1|^2+|z_2|^2 = \sqrt{u_1^2+u_2^2+u_3^2} = |\boldsymbol{u}|$$

で与えられる．

これにより，作用積分は

$$\begin{aligned}\mathcal{A} &= \int_0^{2\pi} \frac{1}{2}(|\dot{z}_1|^2+|\dot{z}_2|^2)+U(z_1,z_2)dt \qquad (7.11)\\ &= \int_0^{2\pi} \frac{\dot{u}_1^2+\dot{u}_2^2+\dot{u}_3^2}{8\sqrt{u_1^2+u_2^2+u_3^2}}+\tilde{U}(\boldsymbol{u})dt \\ &\qquad + \int_0^{2\pi} \frac{1}{2(|z_1|^2+|z_2|^2)}(|z_1\wedge\dot{z}_1+z_2\wedge\dot{z}_2|^2)dt\end{aligned}$$

と表される．これは**簡約作用積分**と呼ばれている．これから，形状空間上の変分問題を導くと

$$\mathcal{A}_{\mathrm{red}}(\boldsymbol{u}) = \int_0^{2\pi} \frac{|\dot{\boldsymbol{u}}|^2}{8|\boldsymbol{u}|}+\tilde{U}(\boldsymbol{u})dt$$

となる．

これを，最小化する曲線 $\boldsymbol{u}^*(t)$ が，角運動量 $z_1\wedge\dot{z}_1+z_2\wedge\dot{z}_2$ が 0 となる曲線 $\boldsymbol{z}^*(t)$ の像，つまり $F(\boldsymbol{z}^*(t)) = \boldsymbol{u}^*(t)$ となっていれば，$\boldsymbol{z}^*(t)$ は (7.11) の作用積分の最小点となる．このような $\boldsymbol{z}^*(t)$ の存在は，回転を作用させた曲線にとり直すことができる場合はいえる．実際，$F(\boldsymbol{w}(t)) = \boldsymbol{u}^*(t)$ なる $\boldsymbol{w}(t) = (w_1(t), w_2(t))$ を 1 つとり，$\boldsymbol{z}^*(t) = e^{i\theta(t)}\boldsymbol{w}(t) = (e^{i\theta(t)}w_1(t), e^{i\theta(t)}w_2(t))$ をとると，

$$z_1^*\wedge\dot{z}_1^*+z_2^*\wedge\dot{z}_2^* = \dot{\theta}(|w_1|^2+|w_2|^2)+w_1\wedge\dot{w}_1+w_2\wedge\dot{w}_2$$

となるので，

$$\theta(t) = \int \frac{w_1 \wedge \dot{w}_1 + w_2 \wedge \dot{w}_2}{|w_1|^2 + |w_2|^2} dt$$

とすることで角運動量を 0 にすることができる．

7.8 テスト曲線の構成

3 体問題の 8 の字解の存在証明で，テスト曲線の構成が残っていた．衝突する曲線 $\boldsymbol{q}_{\text{col}}$ の作用積分は

$$\frac{1}{12}\mathcal{A}(\boldsymbol{q}_{\text{col}}) \geq 2^{-5/3} \cdot 3^{2/3}\pi \approx 2.058325477751$$

と評価されていた．これより作用積分の値が小さな曲線を構成する必要がある．

$$E_1 = (1,0,0), \quad E_2 = \left(-\frac{1}{2}, -\frac{\sqrt{3}}{2}, 0\right), \quad E_3 = \left(-\frac{1}{2}, \frac{\sqrt{3}}{2}, 0\right),$$
$$L_+ = (0,0,1), \quad L_- = (0,0,-1)$$

とおく．E_k の張る直線は質点 k がほかの 2 質点の中点に位置する直線配置 (オイラー配置) を表す．L_+ と E_k で張られる 2 次元空間 Π_k は質点 k を頂点とする二等辺三角形配置全体の集合になる．また，u_1u_2 平面は直線配置を表す点からなる．

いま与えられた曲線に課された対称性は 時間 $T' = \dfrac{2\pi}{12}$ ごとにオイラー配置と二等辺三角形配置を通過することに対応する．$t = 0$ で $\boldsymbol{q}_1, \boldsymbol{q}_2, \boldsymbol{q}_3$ は x 軸に対称な二等辺三角形をなす．$t = T'$ ではオイラー配置になる．

テスト曲線を構成しよう．慣性モーメントとポテンシャル関数を一定に保ち，座標 $\boldsymbol{u}$ において等速運動するものを選ぶ．慣性モーメント $I = |\boldsymbol{u}|$ を定数 I_0 に固定する．

$$U_0 := \tilde{U}(I_0 E_1) = I_0^{-1/2}\left(\frac{1}{\sqrt{2}} + \sqrt{2} + \sqrt{2}\right) = \frac{5}{\sqrt{2}} I_0^{-1/2}$$

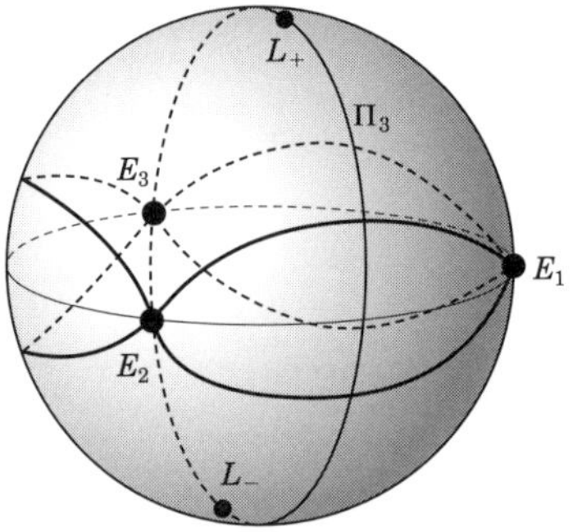

図 7.5 形状空間におけるテスト曲線

とおく．慣性モーメントを I_0 に固定し，$\tilde{U}$ を U_0 に固定するとちょうどオイラー配置と二等辺三角形配置を結ぶ曲線が得られる．その上を等速に動く曲線をテスト曲線 $\boldsymbol{u}_{\mathrm{test}}$ として採用しよう (図 7.5)．つまり，

$$\left\{ \boldsymbol{u} \in \mathbb{R}^3 \;\middle|\; I(\boldsymbol{u}) = I_0,\, U(\boldsymbol{u}) = \frac{5}{\sqrt{2}} I_0^{-1/2} \right\}$$

で定まる曲線のオイラー配置と二等辺三角形配置に対応する点で区切ってとれる 12 分の 1 の部分を $\boldsymbol{u}_{\mathrm{test}}$ とする．その曲線の長さを $I_0 l$ ($I_0 = 1$ の場合の長さを l としている) とすると，$|\dot{\boldsymbol{u}}_{\mathrm{test}}| \equiv \dfrac{I_0 l}{T'}$ である．よって，$T' = \dfrac{2\pi}{12}$ に注意すると

$$\begin{aligned} \frac{1}{12}\mathcal{A}_{\mathrm{red}}(\boldsymbol{u}_{\mathrm{test}}) &= \int_0^{T'} \frac{1}{8I_0}\frac{I_0^2 l^2}{T'^2} + \frac{5}{\sqrt{2}} I_0^{-1/2} dt \\ &= \frac{I_0 l^2}{8T'} + \frac{5}{\sqrt{2}} I_0^{-1/2} T' =: f(I_0) \end{aligned}$$

となる．$I_0 > 0$ は任意に選べる．$f(I_0)$ を最小にする I_0 は，

$$f'(I_0) = \frac{l^2}{8T'} - \frac{5}{2\sqrt{2}} I_0^{-3/2} T' = 0$$

となるものだから，

$$I_0 = 2 \cdot 5^{2/3} l^{-4/3} T'^{4/3}$$

のときで，最小値は

$$f(2\cdot 5^{2/3}l^{-4/3}T'^{4/3}) = 2^{-7/3}\cdot 3^{2/3}\cdot 5^{2/3}\pi^{1/3}l^{2/3}$$

である．テスト曲線として，これを採用すると

$$\frac{1}{12}\mathcal{A}_{\mathrm{red}}(\boldsymbol{u}_{\mathrm{test}}) = 2^{-7/3}\cdot 3^{2/3}\cdot 5^{2/3}\pi^{1/3}l^{2/3}$$

となる．この l は解析的に求めることが困難である．シモによる精度保証付き数値計算により

$$1.236225999861 \le l \le 1.236225999863$$

が得られ，これにより

$$2.035976320290 \le \frac{1}{12}\mathcal{A}_{\mathrm{red}}(\boldsymbol{u}_{\mathrm{test}}) \le 2.035976320292$$

と評価できる．

この曲線は

$$\boldsymbol{q}_1\times\dot{\boldsymbol{q}}_1 + \boldsymbol{q}_2\times\dot{\boldsymbol{q}}_2 + \boldsymbol{q}_3\times\dot{\boldsymbol{q}}_3 = z_1\wedge\dot{z}_1 + z_2\wedge\dot{z}_2 = 0$$

をみたすある曲線 $\boldsymbol{q}_{\mathrm{test}}$ により，復元できる．なぜなら，$t=0$ の境界条件となる二等辺三角形配置は x 軸対称性だが，$t=T'$ ではオイラー配置でありさえすればよいので，$t=0$ で x 軸対称な二等辺三角形となるように回転することができ，前節の最後に述べたように $\theta(t)$ をとることができる．したがって，

$$\frac{1}{12}\mathcal{A}^G(\boldsymbol{q}_{\mathrm{test}}) = \frac{1}{12}\mathcal{A}_{\mathrm{red}}(\boldsymbol{u}_{\mathrm{test}}) \le 2.035976320292$$

となる．一方，(7.7) より衝突をもつ曲線 $\boldsymbol{q}_{\mathrm{col}}$ に対しては

$$\frac{1}{12}\mathcal{A}^G(\boldsymbol{q}_{\mathrm{col}}) \ge 2^{-5/3}\cdot 3^{2/3}\pi \fallingdotseq 2.058325477751$$

と評価される．

最小点 $\boldsymbol{q}^*$ は

$$\mathcal{A}^G(\boldsymbol{q}^*) = \inf_{\boldsymbol{q}\in\widehat{\Lambda}^G} \mathcal{A}(\boldsymbol{q}) \le \mathcal{A}^G(\boldsymbol{q}_{\text{test}})$$

を満たすから，衝突をもち得ない．これにより，8 の字解の存在が示された．

なお，最小点 $\boldsymbol{q}^*$ の作用積分は数値計算によると，

$$\frac{1}{12}\mathcal{A}^G(\boldsymbol{q}^*) \approx 2.0309938\ldots$$

なので，上記のテスト曲線 $\boldsymbol{q}_{\text{text}}$ の選び方はかなりよいものである．

なお，チェン [15] により精度保証付き数値計算を用いない評価も得られている．シャンシネとモンゴメリーの証明では，衝突する 2 質点 $\boldsymbol{q}_1, \boldsymbol{q}_2$ に関連する項だけで評価を得ていたが，$\boldsymbol{q}_3$ を含む項も評価することで

$$\mathcal{A}(\boldsymbol{q}_{\text{col}}) > 2.88$$

というより良い結果を得た．

さらに，手計算で作用積分の値を計算可能な曲線 $\boldsymbol{q}_{\text{test2}}$ を構成し，

$$\mathcal{A}(\boldsymbol{q}_{\text{test2}}) < 2.64$$

と評価し，制度保証付き数値計算を援用せずに最小点が衝突をもたないことを示した．

7.9　8 の字解の性質

8 の字解の性質について知られていることについて述べる．8 の字解の 8 の字曲線の形状について簡単に述べよう．形状空間で軌道をみることで，配置のパターンがわかる．$t = 0$ で $\boldsymbol{q}_1$ を頂点とする二等辺三角形をなし，$t = \dfrac{\pi}{6}$ で $\boldsymbol{q}_3$ を中点とするオイラー配置をなす．そのようなパターンの繰り返しで，例 3.7 と同様にしてそれ以外の $t \in \left(0, \dfrac{\pi}{6}\right)$ で二等辺三角形配置やオイラー配置にならないことがわかる．

8の字解の8の字曲線により囲まれる(境界も含む)閉領域が左右にできる．それらが，原点について星型*4であることを示そう．これを示すには，左右それぞれの曲線を極座標で表したときに，角変数が単調であることをいえばよいので，質点が各曲線を動く間に角運動量の符号が変わらないことをいえばよい．$\boldsymbol{q}_k(t)$ の角運動量を $f_k(t)$ とおく：

$$f_k(t) = \boldsymbol{q}_k(t) \times \dot{\boldsymbol{q}}_k(t).$$

全角運動量が0であるから

$$f_1(t) + f_2(t) + f_3(t) = 0$$

であり，対称性により

$$f_1(t) = f_2\left(t + \frac{2\pi}{3}\right) = f_3\left(t + \frac{4\pi}{3}\right), \tag{7.12}$$

$$f_1(t) = f_1(-t), \tag{7.13}$$

$$f_k(t) = -f_k(t + \pi) \qquad (k = 1, 2, 3) \tag{7.14}$$

が成り立つ．また，

$$\boldsymbol{q}_1\left(-\frac{\pi}{2}\right) = \boldsymbol{q}_1\left(\frac{\pi}{2}\right) = \boldsymbol{0}$$

より，

$$f_1\left(-\frac{\pi}{2}\right) = f_1\left(\frac{\pi}{2}\right) = 0$$

である．

$$\frac{d^2\boldsymbol{q}_1}{dt^2} = \frac{1}{|\boldsymbol{q}_2 - \boldsymbol{q}_1|^3}(\boldsymbol{q}_2 - \boldsymbol{q}_1) + \frac{1}{|\boldsymbol{q}_3 - \boldsymbol{q}_1|^3}(\boldsymbol{q}_3 - \boldsymbol{q}_1),$$
$$\boldsymbol{q}_1 + \boldsymbol{q}_2 + \boldsymbol{q}_3 = \boldsymbol{0}$$

*4 集合 $U \subset \mathbb{R}^N$ が $\boldsymbol{a} \in U$ について**星型**であるとは，任意の $\boldsymbol{p} \in U$ と $\boldsymbol{a}$ を結ぶ線分が，U に含まれることをいう．

を満たすので，

$$\begin{aligned}\frac{df_1}{dt} &= \boldsymbol{q}_1 \times \frac{d^2\boldsymbol{q}_1}{dt^2} = \frac{\boldsymbol{q}_1 \times \boldsymbol{q}_2}{|\boldsymbol{q}_2 - \boldsymbol{q}_1|^3} + \frac{\boldsymbol{q}_1 \times \boldsymbol{q}_3}{|\boldsymbol{q}_3 - \boldsymbol{q}_1|^3} \\ &= \frac{\boldsymbol{q}_1 \times (-\boldsymbol{q}_1 - \boldsymbol{q}_3)}{|\boldsymbol{q}_2 - \boldsymbol{q}_1|^3} + \frac{\boldsymbol{q}_1 \times \boldsymbol{q}_3}{|\boldsymbol{q}_3 - \boldsymbol{q}_1|^3} \\ &= \left(\frac{1}{|\boldsymbol{q}_3 - \boldsymbol{q}_1|^3} - \frac{1}{|\boldsymbol{q}_2 - \boldsymbol{q}_1|^3}\right) \boldsymbol{q}_1 \times \boldsymbol{q}_3\end{aligned}$$

となる．よって，$\dfrac{df_1}{dt}(t)$ が 0 になるのは，

1. $\boldsymbol{q}_1$ と $\boldsymbol{q}_3$ が一次従属
2. $|\boldsymbol{q}_2 - \boldsymbol{q}_1| = |\boldsymbol{q}_3 - \boldsymbol{q}_1|$

のいずれかの場合である． これより，$f_1(t)$ は $-\dfrac{\pi}{2}$ から $-\dfrac{\pi}{6}$ まで単調である．x 軸に対称に変換しても解なので，$f_1(t)$ は $\left[-\dfrac{\pi}{2}, -\dfrac{\pi}{6}\right]$ で単調増加としてよい．$f_1\left(-\dfrac{\pi}{2}\right) = 0$ なので $\left[-\dfrac{\pi}{2}, -\dfrac{\pi}{6}\right]$ で $f_1(t)$ は正で，

$$0 = f_1\left(-\frac{\pi}{2}\right) < f_1\left(-\frac{\pi}{3}\right) < f_1\left(-\frac{\pi}{6}\right)$$

が成り立つ．$t = -\dfrac{\pi}{6}$ で $\boldsymbol{q}_1 \times \boldsymbol{q}_3$ の符号が変わるので，$f_1(t)$ は $\left[-\dfrac{\pi}{6}, 0\right]$ で単調減少である．

$f_1(0) > 0$ を示す．(7.12)-(7.14) より

$$f_2(t) = f_1\left(t - \frac{2\pi}{3}\right) = -f_1\left(t + \frac{\pi}{3}\right) = -f_1\left(-t - \frac{\pi}{3}\right)$$

となり，

$$f_2(0) = -f_1\left(-\frac{\pi}{3}\right) < 0$$

である．また，同様に

$$f_3(t) = f_1\left(t - \frac{4\pi}{3}\right) = -f_1\left(t - \frac{\pi}{3}\right)$$

より

$$f_3(0) = -f_1\left(-\frac{\pi}{3}\right) < 0$$

である．したがって，

$$f_1(0) = -f_2(0) - f_3(0) > 0$$

である．

これより，$\left(-\frac{\pi}{2}, 0\right]$ において $f_1(t) > 0$ である．(7.13) より，$\left(-\frac{\pi}{2}, \frac{\pi}{2}\right)$ で $f_1(t) > 0$ である (図 7.6)．このことから，$\left[-\frac{\pi}{2}, \frac{\pi}{2}\right]$ において $\boldsymbol{q}_1(t)$ が描く右側の閉曲線で囲まれる領域は原点について星型である．より精密な解析により，8 の字曲線で囲まれるの左右の領域が凸*5であることも証明されている [41, 55].

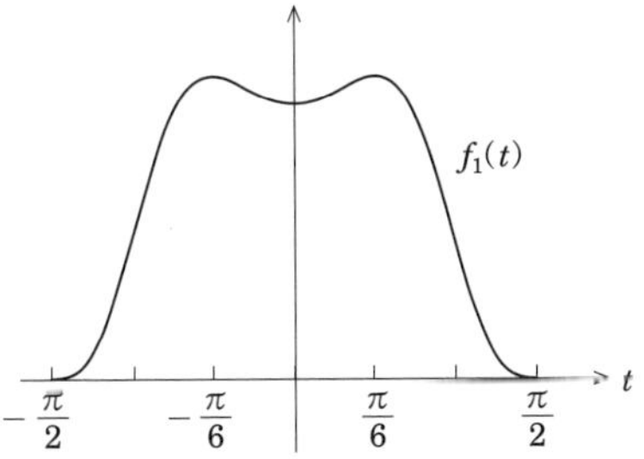

図 7.6　$f_1(t)$ のグラフの概形

また，8 の字解を具体的な時間の関数としてどのように表せるかということは，解明されていない．8 の字解が運動する 8 の字曲線の具体的な表示式も得られていない．8 の字型を与える曲線として**レムニスケート**

$$(x^2 + y^2)^2 - 2(x^2 - y^2) = 0$$

*5 一般に領域 $U \subset \mathbb{R}^N$ が凸であるとは，任意の $p, q \in U$ に対して，p と q を結ぶ線分が U に含まれることである．領域 U が凸であれば，星型である．

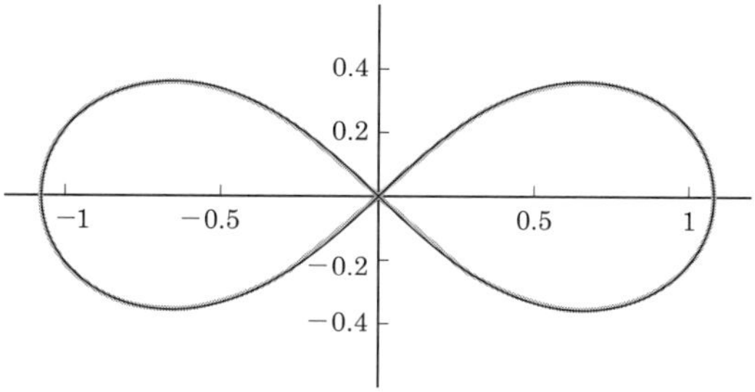

図 7.7 8 の字解 (黒線) と (y 方向に潰した) レムニスケートを重ねた図 (出典：[154])

が有名である．この曲線を y 軸方向に $\dfrac{2+\sqrt{3}}{4}$ だけつぶすと，8 の字解にかなりピッタリ重なる (図 7.7)．しかし，8 の字解の曲線はレムニスケートとは異なることがいえる．実際，3 質点がレムニスケート上を重心を原点としながら運動したときその慣性モーメントは一定となることが示されており [39]，一方，8 の字解については慣性モーメントは一定ではないことが証明されているからである [40] [*6]．なお，8 の字解の慣性モーメントを $I(t)$ とすると，数値的には

$$\frac{1}{I(0)}\left(\max_{t\in[0,2\pi]} I(t) - \min_{t\in[0,2\pi]} I(t)\right) \approx \frac{1}{200}$$

であり，なぜかあまり変動しない．

8 の字解の 8 の字曲線がさらに高次の代数曲線[*7]で表されるかどうかはまだ明らかになっていないが，4, 6, 8 次の代数曲線でないことは証明されている．

8 の字解の描く曲線がレムニスケートではないが，レムニスケート上を運

[*6] より一般に，n 体問題において慣性モーメントが一定となる解は，各質点が円運動をする自己相似解のみであろうとサアリ (Saari)[43] が予想し，3 体問題についてはモエケルら [62, 68, 69] が肯定的に解決した．$n \geq 4$ の n 体問題については，未解決である．

[*7] 2 変数の多項式関数の値を一定として定まる曲線を**代数曲線**という．

動する8の字解が存在するようなポテンシャル系は存在するのか，存在すればそのポテンシャルは何か，といったことが研究されており，ポテンシャルが

$$\sum_{i<j} \frac{1}{2} \log |\boldsymbol{q}_i - \boldsymbol{q}_j| - \frac{\sqrt{3}}{24} |\boldsymbol{q}_i - \boldsymbol{q}_j|^2$$

のポテンシャル系はレムニスケート上を運動する8の字解をもつことが示されている．その解は，楕円関数により時間の関数として表すことができる [39, 154].

一意性も難しい問題である．つまり，周期を固定したとき，8の字の対称性をもつ解はただ1つか，複数あるかという問題が考えられる．3体問題の8の字解に対しては，対応する周期解の存在が精度保障付き数値計算でも示されており，その近傍では一意的であることも示されている [55].

また，8の字解の安定性も興味深い問題であるが，4.5節で述べたように変分法により得られた周期解の安定性について知られていることは少ない．現段階では8の字解の安定性については精度保証付き数値計算を援用する必要がある．まず，一般の n 体問題の周期解の安定性について注意を述べておこう．n 体問題の周期解には自明な不安定性がある．n 体問題の重心は一般に等速運動をするが，周期解については静止している．したがって，重心が動き出すように初期条件をずらすと，もとの周期解から離れていく．そういう意味では n 体問題のすべての周期解は不安定である．そこで，重心を0に固定したもとでの安定性が問題となる．

3体問題の8の字解について考えよう．重心を0にしたまま，初期値を少し変えることを考える．8の字解の角運動量は0である．8.6節で述べるが，角運動量を少し変えると，8の字自体が原点を中心に回り出すような周期解の存在が知られている．したがって，8の字解はその意味でも不安定である．では，重心も角運動量も0に固定するとどうであろうか．エネルギーと角運動量を固定し，ポアンカレ写像 (10.3節参照) をとると，8の字解はその写像の不動点となり，その線形化した写像の固有値は4つある．シモ [100] の

数値計算によると，それらは絶対値1で，$\lambda_j = \exp(\pm 2\pi i \nu_j)$ $(j = 1, 2)$ と表すと，数値的には

$$\nu_1 \approx 0.0084227247, \qquad \nu_2 \approx 0.2980925290$$

である．精度保証付き数値計算によりこの数値は正しいこと，つまり8の字解が線形安定[53, 92]であることが示されている．また，より高次の項も精度保証付き数値計算により計算することでKAM安定性[54]も証明されている．

なお，シモは次章で述べる単舞踏解を膨大に数値計算により求めているが，数値計算によるとその中で安定な解は8の字解だけで，それ以外はすべて不安定である[99]．

8の字解は安定であるため，実際の宇宙に存在する可能性が考えられる．実際には発見されていないが，ヘッギー[46]は，8の字解が形成される確率を計算していて，1銀河ごとに1個から全宇宙に1個の割合で存在するであろうと主張している．

7.10 8の字解の発見に至るまでの経緯

変分法により3体問題の周期解の存在を示そうとした最初の論文はおそらくポアンカレによるものであろう．ポアンカレ[23, 86]は，周期境界条件のもとでの作用積分の最小点を求めることで，周期解を求めようとした．まだトネリが現れる以前のことで最小点の存在定理も確立していない時代であったが，衝突の可能性を除去することが困難の核心であることを見抜いていたようで，5.2.2節で述べたような強い引力に置き換えて最小点の存在を主張している．

20世紀初頭にトネリ[113]により最小点の存在定理を証明し，さらに時間が経過して1970年代にゴードンによりケプラー問題の解について変分問題の観点から明らかにされた．1980-90年代には，第5章で述べたように，田中，テラッチニらにより，ケプラー問題を一般化した特異点を持つポテンシャル系における周期解の存在証明が活発になされた．

そして，1993 年にムーア [79] が 8 の字解を数値計算により発見し，2000 年にシャンシネとモンゴメリー [27] はその結果を知らずに，8 の字解の数学的な存在証明を与えた．

ムーアは質点の運動をもとに構成される組み紐を考えたようである．組み紐を定義しよう．平面における n 個の連続な曲線 $\boldsymbol{q}_1(t), \cdots, \boldsymbol{q}_n(t)$ $(t \in [0, T])$ で，

$$
\begin{aligned}
&\boldsymbol{q}_i(t) \neq \boldsymbol{q}_j(t) \qquad (i \neq j), \\
&\{\boldsymbol{q}_1(0), \cdots, \boldsymbol{q}_n(0)\} = \{\boldsymbol{q}_1(T), \cdots, \boldsymbol{q}_n(T)\}
\end{aligned}
$$

を満たすものを考える．3 次元空間において，n 個の曲線 $(\boldsymbol{q}_k(t), t)$ $(k = 1, \ldots, n)$ の集合を組み紐という (図 7.8)．ただし，曲線同士交わらずに連続変形で移り合う組み紐は同じものとみなす．

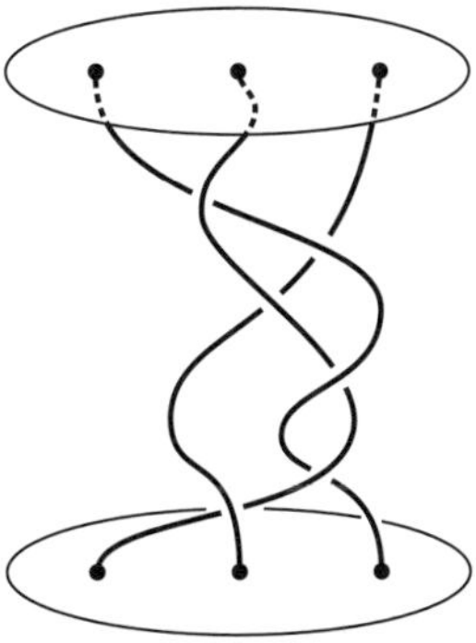

図 7.8　組み紐

さて，$\boldsymbol{q}_1(t), \cdots, \boldsymbol{q}_n(t)$ が平面 n 体問題の T-周期解とすると，それから組み紐が構成できる．ムーアは与えられた組み紐をもつ曲線をとり，それが作用積分を小さくするように変形し，周期解を数値計算により求めた．その中で，8 の字解も数値的に発見された．

また，8 の字解の存在を証明した一人であるモンゴメリーは，発見に至った経緯をいくつかの記事で述べている [157]．もともとは 3 体問題における

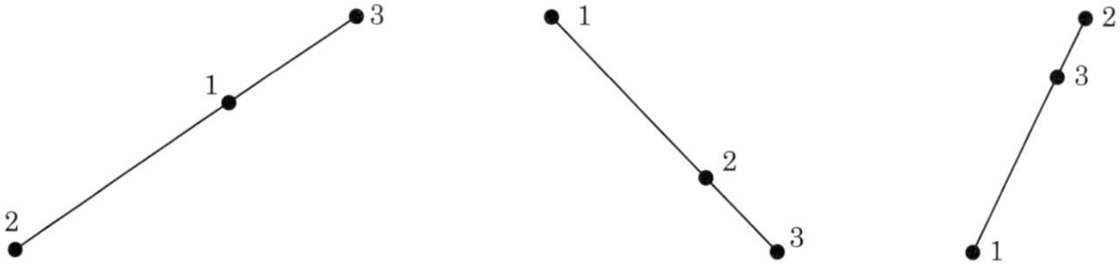

図 7.9 食配置 1(左), 食配置 2(真ん中), 食配置 3(右)

食の列の考察から始まったようである．平面 3 体問題において，3 質点が同一直線上に並ぶ配置になった状態を**食** (syzygy, eclipse) という．日食や月食の「食」である．食はほかの 2 質点の間に位置する質点の番号により 3 つに分類される (図 7.9)．そこで，モンゴメリーが考えた問題は次のようなものであった．

問題 7.6 (モンゴメリー [157])**.** 任意に与えられた 1, 2, 3 の数列に対し，その数列と同じ食のパターンをもつ軌道は存在するか？

モンゴメリーは簡単なパターンの記号列から考え，$\cdots 123123 \cdots$ という列に対応する軌道を考察しているうちに，8 の字解の発見に至ったようである．

なお，1998 年に発表されたモンゴメリーのプレプリントのタイトルは「Figure 8s with three bodies」というものである．この「Figure 8」は 2 つの解を指している．1 つはこの章で存在を証明した 8 の字解である．その証明が不十分だったところをシャンシネが補って証明が完成された．

Figure 8 のもう 1 つの意味は図 7.10 のような形状空間における 8 の字解を指している．対応する食の列は $\cdots 123212321 \cdots$ である．この解に関して，引力を万有引力より少し強くした場合についてはユー [126] により周期解の存在証明がなされているが，万有引力のポテンシャルについてはまだ存在は示されていない．

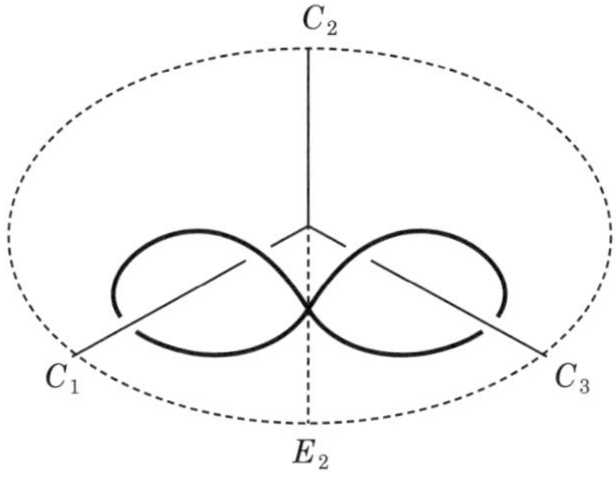

図 7.10　形状空間における 8 の字解

7.11　食の列に関する研究

食の列の研究はその後も進められている．モンゴメリーは以下の結果を示している．

定理 7.7 ([74])**.** 平面 3 体問題において，角運動量が 0 かつ軌道が有界で衝突しない任意の解には，無限回の食が現れる．

なお，角運動量が 0 の解は，3 質点が平面上を運動することが示されている ([140] 参照) ので，空間で考えても，この結果は成立する．

与えられた食のパターンをもつ軌道を変分法により示そうとすると，やはり衝突の除去が困難な問題として残る．衝突軌道でも作用積分は有限値になることを述べたが，5.2.2 節で述べたように万有引力をより強い力に変えると必ず無限大になる．互いの距離の 3 乗に反比例する引力で引き合う等質量の平面 3 体問題を考える：

$$\frac{d^2 q_k}{dt^2} = -\sum_{j \neq k} \frac{q_k - q_j}{|q_k - q_j|^4} \qquad (k = 1, 2, 3,\ q_k \in \mathbb{R}^2). \tag{7.15}$$

定理 7.8 (モンゴメリー [75])**.** 同じ番号が連続して続かないもので，番号が交互に無限に続く $\cdots ijijij \cdots$ 以外の任意の食の列に対して，それを実現す

る (7.15) の解が存在する．

証明では，10.7 節で述べるヤコビ–モーペルテュイ汎関数が用いられている．

前節で述べたようにムーアは 3 体の運動から構成される組み紐を考察している中で，8 の字解を数値的に発見した．つまり，考えたのは次の問題である．

問題 7.9 (ムーア [79]，モンゴメリー [77, 78])**.** 任意に与えられた 3 本の組ひもについて，それを実現する平面 3 体問題の解は存在するか？

3 質点が形成するくみひもが与えられれば，形状空間における対応する閉曲線は，(7.9) で定めた衝突を表す半直線 λC_k $(\lambda > 0)$ に巻きつくパターンが決まる．そのあらゆるパターンを解により実現できれば，この問題は概ね解決できたといえる．

それに関連する結果として次の結果がある．定理 7.7 は角運動量 0 のもとで示されているが，十分 0 に近いという仮定で次が示されている．

定理 7.10 (モエケル–モンゴメリー [72])**.** 等質量か等質量に近い平面 3 体問題において，形状空間の曲線に対する任意のホモトピー型について，それを実現する解が存在する．その解の角運動量は 0 に近いが 0 ではない．

この証明では，変分法は用いられていない．3 体衝突に対応する特異点をブローアップし，そこに現れる平衡点間に多様なヘテロクリニック軌道が存在し，与えられたヘテロクリニック軌道の族を追跡する軌道として実現される．3 体衝突は角運動量が 0 の場合のみ起こる．角運動量を 0 ではなく十分 0 に近いとすることで，3 体衝突せずに衝突特異点のスレスレを通る軌道になる．角運動量が 0 や大きい場合については未解決である．n 体問題の周期軌道と組みひもや結び目との関係については，[12, 37, 38, 51] も参照されたい．

なお，定理 7.7 に関連して 4 体問題について次が示されている．

定理 7.11 (モンゴメリー [76]). 角運動量が 0 でありかつ有界で 3 体衝突を持たない空間 4 体問題の任意の解には，同一平面上の配置が無限回現れる.

これにより，4 体問題についても平面配置のパターンによる軌道の記号列化や記号列を実現する解の存在などさまざまな問題が考えられるが，まだほとんど解明されていない.

記号列を変分法により実現した結果として，n 中心問題における直線配置の列を実現する解 [18] や n 質点が曲線により区切られるパターンを実現する解 [102] の存在証明や，シトニコフ問題における衝突のパターンによる記号列を実現する解の存在証明 [98] がなされている.

第 8 章

n 体問題の舞踏解

第 7 章では，3 体問題の 8 の字解の存在証明を中心に述べた．この章では，より多様な軌道の存在を証明していく．第 6 章の特異点を持つポテンシャル系における周期解の存在証明や第 7 章の 8 の字解の存在証明において困難な部分は衝突の可能性を除去する部分であった．変分法により n 体問題の周期解の存在を示す際にはつねにその問題があり，それを解決する手法の発展に伴って，より多様な周期解の存在証明が可能となっていく．

8.1　マーシャルの定理の証明

3.2 節で, マーシャルの定理 (定理 3.2) を紹介した．任意の $\boldsymbol{a}_0, \boldsymbol{a}_1 \in (\mathbb{R}^d)^n$ と $t_0 < t_1$ について,

$$\boldsymbol{q}(t_0) = \boldsymbol{a}_0, \qquad \boldsymbol{q}(t_1) = \boldsymbol{a}_1$$

を満たす n 体問題の解 $\boldsymbol{q}(t)$ の存在を主張するものであった．その証明を完成させよう．この定理が存在を主張する解 $\boldsymbol{q}(t)$ は

$$\Omega = \{\boldsymbol{q} \in H^1([t_0, t_1], (\mathbb{R}^d)^n) \mid \boldsymbol{q}(t_0) = \boldsymbol{a}_0,\ \boldsymbol{q}(t_1) = \boldsymbol{a}_1,$$
$$\boldsymbol{q}_i(t) \neq \boldsymbol{q}_j(t)\ (t \in (t_0, t_1),\ i \neq j)\}$$

における作用積分

$$\mathcal{A}(\boldsymbol{q}) = \int_{t_0}^{t_1} \frac{1}{2}\sum_{k=1}^{n} m_k|\dot{\boldsymbol{q}}_k|^2 + \sum_{i<j} \frac{m_i m_j}{|\boldsymbol{q}_i - \boldsymbol{q}_j|} dt$$

の最小点として求まる．固定端点条件のもとでの最小点の存在は示していた (3 章)．得られた最小点は，曲線の集合の閉包

$$\bar{\Omega} = \{\boldsymbol{q} \in H^1([t_0, t_1], (\mathbb{R}^d)^n) \mid \boldsymbol{q}(t_0) = \boldsymbol{a}_0,\ \boldsymbol{q}(t_1) = \boldsymbol{a}_1\}$$

に属する．閉包には (t_0, t_1) において衝突 $(\boldsymbol{q}_i = \boldsymbol{q}_j,\ i \neq j)$ をもつ曲線が含まれる．解であることを示すには最小点が Ω に属することを証明する必要がある．つまり，衝突しないことをいえばよい．

8 の字解の存在証明では，衝突をもつ曲線に対する作用積分の値を下から評価し，その値より作用積分が小さな値をとるようなテスト曲線を構成することで，最小点が衝突をもたないことを示した．マーシャルの証明では**平均化法**と呼ばれる方法が用いられている．

まず，空間ケプラー問題の場合について，その方法を紹介しよう．

$$\boldsymbol{q}_{\mathrm{col}} \in H^1([t_0, t_1], \mathbb{R}^3)$$

が空間ケプラー問題の作用積分

$$\mathcal{A}(\boldsymbol{q}) = \int_{t_0}^{t_1} \frac{1}{2}|\dot{\boldsymbol{q}}|^2 + \frac{1}{|\boldsymbol{q}|} dt$$

を最小化するものであるとする．$t_0 < 0 < t_1$ で $\boldsymbol{q}_{\mathrm{col}}(t)$ が $t = 0$ で衝突をもつ $(\boldsymbol{q}_{\mathrm{col}}(0) = \boldsymbol{0})$ とし，それ以外の t では衝突しないと仮定する．

$\mathbb{S}^2$ を $\mathbb{R}^3$ における原点を中心とする単位球面とする：

$$\mathbb{S}^2 = \{\boldsymbol{s} = (s_1, s_2, s_3) \in \mathbb{R}^3 \mid s_1^2 + s_2^2 + s_3^2 = 1\}.$$

$\bar{R}(t) = \left(1 - \dfrac{t}{t_0}\right)\rho,\ R(t) = \left(1 - \dfrac{t}{t_1}\right)\rho$ とし，$\boldsymbol{s} \in \mathbb{S}^2$ に対して，

$$\boldsymbol{q}_{\boldsymbol{s}}(t) = \begin{cases} \boldsymbol{q}_{\mathrm{col}}(t) + \bar{R}(t)\boldsymbol{s} & (t \in [t_0, 0]) \\ \boldsymbol{q}_{\mathrm{col}}(t) + R(t)\boldsymbol{s} & (t \in [0, t_1]) \end{cases}$$

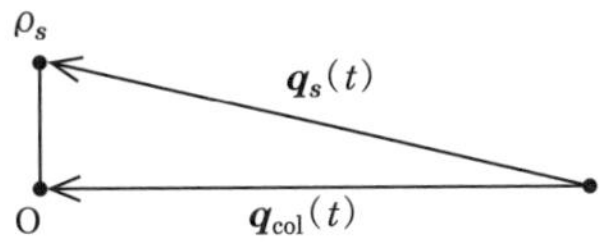

図 8.1 $\boldsymbol{q}_{\mathrm{col}}(t)$ と $\boldsymbol{q}_{\boldsymbol{s}}(t)$

とする (図 8.1). $\rho > 0$ は小さな実数で後で具体的に定めることにする.

積分区間の正の部分を評価しよう.

$$\mathcal{A}_1(\boldsymbol{q}) = \int_0^{t_1} \frac{1}{2}|\dot{\boldsymbol{q}}|^2 + \frac{1}{|\boldsymbol{q}|}dt$$

とおく. $|\mathbb{S}^2|$ を $\mathbb{S}^2$ の表面積 4π とし, dS を $\mathbb{S}^2$ 上の面素とする. $\mathcal{A}_1(\boldsymbol{q}_{\boldsymbol{s}})$ を $\boldsymbol{s} \in \mathbb{S}^2$ について平均をとると,

$$\begin{aligned}
&\frac{1}{|\mathbb{S}^2|}\int_{\mathbb{S}^2} \mathcal{A}_1(\boldsymbol{q}_{\boldsymbol{s}})dS \\
&\quad = \frac{1}{|\mathbb{S}^2|}\int_{\mathbb{S}^2}\int_0^{t_1} \frac{1}{2}|\dot{\boldsymbol{q}}_{\boldsymbol{s}}|^2 + \frac{1}{|\boldsymbol{q}_{\boldsymbol{s}}|}dtdS \\
&\quad = \frac{1}{|\mathbb{S}^2|}\int_0^{t_1}\int_{\mathbb{S}^2} \frac{1}{2}\dot{R}^2 + \dot{R}\dot{\boldsymbol{q}}_{\mathrm{col}}\cdot\boldsymbol{s} + \frac{1}{2}|\dot{\boldsymbol{q}}_{\mathrm{col}}|^2 + \frac{1}{|\boldsymbol{q}_{\boldsymbol{s}}|}dSdt \\
&\quad = \int_0^{t_1}\frac{1}{2}\dot{R}^2dt + \int_0^{t_1}\frac{1}{2}|\dot{\boldsymbol{q}}_{\mathrm{col}}|^2dt + \frac{1}{|\mathbb{S}^2|}\int_0^{t_1}\int_{\mathbb{S}^2}\frac{1}{|\boldsymbol{q}_{\boldsymbol{s}}|}dSdt \\
&\quad = \frac{\rho^2}{2t_1} + \int_0^{t_1}\frac{1}{2}|\dot{\boldsymbol{q}}_{\mathrm{col}}|^2dt + \int_0^{t_1}\frac{1}{|\mathbb{S}^2|}\int_{\mathbb{S}^2}\frac{1}{|\boldsymbol{q}_{\boldsymbol{s}}|}dSdt
\end{aligned}$$

となる. $t \in (0, t_1]$ について

$$\frac{1}{|\mathbb{S}^2|}\int_{\mathbb{S}^2}\frac{1}{|\boldsymbol{q}_{\boldsymbol{s}}(t)|}dS = \frac{1}{|\mathbb{S}^2|}\int_{\mathbb{S}^2}\frac{1}{|\boldsymbol{q}_{\mathrm{col}}(t) + R(t)\boldsymbol{s}|}dS$$

の部分を調べる. $\boldsymbol{r} \in \mathbb{R}^3$, $R > 0$ に対し

$$U_0(\boldsymbol{r}, R) = \frac{1}{|\mathbb{S}^2|}\int_{\mathbb{S}^2}\frac{1}{|\boldsymbol{r} + R\boldsymbol{s}|}dS$$

とおく．これを計算すると，

$$U_0(\boldsymbol{r}, R) = \begin{cases} \dfrac{1}{R} & (|\boldsymbol{r}| \leq R) \\ \dfrac{1}{|\boldsymbol{r}|} & (|\boldsymbol{r}| \geq R) \end{cases} \tag{8.1}$$

となる．これは，球面上に一様な面密度で電荷が分布しているときのポテンシャルと同じ計算で求まる．例えば，[145] の第 VIII 章 7 節の例 1 を参照されたい．

ここで，第 6.5 節で触れた通り，$\boldsymbol{q}_{\mathrm{col}}(t)$ の $t \to +0$ のときの漸近的な振る舞いは

$$\boldsymbol{q}_{\mathrm{col}}(t) = t^{2/3}\boldsymbol{c} + o(t^{2/3})$$

と表せる．十分小さな $\varepsilon > 0$ について，$\left(1 - \dfrac{\varepsilon}{t_1}\right)\rho = |\boldsymbol{q}_{\mathrm{col}}(\varepsilon)|$ を満たす値として ρ を定めることにする．すると，$\rho = \varepsilon^{2/3}|\boldsymbol{c}| + o(\varepsilon^{2/3})$ であり，(8.1) と $R(\varepsilon) = |\boldsymbol{q}_{\mathrm{col}}(\varepsilon)|$ より

$$U_0(\boldsymbol{q}_{\mathrm{col}}(t), R(t)) = \begin{cases} \dfrac{1}{R(t)} & (t \in [0, \varepsilon]) \\ \dfrac{1}{|\boldsymbol{q}_{\mathrm{col}}(t)|} & (t \in [\varepsilon, t_1]) \end{cases}$$

となる．以上より，

$$\begin{aligned} &\frac{1}{|\mathbb{S}^2|}\int_{\mathbb{S}^2} \mathcal{A}_1(\boldsymbol{q}_{\boldsymbol{s}})dS - \mathcal{A}_1(\boldsymbol{q}_{\mathrm{col}}) \\ &\quad = \frac{\rho^2}{2t_1} + \frac{1}{|\mathbb{S}^2|}\int_0^{t_1}\int_{\mathbb{S}^2} \frac{1}{|\boldsymbol{q}_{\boldsymbol{s}}|}dS - \frac{1}{|\boldsymbol{q}_{\mathrm{col}}|}dt \\ &\quad = \frac{\rho^2}{2t_1} + \int_0^{\varepsilon} \frac{1}{R(t)} - \frac{1}{|\boldsymbol{q}_{\mathrm{col}}|}dt \\ &\quad = \frac{\rho^2}{2t_1} + \int_0^{\varepsilon} \frac{1}{\rho} + O(\rho^{-1}t) - \frac{1}{t^{2/3}|\boldsymbol{c}|} + o(t^{-2/3})dt \\ &\quad = \frac{\rho^2}{2t_1} + \frac{\varepsilon}{\rho} + O(\rho^{-1}\varepsilon^2) - \frac{3\varepsilon^{1/3}}{|\boldsymbol{c}|} + o(\varepsilon^{1/3}) \end{aligned}$$

$$= \frac{\varepsilon^{4/3}|\boldsymbol{c}|^2}{2t_1} + \frac{\varepsilon^{1/3}}{|\boldsymbol{c}|} + O(\varepsilon^{4/3}) - \frac{3\varepsilon^{1/3}}{|\boldsymbol{c}|} + o(\varepsilon^{1/3})$$
$$= -\frac{2\varepsilon^{1/3}}{|\boldsymbol{c}|} + o(\varepsilon^{1/3}) < 0$$

となる．負の積分区間の部分の積分も同様に評価できる．これより，ある $\boldsymbol{s} \in \mathbb{S}^2$ で $\mathcal{A}(\boldsymbol{q_s}) < \mathcal{A}(\boldsymbol{q}_{\mathrm{col}})$ となり，$\boldsymbol{q}_{\mathrm{col}}$ は最小点ではない．これで，証明された．平面の場合も，同様に $\mathbb{S}^1$ 上の平均と比較することで証明される．

n 体問題については上記の場合に帰着される．n 体問題の最小点が衝突 $\boldsymbol{q}_1(0) = \boldsymbol{q}_2(0)$ をもつとする．$\boldsymbol{q}_3(0), \cdots, \boldsymbol{q}_n(0)$ もこれらと衝突していてもよい．$\boldsymbol{Q}(t) = \boldsymbol{q}_1(t) - \boldsymbol{q}_2(t)$ について以上の議論を行なうことで，最小点でないことが示せる．

8.2 フェラーリオ–テッラチーニの定理

フェラーリオとテッラチーニ [36] は，曲線の集合への群作用が RCP という条件を満たす場合に，同様の方法により最小点が衝突をもたないことを示した．RCP は平均化する $\boldsymbol{s}$ をとることができる程度に対称性が弱いという条件である．

$\mathbb{S}^1 = \mathbb{R}/2\pi\mathbb{Z}, \boldsymbol{n} = \{1, 2, \cdots, n\}$ とする．G が，$\mathbb{S}^1, \boldsymbol{n}, \mathbb{R}^d$ へ作用し，それぞれ τ, σ, ρ と書くことにとする．$t \in \mathbb{S}^1$ に対して，固定部分群 G_t を

$$G_t = \{g \in G \mid \tau(g)t = t\}$$

で定める．$t \in \mathbb{S}^1$ と $i \in \boldsymbol{n}$ に対して，

$$G_t^i = \{g \in G_t \mid \sigma(g)i = i\}$$

とおく．

定義 8.1. 群 H が $\mathbb{R}^d$ に等長的に作用しているとき (つまり $|h\boldsymbol{x}| = |\boldsymbol{x}|$ ($x \in \mathbb{R}^d$, $h \in H$) のとき)，円 $S \subset \mathbb{R}^d$ が **RC** (rotating circle) であるとは，S が H で不変で ($g \in H$ に対して $gS = S$)，$g \in H$ の S への制限 $g|_S \colon S \to S$

が回転になることである．なお，恒等写像も角 0 の回転とみなし，この条件を満たすとする．

ρ による G_t^i の $\mathbb{R}^d$ への作用に関する不変集合を $(\mathbb{R}^d)^{(G_t^i)}$ とかく：

$$(\mathbb{R}^d)^{(G_t^i)} = \{\boldsymbol{r} \in \mathbb{R}^d \mid \rho(g)\boldsymbol{r} = \boldsymbol{r}\ (g \in G_t^i)\}.$$

定義 8.2. G の $\mathbb{S}^1, \boldsymbol{n}, \mathbb{R}^d$ への作用が **RCP**(rotating circle property) を満たすとは，すべての $\mathbb{S}^1$-固定部分群 G_t と少なくとも $n-1$ 個の $i \in \boldsymbol{n}$ に対して G_t は ρ による $\mathbb{R}^d$ への作用で，RC を持ち，それは $(\mathbb{R}^d)^{(G_t^i)}$ に含まれることである．

定理 8.3 (フェラーリオ–テッラチーニ [36])**.** 有限群 K を $\tau\colon G \to O(2)$ の核 $\ker\tau$ とする．K の Λ への作用が RCP を満たすとする．このとき，K-不変な集合に制限した配位空間 $\mathcal{X}^K$ における固定端点条件のもとでの作用積分の最小点は衝突を持たない．

定理 8.4 (フェラーリオ–テッラチーニ [36])**.** G の Λ への作用で，G のすべての $\mathbb{S}^1$ 固定部分群 G_t が RCP を満たすとする．このとき，$\mathcal{A}^G(q)$ の最小点は衝突を持たない．

定理 8.3, 8.4 の証明は省くが，RC が存在することが鍵になっている．マーシャルの定理の証明と同様に，衝突曲線に対し，RC の各元に対して変形する方向が定まり，そのすべての変形に対し作用積分の平均をとると，もとの衝突曲線より作用積分が小さくなることがいえる．

質点が閉曲線を互いに追跡し合うようなクラスを考えよう．そのような性質を持っている周期解を**舞踏解** (choreography) という．特に 1 つの閉曲線を追跡し合う場合は，**単舞踏解** (simple choreography) という．3 体問題の 8 の字解や後で述べる 4 体問題の超 8 の字解は単舞踏解である．フェラーリオ–テッラチーニの定理を応用して舞踏解の存在を証明しよう．

例 8.5. $\mathbb{R}^d$ における n 体問題において，$m_1 = \cdots = m_n$ とし，G として巡

回群 $C_n = \langle g \mid g^n = 1 \rangle$ をとる．準同型を

$$\rho(g) = \mathrm{Id}_d, \qquad \sigma(g) = (1\ 2\ \cdots\ n),$$
$$\tau(g) = \begin{pmatrix} \cos\dfrac{2\pi}{n} & -\sin\dfrac{2\pi}{n} \\ \sin\dfrac{2\pi}{n} & \cos\dfrac{2\pi}{n} \end{pmatrix}$$

により定める．$\mathcal{X}^{C_n} = \{\mathbf{0}\}$ であるから，$\mathcal{A}^{C_n}$ は強圧的で最小点が存在する (定理 7.5)．また，この群作用は RCP を満たす．実際，任意の $t \in \mathbb{S}^1, i \in \boldsymbol{n}$ に対し，$(C_n)_t = (C_n)_t^i = \{1\}$ で，$\rho = \mathrm{Id}_d$ であるから原点を中心とする任意の円は RC である．したがって，この群作用は RCP 条件を満たし，最小点は衝突しない．

これで，各 n に対して，$\mathcal{A}^{C_n}$ の最小点として n 体問題の単舞踏解が得られたことになるが，それは自明な解 (回転する正 n 角形解，図 8.2) であることが示されている [6]．正 n 角形解は中心配置から導かれる解の 1 つである．

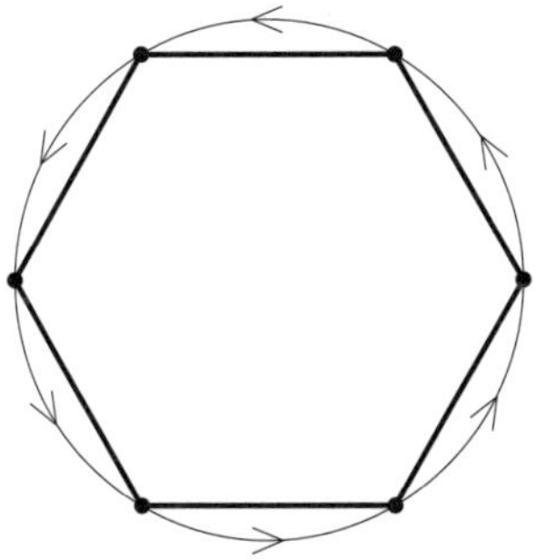

図 8.2　正 6 角形解

非自明な単舞踏解は $\mathcal{A}^{C_n}$ の臨界点ではあるが最小点ではないので，その存在を示すには自明な解が含まれないようにより強い対称性，位相的制限，あるいは境界条件を課すなどしたもとで最小点の存在を示す必要がある．

例 8.6. n を奇数とする．等質量の平面 n 体問題を考える．

$$G = D_n = \langle g_1, g_2 \mid g_1^2 = g_2^n = (g_1 g_2)^2 = 1 \rangle$$

とする．準同型を

$$\begin{aligned}
\rho(g_1) &= \begin{pmatrix} -1 & 0 \\ 0 & -1 \end{pmatrix}, \\
\sigma(g_1) &= (1 \quad n-1)(2 \quad n-2) \cdots \left(\frac{n-1}{2} \quad \frac{n+1}{2} \right), \\
\tau(g_1) &= \begin{pmatrix} 1 & 0 \\ 0 & -1 \end{pmatrix}, \\
\rho(g_2) &= \begin{pmatrix} 1 & 0 \\ 0 & 1 \end{pmatrix}, \\
\sigma(g_2) &= (1 \quad 2 \quad \cdots \quad n), \\
\tau(g_2) &= \begin{pmatrix} \cos \frac{2\pi}{n} & -\sin \frac{2\pi}{n} \\ \sin \frac{2\pi}{n} & \cos \frac{2\pi}{n} \end{pmatrix}
\end{aligned}$$

とおく．$\mathcal{X}^G = \{\mathbf{0}\}$ が成り立ち，$\mathcal{A}^G$ の最小点が存在する．

G_t は

$$G_t = \begin{cases} \langle g_2^k g_1 \rangle & \left(t = \dfrac{\pi k}{n}, k \in \mathbb{Z} \right) \\ 1 & (\text{その他}) \end{cases}$$

となる．n が奇数であることより，$t = \dfrac{\pi k}{n}$ $(k \in \mathbb{Z})$ の場合，i を $\dfrac{k}{2}$ あるいは $\dfrac{n+k}{2}$ で整数になる方としたとき，

$$G_t^i = \langle g_2^k g_1 \rangle$$

である．このとき，ρ による作用は π 回転であるので，RC を持つ．それ以外の場合も，ρ の作用は恒等変換のみであるので，RC を持つ．ゆえに，RCP 条件を満たし，衝突をしない周期軌道が得られる．

g_2 の作用により，得られた周期解は単舞踏解である．また，g_1 の作用により $\boldsymbol{q}_n(t) = -\boldsymbol{q}_n(-t)$ が成り立つので，$\boldsymbol{q}_n(0) = \boldsymbol{q}_n(\pi) = \mathbf{0}$ である．$\boldsymbol{q}_n(t)$ が $t \in [0, \pi]$ と $t \in [\pi, 2\pi]$ で描く閉曲線は互いに原点について点対称である．したがって，おおむね 8 の字型をしているといえる (図 8.3).

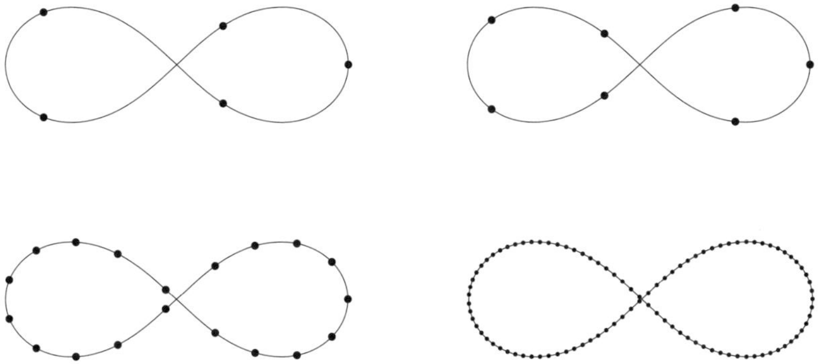

図 8.3 奇数体の 8 の字解の数値解 ($n = 5, 7, 19, 99$)

なお，ここでの対称性は 3 体問題の 8 の字解に課された対称性より少し弱い．$n = 3$ の場合ここで群は D_3 だが，第 7.3 節で課された群は D_6 であった．第 7.3 節では曲線が上下左右に対称性であったが，ここでは原点に対する点対称性しか課していない．また，曲線の左右対称性を課し上下対称性とは限らないという対称性のもとでも RCP を満たし，周期解が得られる [36, Example 11.3]．ゆえに，シャンシネ–モンゴメリーのものも含め，3 通りの異なる対称性のもとで 8 の字解の存在がいえるわけである．8 の字解周辺の軌道に対する数値計算は徹底的になされており，対称性の弱い 8 の字解は見つかっていないのでそれらの 3 つの解は一致すると予想されるが，その証明はまだなされていない．

複数の閉曲線があり，それらの上をいくつかの質点が追跡し合うような運動をする解を，**多重舞踏解** (multiple choreography) という．多重舞踏解の例を挙げよう．

例 8.7. 等質量の平面上の $2n$ 体問題を考える．つまり，$d=2$, $m_1=m_2=\cdots=m_{2n}$ の場合を考える．$p=1,2,\cdots,\left[\dfrac{n}{2}\right]$ ($[\cdot]$ はガウス記号) を固定し，2 つの元で生成される群 $G_{n,p}=\langle g_n, h_{n,p}\rangle$ をとり，作用を

$$\begin{aligned}
\rho(g_n) &= \begin{pmatrix} \cos\dfrac{\pi}{n} & -\sin\dfrac{\pi}{n} \\ \sin\dfrac{\pi}{n} & \cos\dfrac{\pi}{n} \end{pmatrix}, \\
\sigma(g_n) &= (1,2,\cdots,2n), \\
\tau(g_n) &= \begin{pmatrix} 1 & 0 \\ 0 & -1 \end{pmatrix}, \\
\rho(h_{n,p}) &= \begin{pmatrix} 1 & 0 \\ 0 & 1 \end{pmatrix}, \\
\sigma(h_{n,p}) &= (1,3,\cdots,2n-1)^{-p}(2,4,\cdots,2n)^p, \\
\tau(h_{n,p}) &= \begin{pmatrix} \cos\dfrac{2\pi j}{n} & -\sin\dfrac{2\pi j}{n} \\ \sin\dfrac{2\pi j}{n} & \cos\dfrac{2\pi j}{n} \end{pmatrix}
\end{aligned}$$

で決める．ここで，j は n と p の最大公約数である．$\mathcal{X}^{G_{n,p}}=\{\mathbf{0}\}$ が成立するので最小点が存在する．

$$(G_{n,p})_t = \begin{cases} \langle h_{n,p}^l g_n\rangle & \left(t=\dfrac{\pi j l}{n},\ l\in\mathbb{Z}\right) \\ \langle g_n^2\rangle & (\text{その他}) \end{cases}$$

である．$t\neq\dfrac{\pi j l}{n}$ $(l\in\mathbb{Z})$ の場合，

$$\sigma(g_n)=(1,2,\cdots,2n)^2$$

で任意の $i=1,\cdots,2n$ に対し $(G_{n,p})_t^i=\{1\}$ である．ある $l\in\mathbb{Z}$ について $t=\dfrac{\pi j l}{n}$ となる場合も

$$\sigma(h_{n,p}^l g_n)^2=(1,2,\cdots,2n)^2$$

となるので，$(G_{n,p})_t^i=\{1\}$ である．

したがって，この群作用は RCP 条件を満たすので，最小点が衝突をしない．

$p \neq p'$ であっても

$$\Lambda^{G_{n,p}} \cap \Lambda^{G_{n,p'}} \neq \emptyset$$

となることがあるので，p ごとに異なる解が得られることを示すには，それらの最小点が異なることを示す必要がある．そのために $2n$ 体問題の形状空間を導入し，そのもとで最小点の振る舞いを解析することが鍵となる．その証明については，原論文 [95] や [144] を参照されたい．また，この解は [16] で得られていたものも一部に含む．$\mathcal{A}^{G_{n,p}}$ を最小化する曲線により，図 8.4 のような周期解が得られる．

なお，例 8.8 の解について，質点の描く曲線が $\dfrac{2\pi j}{n}$ 回転対称性を持つ．数値解の各閉曲線は反転対称性も持つようにみえるが，そこまで仮定すると RCP を満たさない[*1]．8 の字解の対称性も RCP を満たさず，少し対称性を弱めると満たすのであった．フェラーリオ–テッラチーニの定理のような一般的な定理を，より強い対称性のもとで示すことが求められるが，まだ実現されていない．

例 8.8. n を 2 以上の偶数とし，等質量の空間 $2n$ 体問題を考える．

$$G = C_{2n} \times C_2 = \langle g_1, g_2 \mid g_1^{2n} = g_2^2 = g_1 g_2 g_1^{-1} g_2^{-1} = 1 \rangle$$

とする．

$$\rho(g_1) = \begin{pmatrix} \cos\dfrac{\pi}{n} & -\sin\dfrac{\pi}{n} & 0 \\ \sin\dfrac{\pi}{n} & \cos\dfrac{\pi}{n} & 0 \\ 0 & 0 & -1 \end{pmatrix},$$

$$\sigma(g_1) = (1 \quad 2 \quad \cdots \quad 2n),$$

*1 大域的評価により，$n = 2$ の場合 [14] と $n = 3, 4, 5$ の場合 [142] に，反転対称性も課したもとで解の存在が示されている．

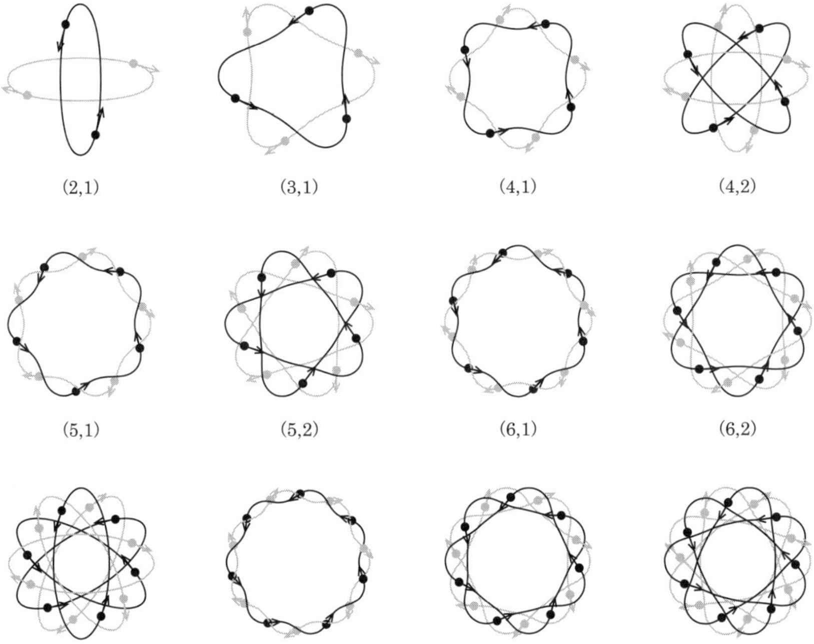

図 8.4　$2n$ 体問題の周期解：対応する (n,p) を各図の下に記している．

$$\tau(g_1) = \mathrm{Id},$$
$$\rho(g_2) = \begin{pmatrix} -1 & 0 & 0 \\ 0 & -1 & 0 \\ 0 & 0 & -1 \end{pmatrix},$$
$$\sigma(g_2) = \mathrm{Id},$$
$$\tau(g_2) = -\mathrm{Id}$$

とする．$\mathcal{X}^G = \{\mathbf{0}\}$ であるから，$\mathcal{A}^G$ の最小点が存在する．

任意の $t \in \mathbb{S}^1$ に対して $G_t = \langle g_1 \rangle$ で，任意の $i = 1, 2, \cdots, 2n$ に対して $G_t^i = \{1\}$ であるから RCP を満たす．よって，最小点を衝突をせず，周期

解である.

ただし，円運動するする正 $2n$ 角形解

$$\boldsymbol{u}_j(t) = \begin{pmatrix} c\cos\left(t + \dfrac{\pi j}{n}\right) \\ c\sin\left(t + \dfrac{\pi j}{n}\right) \\ 0 \end{pmatrix} \qquad (j = 1, 2, \cdots, 2n)$$

もこの対称性を持っている．ここで，

$$c = \left(\sum_{k=1}^{2n-1} \frac{1}{4\sin\dfrac{\pi k}{2n}} \right)^{1/3}$$

である．得られた周期解がこの解ではないことを示す.

$\boldsymbol{q} \in \Lambda^G$ に対して作用積分は

$$\begin{aligned}
\mathcal{A}^G(\boldsymbol{q}) &= \int_0^{2\pi} \frac{1}{2}\sum_{k=1}^{2n} |\dot{\boldsymbol{q}}_k|^2 + \sum_{i<j} \frac{1}{|\boldsymbol{q}_i - \boldsymbol{q}_j|} dt \\
&= \int_0^{2\pi} n|\dot{\boldsymbol{q}}_1|^2 + \sum_{j=1}^{n-1} \frac{n}{|\rho(g_1)^{2j}\boldsymbol{q}_1 - \boldsymbol{q}_1|} \\
&\qquad + \sum_{j=1}^{n} \frac{n}{|\rho(g_1)^{2j-1}\boldsymbol{q}_1 - \boldsymbol{q}_1|} dt \\
&= n\int_0^{2\pi} (\dot{x}^2 + \dot{y}^2 + \dot{z}^2) + \sum_{j=1}^{n-1} \frac{1}{2\left|\sin\dfrac{\pi j}{n}\right| \sqrt{x^2+y^2}} \\
&\qquad + \sum_{j=1}^{n} \frac{1}{2\sqrt{(x^2+y^2)\sin^2\dfrac{\pi(2j-1)}{2n} + z^2}} dt
\end{aligned}$$

である．ここで，

$$\boldsymbol{\delta}_k = (0, 0, (-1)^k \sin t) \qquad (k = 1, 2, \cdots, 2n)$$

とすると，$\boldsymbol{u}+h\boldsymbol{\delta}=(\boldsymbol{u}_1+h\boldsymbol{\delta}_1,\boldsymbol{u}_2+h\boldsymbol{\delta}_2,\cdots,\boldsymbol{u}_{2n}+h\boldsymbol{\delta}_{2n})\in\Lambda^G$ である．$h=0$ における h に関する 2 階微分を計算すると，

$$
\begin{aligned}
&\left.\frac{d^2}{dh^2}\right|_{h=0}\mathcal{A}^G(\boldsymbol{u}+h\boldsymbol{\delta})\\
&=n\int_0^{2\pi}2\cos^2 t-\sum_{j=1}^{n}\frac{1}{2}\left(c\sin\frac{\pi(2j-1)}{2n}\right)^{-3}\sin^2 t dt\\
&=2\pi n\left(1-\left(\sum_{k=1}^{2n-1}\frac{1}{\sin\frac{\pi k}{2n}}\right)^{-1}\sum_{j=1}^{n}\left(\sin\frac{\pi(2j-1)}{2n}\right)^{-3}\right)\\
&\leq 2\pi n\left(1-2\left(\frac{2n-1}{\sin\frac{\pi}{2n}}\right)^{-1}\left(\sin\frac{\pi}{2n}\right)^{-3}\right)\\
&\leq 2\pi n\left(1-2(2n-1)^{-1}\left(\frac{\pi}{2n}\right)^{-2}\right)\\
&\leq 2\pi n\left(1-\frac{8n^2}{\pi^2(2n-1)}\right)<0
\end{aligned}
$$

となり，$\boldsymbol{u}$ は最小点ではない．

これにより，$\mathcal{A}^G$ の最小点として得られた解は自明な解ではないことが分かった．この解は，$n=2$ (4 体問題) の場合について，シャンシネとヴァントゥレッリ (Venturelli)[28] により存在が示された．その後，フェラーリオ–テッラチーニ [36] の定理により，ここで述べた一般の偶数体問題に拡張された．ここで得られた解は，各質点が 1 周期の間に z 成分が 1 回振幅しながら，z 軸周りを 1 周するものであるが，テッラチーニとヴァントゥレッリ [112] により z 軸に関する回転をより一般の角にした解が得られている．これら解は**ヒップホップ解**と呼ばれている．図 8.5 は $n=2$ の場合の数値解である．

このようにフェラーリオ–テッラチーニの定理から多くの周期解の存在がいえる．次の節から，フェラーリオ–テッラチーニの定理を適用するだけで

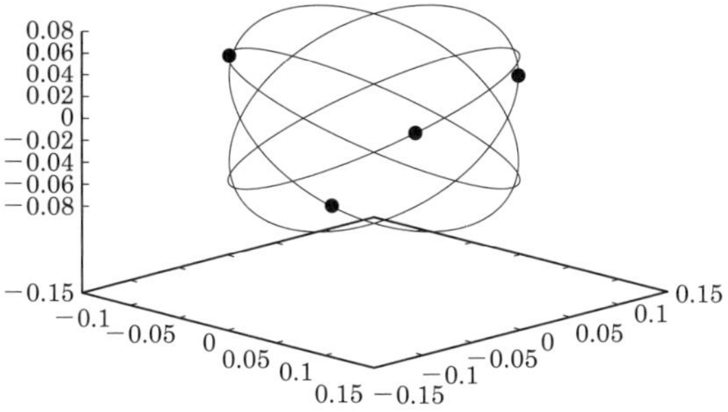

図 8.5　ヒップホップ解 (出典：[112])

は存在が示せない周期解について述べる．

8.3　4 体問題の超 8 の字解

8 の字解の存在証明の後に，ガーヴァー [26] により平面 4 体問題において同様の単舞踏解が数値計算により発見された (図 8.6)．この解を**超 8 の字解**という．図のような上下左右対称性をもつ閉曲線上を 4 質点が追跡しあっている．

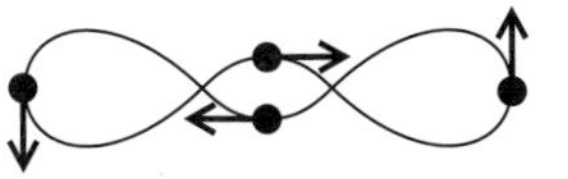

図 8.6　超 8 の字解

その存在は，2003 年に精度保証付き数値計算により証明され [55]，2014 年に変分法により証明された [97]．ここで変分法による存在証明を紹介する．

P_x, P_y を x 軸，y 軸に関する射影とし，R_x と R_y を x 軸，y 軸に関する反転とする．具体的には

$$P_x = \begin{pmatrix} 1 & 0 \end{pmatrix}, \qquad P_y = \begin{pmatrix} 0 & 1 \end{pmatrix},$$

$$R_x = \begin{pmatrix} 1 & 0 \\ 0 & -1 \end{pmatrix}, \qquad R_y = \begin{pmatrix} -1 & 0 \\ 0 & 1 \end{pmatrix}$$

と表される.

定理 8.9 ([97])**.** 等質量の平面 4 体問題において，以下を満たす 2π-周期解 $(\boldsymbol{q}_1(t), \boldsymbol{q}_2(t), \boldsymbol{q}_3(t), \boldsymbol{q}_4(t))\colon \mathbb{R} \to (\mathbb{R}^2)^4$ が存在する：

$$P_y\boldsymbol{q}_1(0) > 0, \qquad P_x\boldsymbol{q}_2(0) > 0, \qquad P_x\boldsymbol{q}_1\left(\frac{\pi}{4}\right) > 0, \qquad P_y\boldsymbol{q}_1\left(\frac{\pi}{4}\right) < 0$$

が成り立ち，任意の $t \in \mathbb{R}$ に対して

$$\boldsymbol{q}_1(t) = R_y\boldsymbol{q}_1(-t) = R_x\boldsymbol{q}_2\left(\frac{\pi}{2} - t\right), \qquad \boldsymbol{q}_2(t) = R_x\boldsymbol{q}_2(-t) \quad (8.2)$$

$$\boldsymbol{q}_1(t) = -\boldsymbol{q}_3(t), \qquad \boldsymbol{q}_2(t) = -\boldsymbol{q}_4(t). \quad (8.3)$$

が成り立つ.

(8.2) と (8.3) より，

$$\boldsymbol{q}_1(t) = \boldsymbol{q}_2\left(t - \frac{\pi}{2}\right) = \boldsymbol{q}_3(t - \pi) = \boldsymbol{q}_4\left(t - \frac{3\pi}{2}\right) = \boldsymbol{q}_1(t - 2\pi)$$

が成り立つ．これより，解は単舞踏解である．この節ではこの定理を証明する.

8.3.1 最小点の存在

等質量の平面 4 体問題

$$V = \mathbb{R}^2, \qquad N = 4, \qquad m_1 = m_2 = m_3 = m_4 = 1,$$

とし，群 G として

$$G = \mathbb{Z}_2 \times D_4 = \langle g_1 \mid g_1^2 = 1\rangle \times \langle g_2, g_3 \mid g_2^2 = g_3^4 = (g_2 g_3)^2 = 1\rangle$$

とおく．準同型 $\tau\colon G \to O(2)$, $\rho\colon G \to O(2)$, $\sigma\colon G \to \mathfrak{S}_4$ を

$$\begin{aligned}
&\tau(g_1) = \mathrm{Id}_2, && \rho(g_1) = -\mathrm{Id}_2,\\
&\sigma(g_1) = (1\quad 3)(2\quad 4), &&\\
&\tau(g_2) = \begin{pmatrix} 1 & 0 \\ 0 & -1 \end{pmatrix}, && \rho(g_2) = \begin{pmatrix} -1 & 0 \\ 0 & 1 \end{pmatrix},\\
&\sigma(g_2) = (2\quad 4), &&\\
&\tau(g_3) = \begin{pmatrix} 0 & 1 \\ -1 & 0 \end{pmatrix}, && \rho(g_3) = \mathrm{Id}_2,\\
&\sigma(g_3) = (1\quad 2\quad 3\quad 4) &&
\end{aligned}$$

で定める．

$C_4 := \langle g_3 \rangle$ による作用は舞踏解的な対称性である．例 8.5 で述べたように $\mathcal{A}^{C_4}$ の最小点は自明解 (回転する正方形解) である．G の作用はパレ原理 (定理 7.2) を満たす．$\widehat{\Lambda}^G$ は $\widehat{\Lambda}^{C_4}$ の部分集合でその自明解は $\widehat{\Lambda}^G$ に含まれるので，$\mathcal{A}^G$ の最小点もその自明解である．

そこで超 8 の字解を得るためには，他の臨界点を求める必要がある．そこで，Ω を

$$\Omega = \left\{ \boldsymbol{q} \in \widehat{\Lambda}^G \;\middle|\; P_y \boldsymbol{q}_1(0) > 0, P_x \boldsymbol{q}_2(0) > 0, P_x \boldsymbol{q}_1\left(\frac{\pi}{4}\right) > 0, P_y \boldsymbol{q}_1\left(\frac{\pi}{4}\right) < 0 \right\}$$

により定義する．Ω は $\widehat{\Lambda}^G$ の開集合であり，Ω は自明解を含まない．もし $\mathcal{A}|_\Omega$ の最小点が Ω に存在すれば，それは $\mathcal{A}^G$ の極小点になり，(8.2) や (8.3) を満たす．

$\boldsymbol{q}(t) = (\boldsymbol{q}_1(t), \boldsymbol{q}_2(t), \boldsymbol{q}_3(t), \boldsymbol{q}_4(t)) \in \Omega$ に対して，$\boldsymbol{q}_1(t) = -\boldsymbol{q}_3(t)$, $\boldsymbol{q}_2(t) = -\boldsymbol{q}_4(t)$ を常に満たすので，$\mathcal{A}(q)$ は

$$\mathcal{A}(q) = 16 \int_0^{\pi/4} \frac{1}{2}(|\dot{\boldsymbol{q}}_1|^2 + |\dot{\boldsymbol{q}}_2|^2) + \frac{1}{|\boldsymbol{q}_1 - \boldsymbol{q}_2|} + \frac{1}{|\boldsymbol{q}_1 + \boldsymbol{q}_2|} + \frac{1}{4|\boldsymbol{q}_1|} + \frac{1}{4|\boldsymbol{q}_2|} dt$$

と表せる．したがって，$\boldsymbol{q}_1$ と $\boldsymbol{q}_2$ だけ考えれば十分である．$(\boldsymbol{q}_1, \boldsymbol{q}_2)$ の空間で衝突を省いた配置の集合を $\mathcal{Y}$ をとする：

$$\mathcal{Y} = \left\{ (\boldsymbol{q}_1, \boldsymbol{q}_2) \in (\mathbb{R}^2)^2 \,|\, \boldsymbol{q}_1 \neq 0,\ \boldsymbol{q}_2 \neq 0,\ \boldsymbol{q}_1 \neq \boldsymbol{q}_2,\ \boldsymbol{q}_1 \neq -\boldsymbol{q}_2 \right\}.$$

集合 Γ と $\widehat{\Gamma}$ を

$$\Gamma = \left\{ (\boldsymbol{q}_1(t), \boldsymbol{q}_2(t)) \in H^1\left(\left[0, \frac{\pi}{4}\right], (\mathbb{R}^2)^2\right) \;\middle|\; \begin{array}{l} P_x\boldsymbol{q}_1(0) = P_y\boldsymbol{q}_2(0) = 0, \\ P_y\boldsymbol{q}_1(0) \geq 0, \quad P_x\boldsymbol{q}_2(0) \geq 0, \\ R_y\boldsymbol{q}_1\left(\frac{\pi}{4}\right) = \boldsymbol{q}_2\left(\frac{\pi}{4}\right), \\ P_x\boldsymbol{q}_1\left(\frac{\pi}{4}\right) \geq 0, \quad P_y\boldsymbol{q}_1\left(\frac{\pi}{4}\right) \leq 0 \end{array} \right\},$$

$$\widehat{\Gamma} = \Gamma \cap H^1\left(\left[0, \frac{\pi}{4}\right], \mathcal{Y}\right)$$

により定義する．$\widehat{\Gamma}$ 上の汎関数を

$$\mathcal{J}(\boldsymbol{q}) = \int_0^{\pi/4} \frac{1}{2}(|\dot{\boldsymbol{q}}_1|^2 + |\dot{\boldsymbol{q}}_2|^2) + \frac{1}{|\boldsymbol{q}_1 - \boldsymbol{q}_2|} + \frac{1}{|\boldsymbol{q}_1 + \boldsymbol{q}_2|} + \frac{1}{4|\boldsymbol{q}_1|} + \frac{1}{4|\boldsymbol{q}_2|} dt$$

で定め，$\mathcal{A}$ の代わりにこの汎関数を用いる．

強い力の項を加えたラグランジアンを考える：

$$\begin{aligned} L^\varepsilon(\boldsymbol{q}, \dot{\boldsymbol{q}}) = &\frac{1}{2}(|\dot{\boldsymbol{q}}_1|^2 + |\dot{\boldsymbol{q}}_2|^2) \\ &+ \frac{1}{|\boldsymbol{q}_1 - \boldsymbol{q}_2|} + \frac{1}{|\boldsymbol{q}_1 + \boldsymbol{q}_2|} + \frac{1}{4|\boldsymbol{q}_1|} + \frac{1}{4|\boldsymbol{q}_2|} \\ &+ \frac{\varepsilon}{|\boldsymbol{q}_1 - \boldsymbol{q}_2|^2} + \frac{\varepsilon}{|\boldsymbol{q}_1 + \boldsymbol{q}_2|^2} + \frac{\varepsilon}{4|\boldsymbol{q}_1|^2} + \frac{\varepsilon}{4|\boldsymbol{q}_2|^2}. \end{aligned}$$

そして，このラグランジアンに対応する作用積分

$$\mathcal{J}^\varepsilon(\boldsymbol{q}) = \int_0^{\pi/4} L^\varepsilon(\boldsymbol{q}, \dot{\boldsymbol{q}}) dt.$$

を考える．この最小点 $\boldsymbol{q}^\varepsilon$ は衝突をせず，列 $\varepsilon_n \to +0$ の極限として得られる $\boldsymbol{q}^0$ が衝突しないことを示す．

$\mathcal{X}^G = \{\boldsymbol{0}\}$ であるから $\mathcal{A}^G$ は強圧的である．よって，汎関数 $\mathcal{A}^G$ を Ω に制限したもの $\mathcal{A}|_\Omega$ も強圧的である．$\mathcal{A}|_\Omega$ と $\mathcal{J}$ は本質的に同じだから，$\mathcal{J}$ も強圧的である．また，任意の $\varepsilon > 0$ に対して，$\mathcal{J}^\varepsilon(\boldsymbol{q}) > \mathcal{J}(\boldsymbol{q})$ であるから，$\mathcal{J}^\varepsilon(\boldsymbol{q})$ も強圧的である．

任意に固定された $\varepsilon > 0$ に対して，$\boldsymbol{q}$ が衝突に漸近するとき，$\mathcal{J}^\varepsilon(\boldsymbol{q})$ は無限大に発散する．$\varepsilon > 0$ に対して，$\mathcal{J}^\varepsilon$ の最小点 $\boldsymbol{q}^\varepsilon$ は $\widehat{\Gamma}$ 内に存在する．ま

た，$0 < \varepsilon < 1$ で

$$\mathcal{J}(\boldsymbol{q}^\varepsilon) < \mathcal{J}^\varepsilon(\boldsymbol{q}^\varepsilon) < \mathcal{J}^1(\boldsymbol{q}^1)$$

であるから，$\mathcal{J}(\boldsymbol{q}^\varepsilon)$ $(0 < \varepsilon < 1)$ は有界である．$\mathcal{J}$ は強圧的であるから，$\{\boldsymbol{q}^\varepsilon \mid 0 < \varepsilon < 1\}$ は Γ で有界である．よって，$\boldsymbol{q}^{\varepsilon_n}$ がある $\boldsymbol{q}^0 \in \Gamma$ に収束するような列 $\varepsilon_n \to +0$ $(n \to \infty)$ が取れる．$\boldsymbol{q}^0$ が衝突しなければ周期解である．

8.3.2 全衝突の除去

命題 8.10. $\boldsymbol{q}^0$ は全衝突しない．つまり，任意の t に対し $\boldsymbol{q}^0(t) \neq \mathbf{0}$ である．

大域的評価により証明しよう．

補題 8.11. $\boldsymbol{q} \in \Gamma$ が全衝突を持つとすると，$\mathcal{J}(\boldsymbol{q}) > 9$ である．

証明. $\boldsymbol{q} \in \Gamma$ が $t_0 \in \left[0, \dfrac{\pi}{4}\right]$ で全衝突を持つとする．$\boldsymbol{q}(t) = (\boldsymbol{q}_1(t), \boldsymbol{q}_2(t)) = r(t)(\boldsymbol{s}_1(t), \boldsymbol{s}_2(t))$ と表す．ここで，$r(t) = \sqrt{|\boldsymbol{q}_1(t)|^2 + |\boldsymbol{q}_2(t)|^2}$ である．$\{(\boldsymbol{s}_1, \boldsymbol{s}_2) \in (\mathbb{R}^2)^2 \mid |\boldsymbol{s}_1|^2 + |\boldsymbol{s}_2|^2 = 1\}$ における $U(\boldsymbol{s}_1, \boldsymbol{s}_2)$ の最小点は正方形配置 $(|\boldsymbol{s}_1| = |\boldsymbol{s}_2|,\ \boldsymbol{s}_1 \perp \boldsymbol{s}_2)$ であり，その最小値は $4 + \sqrt{2}$ である．

これより，作用積分は

$$\begin{aligned}\mathcal{J}(\boldsymbol{q}^0) &= \int_0^{\pi/4} \frac{1}{2}(\dot{r}^2 + r^2(|\dot{\boldsymbol{s}}_1|^2 + |\dot{\boldsymbol{s}}_2|^2)) + r^{-1}U(\boldsymbol{s}_1, \boldsymbol{s}_2)dt \\ &\geq \int_0^{\pi/4} \frac{1}{2}\dot{r}^2 + (4 + \sqrt{2})r^{-1}dt\end{aligned}$$

と評価できる．$r(t_0) = 0$ と定理 5.5 より

$$\mathcal{J}(\boldsymbol{q}^0) \geq 2^{-4/3} \cdot 3(9 + 4\sqrt{2})^{1/3}\pi \approx 9.153$$

となり，9 より大きい．なお，全衝突を持つ曲線全体での最小点は正方形配置を保ち，各質点が直線的な運動する軌道により実現できる (図 8.7)．全衝突から始まり速度 0 で終わる，あるいはその逆をたどる軌道である． □

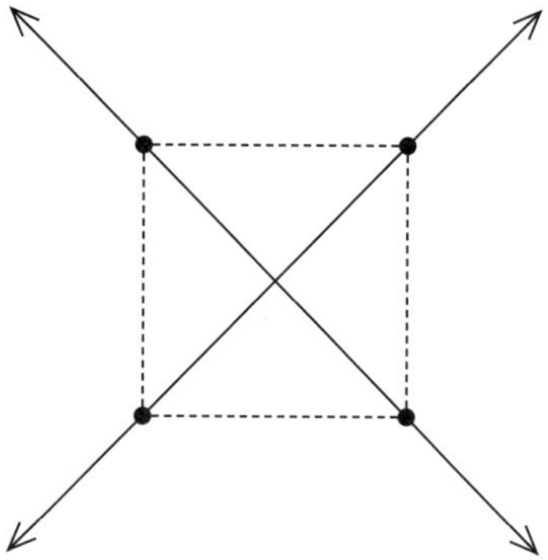

図 8.7　全衝突解

補題 8.12.

$$\inf_{\boldsymbol{q}\in\widehat{\Gamma}} \mathcal{J}(\boldsymbol{q}) < 5.$$

証明. テスト曲線 $\boldsymbol{q}_{\mathrm{test}}$ を

$$\boldsymbol{q}_1(t) = \left(t, \frac{\pi}{4} - 2t\right), \qquad \boldsymbol{q}_2(t) = \left(\frac{\pi}{2} - t, t\right)$$

により定義する．これは，図 8.8 のような振る舞いである．

この曲線に関する作用積分の値を評価しよう．容易に，

$$\frac{1}{2}(|\dot{\boldsymbol{q}}_1(t)|^2 + |\dot{\boldsymbol{q}}_2(t)|^2) \equiv \frac{7}{2}$$

が得られる．また，

$$|\boldsymbol{q}_1| = \sqrt{t^2 + \left(\frac{\pi}{4} - 2t\right)^2} = \sqrt{5\left(t - \frac{\pi}{10}\right)^2 + \frac{\pi^2}{80}}$$

であるから

$$\frac{1}{4|\boldsymbol{q}_1|} \leq \frac{1}{4}\sqrt{\frac{80}{\pi^2}} = \frac{\sqrt{5}}{\pi}$$

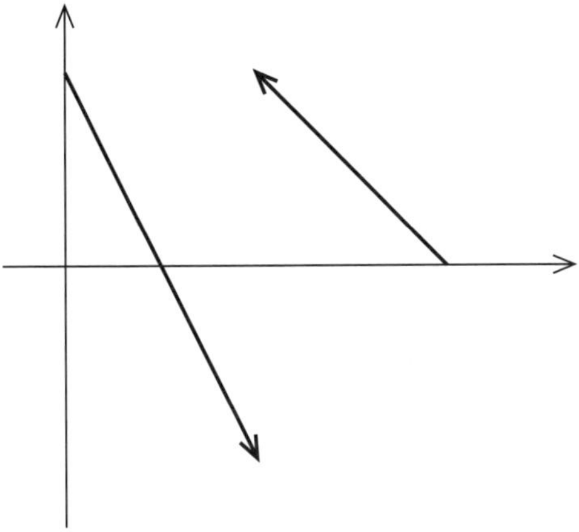

図 8.8　テスト曲線

が成り立つ．これより，

$$\int_0^{\pi/4} \frac{1}{4|\boldsymbol{q}_1|} dt \leq \frac{\sqrt{5}}{\pi}\frac{\pi}{4} = \frac{\sqrt{5}}{4}$$

を得る．同様にして，

$$\int_0^{\pi/4} \frac{1}{4|\boldsymbol{q}_2|} \leq \frac{\sqrt{2}}{8}, \qquad \int_0^{\pi/4} \frac{1}{|\boldsymbol{q}_1 - \boldsymbol{q}_2|} \leq \frac{\sqrt{13}}{4}, \qquad \int_0^{\pi/4} \frac{1}{|\boldsymbol{q}_1 + \boldsymbol{q}_2|} \leq \frac{1}{2}$$

と評価できる．以上より，

$$\mathcal{J}(\boldsymbol{q}_{\text{test}}) \leq \frac{7\pi}{8} + \frac{\sqrt{5}}{4} + \frac{\sqrt{2}}{8} + \frac{\sqrt{13}}{4} + \frac{1}{2} \approx 4.886$$

となり，5 より小さい． □

命題 8.10 の証明. $\boldsymbol{q}^0$ が全衝突を持てば $\mathcal{J}(\boldsymbol{q}^0)$ は 9 より大きくなる．ファ

トゥの補題*2より，不等式

$$\begin{aligned}\lim_{n\to\infty}\mathcal{J}^{\varepsilon_n}(\boldsymbol{q}^{\varepsilon_n}) &= \lim_{n\to\infty}\int_0^{\pi/4} L^{\varepsilon_n}(\boldsymbol{q}^{\varepsilon_n},\dot{\boldsymbol{q}}^{\varepsilon_n})dt \\ &\geq \int_0^{\pi/4}\liminf_{n\to\infty} L^{\varepsilon_n}(\boldsymbol{q}^{\varepsilon_n},\dot{\boldsymbol{q}}^{\varepsilon_n})dt \\ &= \int_0^{\pi/4} L^0(\boldsymbol{q}^0,\dot{\boldsymbol{q}}^0)dt = \mathcal{J}(\boldsymbol{q}^0) > 9\end{aligned}$$

が成り立つ．したがって，十分大きな n について

$$\mathcal{J}^{\varepsilon_n}(\boldsymbol{q}^{\varepsilon_n}) > 9$$

が成り立つ．一方，$\mathcal{J}(\boldsymbol{q}_{\mathrm{test}}) < 5$ であり，十分 n が大きければ $\mathcal{J}^{\varepsilon_n}(\boldsymbol{q}^0) < 5$ であるので，矛盾する． □

8.3.3　2 体衝突の除去

曲線のクラスとして，$\boldsymbol{q}_1 = -\boldsymbol{q}_3$, $\boldsymbol{q}_2 = -\boldsymbol{q}_4$ をつねに満たすものを考えているので，3 体衝突はあり得ない．残る除去すべき衝突は 2 体衝突である．

命題 8.13. $\boldsymbol{q}^0$ は 2 体衝突をしない．

衝突の時間により場合に分けて証明する．

● $t = 0$ における 2 体衝突の除去

時間 $t = 0$ における 2 体衝突が起こり得ないことを示すが，衝突のタイプは以下の 4 つに分類される．

$$\begin{aligned}&\mathrm{I} : \boldsymbol{q}_1 = \boldsymbol{0},\ \boldsymbol{q}_2 \neq \boldsymbol{0} \qquad (\boldsymbol{q}_1 = \boldsymbol{q}_3) \\ &\mathrm{II} : \boldsymbol{q}_2 = \boldsymbol{0},\ \boldsymbol{q}_1 \neq \boldsymbol{0} \qquad (\boldsymbol{q}_2 = \boldsymbol{q}_4)\end{aligned}$$

*2 $\displaystyle\int_{t_0}^{t_1} g(t)dt < \infty$ となるある $g(t)$ について各点 t で $-g(t) \leq \inf_{n\geq 1} f_n(t)$ が成り立てば $\displaystyle\int_{t_0}^{t_1}\liminf_{n\to\infty} f_n(t)dt \leq \liminf_{n\to\infty}\int_{t_0}^{t_1} f_n(t)dt$ が成り立つ．

$$\begin{aligned}&\mathrm{III}: \boldsymbol{q}_1 = \boldsymbol{q}_2 \neq \boldsymbol{0} \qquad && (\boldsymbol{q}_1 = \boldsymbol{q}_2,\ \boldsymbol{q}_3 = \boldsymbol{q}_4) \\ &\mathrm{IV}: \boldsymbol{q}_1 = -\boldsymbol{q}_2 \neq \boldsymbol{0} \qquad && (\boldsymbol{q}_1 = \boldsymbol{q}_4,\ \boldsymbol{q}_2 = \boldsymbol{q}_3)\end{aligned}$$

$t = 0$ におけるタイプ III と IV の 2 体衝突は曲線に課された対称性により全衝突となる．これはすでに除去されている．

タイプ I の衝突を除去する．第 5.4 節で述べたスケーリングの手法を適用する．$\boldsymbol{q}^\varepsilon(t) = (\boldsymbol{q}_1^\varepsilon(t), \boldsymbol{q}_2^\varepsilon(t))$ は $\mathcal{J}^\varepsilon$ の最小点であり，$\boldsymbol{q}^{\varepsilon_n}(t) \neq \boldsymbol{0}$ がある $\boldsymbol{q}^0(t)$ に収束するように $\varepsilon_n \to +0$ をとる．作用積分は

$$\mathcal{J}^\varepsilon(\boldsymbol{q}^\varepsilon) = \int_0^{\pi/4} \frac{1}{2}|\dot{\boldsymbol{q}}_1^\varepsilon|^2 + \frac{1}{4|\boldsymbol{q}_1^\varepsilon|} + \frac{\varepsilon}{4|\boldsymbol{q}_1^\varepsilon|^2} + f^\varepsilon(\dot{\boldsymbol{q}}_2^\varepsilon, \boldsymbol{q}_1^\varepsilon, \boldsymbol{q}_2^\varepsilon)dt$$

と表せる．ここで，

$$\begin{aligned}f^\varepsilon(\dot{\boldsymbol{q}}_2, \boldsymbol{q}_1, \boldsymbol{q}_2) = \frac{1}{2}|\dot{\boldsymbol{q}}_2|^2 &+ \frac{1}{|\boldsymbol{q}_1 - \boldsymbol{q}_2|} + \frac{1}{|\boldsymbol{q}_1 + \boldsymbol{q}_2|} + \frac{1}{4|\boldsymbol{q}_2|} \\ &+ \frac{\varepsilon}{|\boldsymbol{q}_1 - \boldsymbol{q}_2|^2} + \frac{\varepsilon}{|\boldsymbol{q}_1 + \boldsymbol{q}_2|^2} + \frac{\varepsilon}{4|\boldsymbol{q}_2|^2}\end{aligned}$$

であり，この部分は $t = 0$ 近傍では発散しない．

$\boldsymbol{q}_1^0(0) = \boldsymbol{0}$ となるので，この部分についてスケーリングを行う．(5.16) と同様に d を定める．スケーリングした曲線 $\boldsymbol{x}(t)$ は

$$\mathcal{I}_d(\boldsymbol{y}) = \int_0^l \frac{1}{2}|\dot{\boldsymbol{y}}|^2 + \frac{1}{2|\boldsymbol{y}|} + \frac{d}{2|\boldsymbol{y}|^2}dt$$

の最小点であることがいえる．$0 < d \leq \infty$ の場合，(5.21) と同様に一部を反転した曲線を構成することで矛盾が生じる．

$d = 0$ の場合を考える．定理 5.4 より，

$$\lim_{t \to +0} \frac{\dot{\boldsymbol{q}}_1(t)}{|\dot{\boldsymbol{q}}_1(t)|} = (0, -1)$$

が成り立つ．もし $\dot{\boldsymbol{q}}_2(0) = \boldsymbol{0}$ であれば，$\boldsymbol{q}_2(t)$ は x 軸に沿って運動をし，$\boldsymbol{q}_1(t)$ は y 軸に沿って運動する．すると，対称性により $t = \dfrac{\pi}{4}$ において全衝突し，命題 8.10 に 矛盾する．したがって，$\dot{\boldsymbol{q}}_2(0) \neq \boldsymbol{0}$ である．

D_i を (境界も含む) 第 i 象限とする．例えば，第 1 象限は

$$D_1 = \{(x, y) \in \mathbb{R}^2 \mid x \geq 0,\ y \geq 0\}.$$

である．

$\dot{\boldsymbol{q}}_2(0) \neq \boldsymbol{0}$ であれば，2 質点の位置は小さな $t > 0$ で同じ象限に入ることが分かる．直感的な説明としては，$\dot{\boldsymbol{q}}_2(0)$ の y 成分が負だとすると，$\boldsymbol{q}_1(t)$ は $\dot{\boldsymbol{q}}_4$ よりも $\dot{\boldsymbol{q}}_2$ に近いので引力の関係から小さい $t > 0$ では D_4 に属する．この議論は少々直感的だが，より厳密には特異点をレビ–チビタ変換により正則化し，テイラー展開の係数を計算することで証明できる [97].

さて，それを認めた上で，$\boldsymbol{q}_1(t), \boldsymbol{q}_2(t), \boldsymbol{q}_3(t), \boldsymbol{q}_4(t)$ が別々の象限に入るように反転した曲線 $\boldsymbol{q}^*(t) = (\boldsymbol{q}_1^*(t), \boldsymbol{q}_2^*(t))$ を構成する (図 8.9)：

$$\boldsymbol{q}_1^*(t) = \begin{cases} R_x \boldsymbol{q}_1(t) & (\boldsymbol{q}_1(t) \in D_1) \\ -\boldsymbol{q}_1(t) & (\boldsymbol{q}_1(t) \in D_2) \\ R_y \boldsymbol{q}_1(t) & (\boldsymbol{q}_1(t) \in D_3) \\ \boldsymbol{q}_1(t) & (\boldsymbol{q}_1(t) \in D_4) \end{cases},$$

$$\boldsymbol{q}_2^*(t) = \begin{cases} \boldsymbol{q}_2(t) & (\boldsymbol{q}_2(t) \in D_1) \\ R_y \boldsymbol{q}_2(t) & (\boldsymbol{q}_2(t) \in D_2) \\ -\boldsymbol{q}_2(t) & (\boldsymbol{q}_2(t) \in D_3) \\ R_x \boldsymbol{q}_2(t) & (\boldsymbol{q}_2(t) \in D_4) \end{cases}.$$

このとき，

$$U(\boldsymbol{q}(t)) \geq U(\boldsymbol{q}^*(t)) \quad \text{かつ} \quad K(\dot{\boldsymbol{q}}) = K(\dot{\boldsymbol{q}}^*)$$

が成り立ち，また 2 質点が同じ象限に入る t では

$$U(\boldsymbol{q}(t)) > U(\boldsymbol{q}^*(t))$$

が成り立つ．小さな $t > 0$ ではこれが成り立っていたので，

$$\mathcal{J}(\boldsymbol{q}) > \mathcal{J}(\boldsymbol{q}^*)$$

となる．これは，$\boldsymbol{q}$ が最小点であったことに矛盾する．

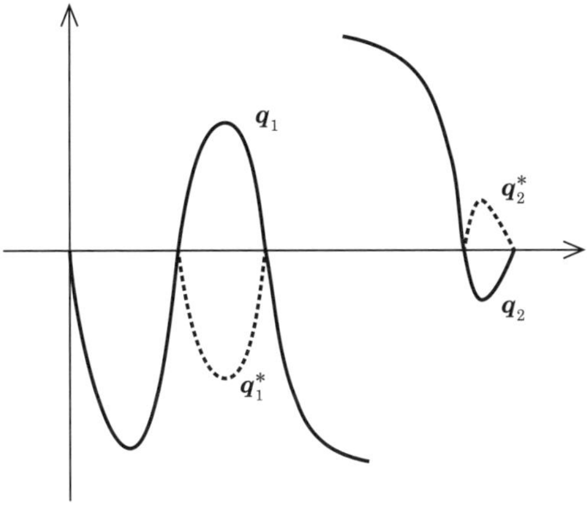

図 8.9 $\boldsymbol{q}$ と $\boldsymbol{q}^*$

タイプ II の衝突 $(\boldsymbol{q}_2(0) = 0)$ の場合も，同様にして矛盾が生じる．

● $0 < t < \dfrac{\pi}{4}$ における 2 体衝突の除去

$0 < t < \dfrac{\pi}{4}$ も上記の方法でも除去できるが，ここではフェラーリオ–テッラチーニの定理を用いて示そう．群 G と準同型を例 8.4 で定めたものとする．τ の核は g_1 で生成される：

$$K := \ker \tau = \langle g_1 \rangle.$$

これより，

$$K_t = K, \qquad K_t^i = \{1\}$$

が成り立つ．それゆえ，$K = \ker \tau$ は RCP を満たす．$\boldsymbol{q}^0$ は両端固定のもとでの最小点であるから，定理 8.3 より $\boldsymbol{q}(t)$ は $\left(0, \dfrac{\pi}{4}\right)$ で衝突しない．

● $t = \dfrac{\pi}{4}$ における 2 体衝突の除去

$$\boldsymbol{q}_1 = \frac{1}{\sqrt{2}}(\boldsymbol{Q}_1 + \boldsymbol{Q}_2), \qquad \boldsymbol{q}_2 = \frac{1}{\sqrt{2}}(\boldsymbol{Q}_1 - \boldsymbol{Q}_2)$$

により定まる座標 $(\boldsymbol{Q}_1, \boldsymbol{Q}_2) \in (\mathbb{R}^2)^2$ を用いると，$\mathcal{J}$ は

$$\mathcal{J}(q) = \int_0^{\pi/2} \frac{1}{2}(|\dot{\boldsymbol{Q}}_1|^2 + |\dot{\boldsymbol{Q}}_2|^2) + \frac{1}{\sqrt{2}|\boldsymbol{Q}_1 + \boldsymbol{Q}_2|} + \frac{1}{\sqrt{2}|\boldsymbol{Q}_1 - \boldsymbol{Q}_2|} + \frac{1}{\sqrt{2}|\boldsymbol{Q}_1|} + \frac{1}{\sqrt{2}|\boldsymbol{Q}_2|} dt$$

と表せる．$t = \dfrac{\pi}{4}$ における境界条件は

$$P_x\boldsymbol{Q}_1 = 0, \qquad P_y\boldsymbol{Q}_2 = 0, \qquad P_y\boldsymbol{Q}_1 > 0, \qquad P_x\boldsymbol{Q}_2 > 0$$

と表せて，座標 $(\boldsymbol{q}_1, \boldsymbol{q}_2)$ で表した $t = 0$ における境界条件と同じである．よって，$t = 0$ における 2 体衝突を除去したのと同様にして，$t = \dfrac{\pi}{4}$ における 2 体衝突を除去できる．これで，命題 8.13 が示された． □

以上により，超 8 の字解の存在が証明された．

8.4 鎖型単舞踏解

ユー (Yu)[127] は，鎖型の形状をもつ単舞踏解の存在を一挙に証明した (図 8.10)．その証明の概略を述べる．

等質量の平面 n 体問題を考える．群 G として

$$G = D_n = \langle g_1, g_2 \mid g_1^2 = g_2^n = (g_1g_2)^2 = 1\rangle$$

をとる．準同型 $\tau\colon G \to O(2)$, $\rho\colon G \to O(2)$, $\sigma\colon G \to \mathfrak{S}_n$ を

$$\tau(g_1) = -t + \frac{2\pi}{n}, \qquad \rho(g_1) = R_x := \begin{pmatrix} 1 & 0 \\ 0 & -1 \end{pmatrix},$$
$$\sigma(g_1) = (1 \quad n)(2 \quad n-1)\cdots\left(\left[\frac{n}{2}\right] \quad n - \left[\frac{n}{2}\right]\right), \tag{8.4}$$

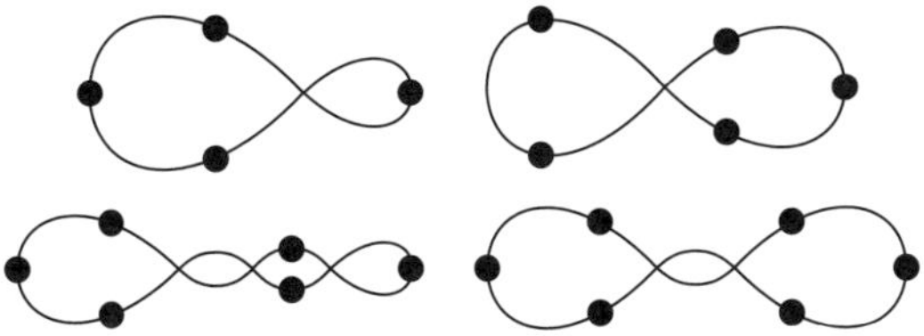

図 8.10 鎖型の舞踏解

$$\tau(g_2)t = t + \frac{2\pi}{n}, \qquad \rho(g_2) = \mathrm{Id}_2, \qquad \sigma(g_2) = (1 \quad 2 \quad \cdots \quad n)$$

で定める．

この対称性で不変な曲線は

$$\boldsymbol{q}_{k+1}\left(t + \frac{2\pi}{n}\right) = \boldsymbol{q}_k(t), \qquad \boldsymbol{q}_k(t) = R_x \boldsymbol{q}_{n-k}\left(\frac{2\pi}{n} - t\right)$$

を満たすものである．超 8 の字解の場合と同様，この制限だけでは回転する正 n 角形解が最小点となる．そこでさらなる制限を課す．

$\boldsymbol{q}_1(t) = (x_1(t), y_1(t))$ と表す．任意に $j_k = \pm 1\,(k = 1, \cdots, n-1)$ をとり，

$$y_1\left(\frac{\pi k}{n}\right) = j_k \left| y_1\left(\frac{\pi k}{n}\right) \right|$$

を満たす $\boldsymbol{q} \in \widehat{\Lambda}^G$ を考える．$\mathcal{A}^G$ は強圧的だから，この制限のもとでも強圧的で作用積分の最小点が存在することがわかる．

そして，最小点は単調性

$$x_1(t_1) \le x_1(t_2) \qquad (0 \le t_1 < t_2 \le \pi)$$

を満たす*3．これを満たさなかったとすると，

$$x_1(s_1) > x_1(s_2)$$

となる $0 < s_1 < s_2 < \pi$ が存在し，図 8.11 のようにその部分を折り返し $t < s_1$ の部分をうまくつながるように右にずらすと，運動エネルギーは変化せず，質点同士はより離れることとなり，作用積分値はより小さくなる．

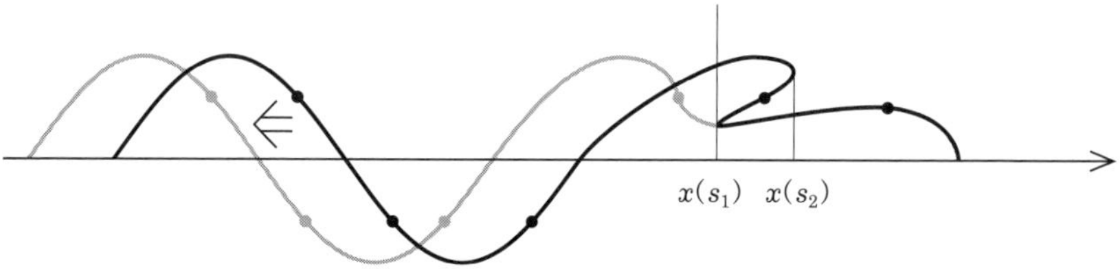

図 8.11 単調性を満たさない場合

衝突の可能性の除去にはこの単調性を用いる．超 8 の字解の場合と同様に ε に強い力の項を加えたもとでの最小点 $\boldsymbol{q}^\varepsilon(t)$ を考え，そのもとで収束部分列 $\boldsymbol{q}^{\varepsilon_n}$ をとる．$\boldsymbol{q}^\varepsilon(t)$ の x 成分も単調性をもつ．その極限 $\boldsymbol{q}^0$ が衝突すると仮定すると，スケーリングして現れる d ((5.16) 参照) が正の場合，$\boldsymbol{q}^\varepsilon(t)$ は 2π より大きく回るので，この単調性に反する．$d = 0$ の場合，$\boldsymbol{q}^0$ の衝突に向かうとき，x 軸に垂直に交わる．図 8.12 のようにその向きを少し傾け，それに合わせて全体を少しずらすと，互いの質点の距離が離れることにより作用積分がより小さくなる．したがって，矛盾である．これで，鎖型の舞踏解の存在が証明された．

*3 [127] では

$$x_1\left(\frac{\pi k}{n}\right) \le x_1\left(\frac{\pi k}{2} + t\right) \le x_1\left(\frac{\pi k}{2} + \frac{\pi}{n}\right) \qquad \left(t \in \left[0, \frac{\pi}{n}\right], k = 1, \cdots, n\right)$$

を課したもとで最小点がこの性質を満たすことを示しているが，結果としてこの仮定は不要であり，課さなくても最小点はこの性質を満たす．詳しくは [129] を参照されたい．

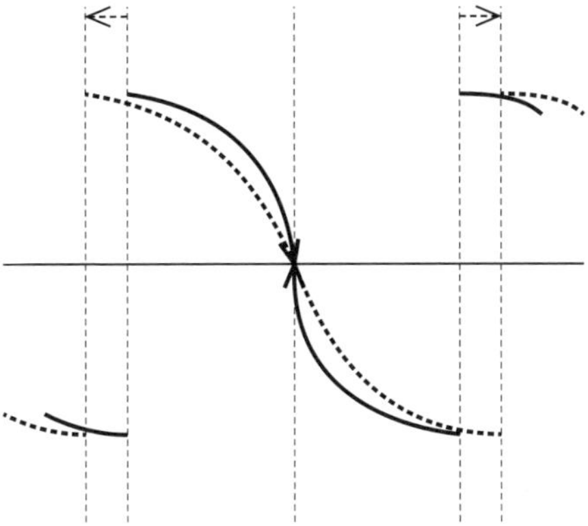

図 8.12 $d=0$ の場合の変形

この結果以前は，衝突をもつ曲線を衝突をもたない曲線で作用積分がより小さな値となるものに変形する手法が用いられていたが，この手法は衝突曲線を衝突はするが作用積分値がより小さなものに変形することで矛盾を導くというそれまでにないアイディアであった．

8 の字解や超 8 の字解に対応すると思われる解もユーが示した鎖型の解の族に含まれるが，上下左右対称性は課されていないので，一致するかどうかはわかっていない．上記の方法で，対称性の強い 8 の字解や超 8 の字解の存在を証明するには，対称性を仮定した上で同様の議論をする必要がある．その証明は明確に書かれてはいないが，[128] と同様の手法で可能なようである ([127, Section 3] も参照されたい)．

ユーの構成では j_k のとり方の分だけ多くの単舞踏解の存在がいえる．第 6 章で述べた中心配置の個数が n とともに個数が急速に増大するように，単舞踏解も n とともにより多数存在すると予想されている [26]．ユーの構成より，等質量の n 体問題には少なくとも $2^{n-3}+2^{[(n-3)/2]}$ 個の単舞踏解が存在することが示されたことになる．

8.5 それ以外の単舞踏解について

単舞踏解の数値解はシモが多数発見している．その方法は，n 個の質点が 1 つの閉曲線上を追跡し合うとし，

$$\boldsymbol{q}_1(t)=\boldsymbol{q}(t),\quad \boldsymbol{q}_2(t)=\boldsymbol{q}\left(t+\frac{2\pi}{n}\right),\quad \ldots,\quad \boldsymbol{q}_n(t)=\boldsymbol{q}\left(t+\frac{2\pi(n-1)}{n}\right)$$

を三角多項式

$$\boldsymbol{q}(t)=\left(\sum_{k=1}^{M}a_k\cos(kt)+b_k\sin(kt),\sum_{k=1}^{M}c_k\cos(kt)+d_k\sin(kt)\right)$$

で表し，初期に適当に与えた a_k, b_k, c_k, d_k から最急降下法で作用積分を最小化するようにその係数 a_k, b_k, c_k, d_k を変えていくというものである．最急降下法は収束が遅いので，そこで得られた近似解をさらにニュートン法で精度を上げている [26, 99].

図 8.13 のような鎖型でない舞踏解の数値解も多数発見されているが，変分法による存在証明はされていない*4．その証明を可能にするには，衝突の除去に関する新たな技術的な進展が不可欠であると考えられる．

また，これまで等質量のもとで単舞踏解の存在を示してきたが，単舞踏解が存在するためには必ず等質量でないといけないのであろうか．つまり，1 つの曲線上を n 個の質点が追跡しあうような n 体問題の周期解は，等質量の場合しか存在しないのか，あるいは等質量でなくても存在することがあるのだろうか．シャンシネ [21, 22] が 3, 4, 5 体問題については単舞踏解は等質量の場合のみ存在することを示している．6 体以上については未解決である．その問題はある質量に対する n 体問題の解で，違う質量に対する解にもなることがありえるかという問題を解くことが鍵になる．その問題について，舞踏解に限らなければ，そのような解が存在する．1369 体問題において，異なる質量で同じ曲線上を運動する自己相似解が存在する [21].

---

*4 一部 (例えば，図 8.13 の下 2 つの解) は精度保障付き数値計算により存在が示されている [53, 55].

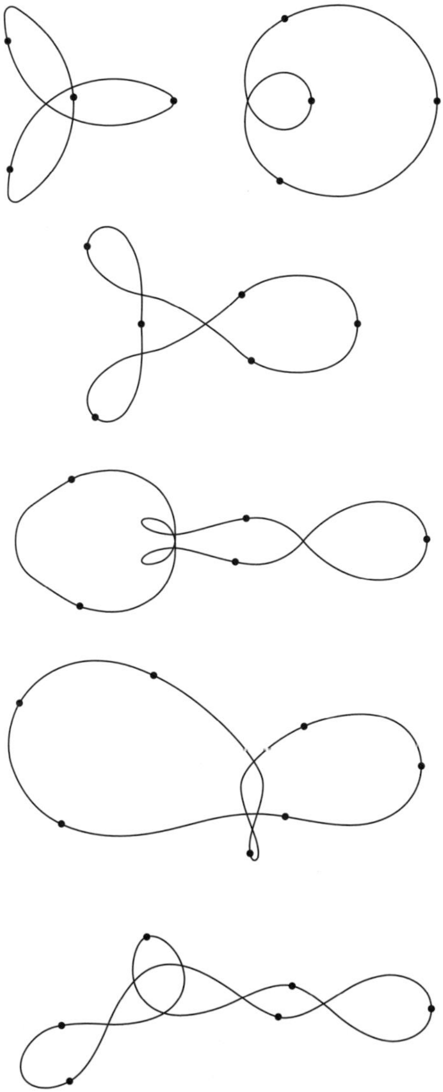

図 8.13　鎖型でない舞踏解

なお，3体問題の単舞踏解ではない周期解については，等質量に限らず多くの質量比に対して存在証明が実現されている (図 8.14,[17]).

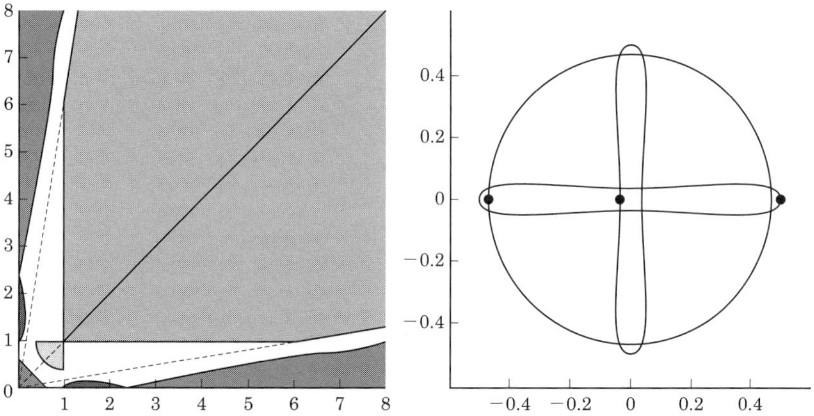

図 8.14 左図：周期解の存在証明が可能な質量パラメータ (横軸 m_1/m_3, 縦軸 m_2/m_3) 右図：得られた周期解の例 (出典：[17])

8.6 相対単舞踏解の1パラメータ族

8の字解の角運動量は0である．空間の3体問題を考え，xy 平面に含まれる8の字解を考える．マーシャル [59] は，x 軸に関する角運動量を0から少し変えていくと，8の字解を含む族として周期解が存在し，8の字の2つの葉が徐々に重なり，最終的に yz 平面に含まれるラグランジュ解になることを示した (図 8.15).

この族に属する解は回転座標系でみると周期解で，もとの座標系では準周期解になる．そのような解を**相対周期解**という．特に，ここでは回転座標系において n 個の質点が一つの閉曲線曲線を追跡し合うので，**相対舞踏解**という．

また，z 軸に関する角運動量を変化させることで xy 平面で回転する8の

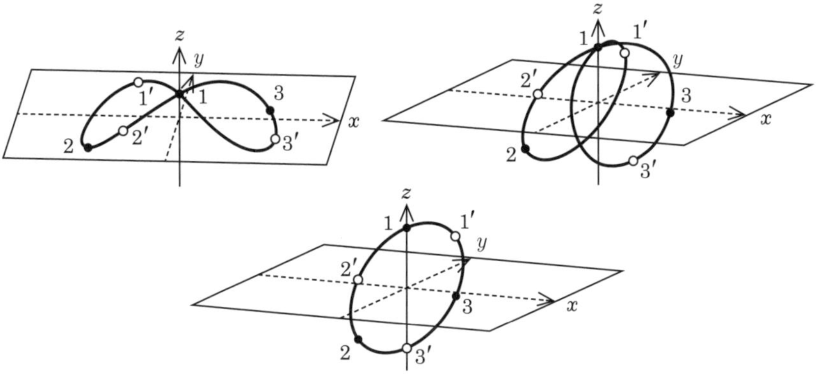

図 8.15　8 の字解とラグランジュ解を含む周期解の族 (出典：[25])

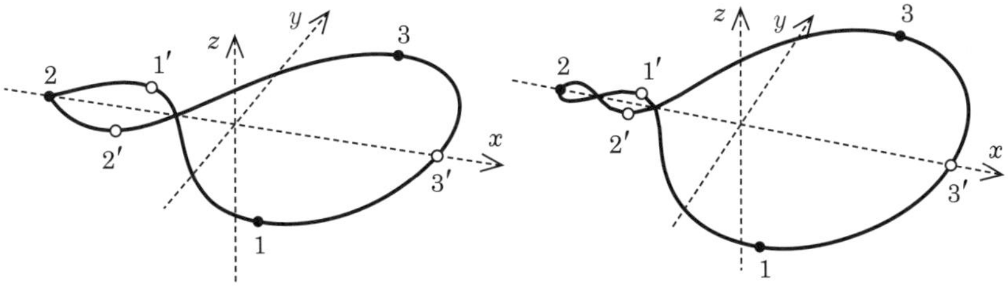

図 8.16　回転する 8 の字解の数値解 (回転座標系で描いたもの．出典：[25])

字解 (図 8.16) や，y 軸に関する角運動量を変化させることでそれらとは別の解の族 (図 8.17) が現れることが，精度保障付き数値計算で示されている [25]．等質量の空間 3 体問題には 3 つの相対舞踏解の族があり，8 の字解はそれが同時に交差する点であるといえる．

マーシャルにより求められた相対舞踏解の族 (図 8.15) については，一般の n 体問題に拡張されている．ユー [129] による証明について述べよう．鎖型の場合と同様に，$m_k = 1$ $(k = 1, \cdots, n)$ とし，群 G として

$$G = D_n = \langle g_1, g_2 \mid g_1^2 = g_2^n = (g_1 g_2)^2 = 1 \rangle$$

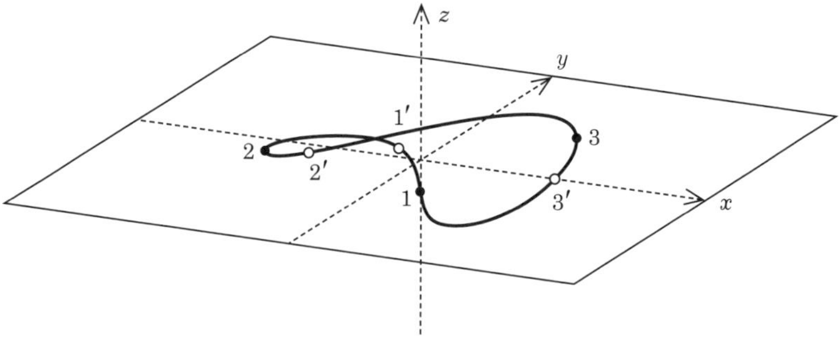

図 8.17　8 の字解を含む相対周期解の族 (出典：[25])

をとり，準同型 $\tau\colon G \to O(2)$, $\rho\colon G \to O(3)$, $\sigma\colon G \to \mathfrak{S}_n$ を

$$\tau(g_1) = -t + \frac{2\pi}{n}, \qquad \rho(g_1) = \begin{pmatrix} 1 & 0 & 0 \\ 0 & -1 & 0 \\ 0 & 0 & 1 \end{pmatrix},$$
$$\sigma(g_1) = (1 \quad n)(2 \quad n-1)\cdots\left(\left[\frac{n}{2}\right] \quad n - \left[\frac{n}{2}\right]\right),$$
$$\tau(g_2)t = t + \frac{2\pi}{n}, \qquad \rho(g_2) = \mathrm{Id}_2, \qquad \sigma(g_2) = (1 \quad 2 \quad \cdots \quad n)$$

で定める．

$\boldsymbol{q}_k(t) = (x_k(t), y_k(t), z_k(t))$ と表す．任意に $j_k = \pm 1$ $(k = 1, \cdots, n-1)$ をとり，固定する．

$$y_1\left(\frac{\pi k}{n}\right) = j_k \left| y_1\left(\frac{\pi k}{n}\right)\right|$$

を満たすものである．

x 軸に関する回転座標で表した作用積分の最小点を求める．$\omega \in \mathbb{R}$ を定数とし，

$$R(t) = \begin{pmatrix} 1 & 0 & 0 \\ 0 & \cos\omega t & -\sin\omega t \\ 0 & \sin\omega t & \cos\omega \end{pmatrix}$$

とする．

$$
\begin{aligned}
&L_\omega(\boldsymbol{q},\dot{\boldsymbol{q}})\\
&= L(R(t)\boldsymbol{q}_1,\cdots,R(t)\boldsymbol{q}_n,R(t)\dot{\boldsymbol{q}}_1+\dot{R}(t)\boldsymbol{q}_1,\cdots,R(t)\dot{\boldsymbol{q}}_n+\dot{R}(t)\boldsymbol{q}_n)\\
&= \sum_{k=1}^{n}\left(\frac{1}{2}|\dot{\boldsymbol{q}}_k|^2+\omega(y_k\dot{z}_k-z_k\dot{y}_k)+\frac{1}{2}\omega^2(y_k^2+z_k^2)\right)+\sum_{i<j}\frac{1}{|\boldsymbol{q}_i-\boldsymbol{q}_j|}
\end{aligned}
$$

とおく．以上の制約のもと，各 $\omega\in[0,2\pi]$ に対し，

$$
\mathcal{A}_\omega(\boldsymbol{q})=\int_0^{2\pi}L_\omega(\boldsymbol{q},\dot{\boldsymbol{q}})dt
$$

の最小点 $\boldsymbol{q}^*(t)$ が存在する．$\omega=0$ の場合，この解は x 軸を含むある平面に属する．実際，そうでないとすると，軌道が通過する平面について軌道の一部を適当に反転すると，同じ作用積分値で滑らかでない曲線が構成でき，最小点の滑らかさに矛盾する．x 軸についてこの解を回転しても解であり，それもいま考えている曲線のクラスに属すので，xy 平面に含まれるものとする．これは，第 8.4 節で示した鎖型舞踏解である．同様に $\omega=2\pi$ のときは yz 平面に含まれ，回転する正 n 角形解になることが示されている．$0<\omega<2\pi$ については，平面に含まれるとは限らない．以上より，ω を 0 から 2π まで変化させると鎖型舞踏解が折りたたまれ，正 n 角形解に変化すると思われる．

なお，ω の変化に対して得られる解は連続的に変化すると期待されるが，それはまだ示されていない．また，$\omega=0,2\pi$ の場合は最小点は衝突をせず，それぞれ鎖型舞踏解，正 n 角形解になるが，$0<\omega<2\pi$ で得られた最小点が衝突しないことはまだ示されていない*5．また，正 n 角形解の方から連続変形を調べる研究もなされている [24]．

以上は，回転座標系でみると，単舞踏解となるような解であったが，数値的には 8 の字曲線が 3 つに分離する族も知られている ([30]，図 8.18)．ま

*5 3 体問題の 8 の字解からラグランジュ解への族については衝突しないことが，シャンシネ [20] により証明されている．

た，超 8 の字解が 4 つの曲線に分離する周期解の族についても数値的に求められている [80]．それらの存在証明はまだなされていない．

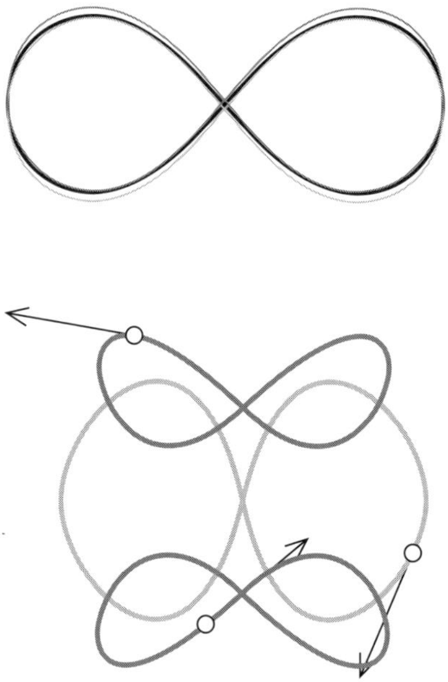

図 8.18　3 つの曲線に分離した 8 の字解 (出典：[30])

第 9 章

最小点の存在証明

この章では、まず滑らかな最小点が存在しない汎関数の例を示す．次に，作用積分の最小点の存在証明を行う．また，臨界点が滑らかであることを示し，ポテンシャル系の解であることを証明する．

9.1 汎関数の最小点

$\mathcal{D} \subset \mathbb{R}^N$ を開集合とし，$\mathcal{D} \times \mathbb{R}$ 上の C^r 級 $(r \geq 1)$ のポテンシャル関数 $V(\boldsymbol{q}, t)$ に対するラグランジアン

$$L(\boldsymbol{q}, \dot{\boldsymbol{q}}, t) = \frac{1}{2} \sum_{k=1}^{N} m_k \dot{q}_k^2 - V(\boldsymbol{q}, t)$$

とそれで定まる作用積分

$$\mathcal{A}(\boldsymbol{q}) = \int_{t_0}^{t_1} L(\boldsymbol{q}(t), \dot{\boldsymbol{q}}(t), t) dt$$

を考える．ここで，$m_k > 0$ である．$I = [t_0, t_1]$ とし，集合 $\Omega \subset H^1(I, \mathcal{D})$ をとる．第 2 章で以下の定理を述べた (定理 2.8).

定理 9.1. Ω の $H^1(I, \mathbb{R}^N)$ における閉包 $\overline{\Omega}$ が凸であり，$\mathcal{A}|_\Omega$ が強圧的のとき，Ω における $\mathcal{A}(\boldsymbol{q})$ の最小点 $\boldsymbol{q}^* \in \overline{\Omega}$ が存在する．

これまでこの定理を用いてさまざまな解の存在を証明してきた．この定理の証明をまだ行なっていなかった．

次節でみるように，汎関数の最小点は必ずしも存在しない．変分問題として古くから等周問題や最速降下曲線の問題などが考えられ，対応するオイラー-ラグランジュ方程式を解くことで解決されてきた．また，19 世紀中頃まで微分方程式を変分問題として定式化し，汎関数の最小点の存在により微分方程式の解の存在が「証明」されてきた．その時代は，下に有界な汎関数の最小点の存在は明らかとされており，厳密に存在証明がなされていたわけではなかった．19 世紀中頃にワイエルシュトラスが最小点の存在について疑問を呈し，後で述べる反例を挙げるなどして最小点の存在は自明でないことが明らかとなり，その後，解析学の厳密なとり扱いや関数解析の発展により存在証明がなされた．

9.2　滑らかな最小点が存在しない例

最小点の存在証明の前にいくつか反例を挙げておこう．まず，汎関数が下に有界でないために最小点が存在しない例をあげよう．

例 9.2. $c \in \mathbb{R}$ を定数とし，集合

$$\Omega = \{q \in H^1([0,\pi],\mathbb{R}) \mid q(0) = q(\pi) = 0\}$$

上の汎関数

$$\mathcal{J}_c(q) = \int_0^\pi \frac{1}{2}\dot{q}(t)^2 - \frac{c}{2}q(t)^2 dt$$

を考えよう．$\alpha \in \mathbb{R}$ を定数とし，$q(t) = \alpha \sin t$ を代入すると，

$$\mathcal{J}_c(q) = \int_0^\pi \frac{1}{2}\alpha^2 \cos^2 t - \frac{c}{2}\alpha^2 \sin^2 t dt = \frac{\pi\alpha^2(1-c)}{4}$$

となる．$c > 1$ の場合，α は任意にとれるので，$\mathcal{J}_c(q)$ は下に非有界である．よって，このとき $\mathcal{J}_c(q)$ の Ω における最小点は存在しない．一方で，$\mathcal{J}_c(q)$

に対するオイラー–ラグランジュ方程式は

$$\ddot{q} = -cq$$

であり，この解で境界条件を満たすものは $q(t) \equiv 0$ である．これは，$\mathcal{J}_c(q)$ の臨界点ではあるが，最小点ではない．

では，$c \leq 1$ の場合はどうであろうか．一般の $q \in \Omega$ について，$q(t)$ をフーリエ級数展開して $\mathcal{J}_c(q)$ に代入してみよう．境界条件より $q(-t) = -q(t)$ $(t \in [-\pi, 0])$ として $[-\pi, \pi]$ に拡張して，$q(t)$ を奇関数で周期 2π の関数とみなすと，$q(t)$ のフーリエ級数展開は

$$q(t) = \sum_{k=1}^{\infty} a_k \sin kt$$

と表される．一般に，H^1 関数のフーリエ級数は項別微分可能であるので，$q(t)$ の微分は

$$\dot{q}(t) = \sum_{k=1}^{\infty} k a_k \cos kt$$

と表される．これを $\mathcal{J}_c(q)$ に代入すると，$q(t), \dot{q}(t)$ は L^2 関数なので項別積分できて，

$$\mathcal{J}_c(q) = \frac{\pi}{2} \sum_{k=1}^{\infty} a_k^2 (k^2 - c)$$

となる．よって，$c \leq 1$ の場合は，$\mathcal{J}_c(q) \geq 0$ である．$c < 1$ なら $\mathcal{J}_c(q)$ の最小値は 0 であり，それは $q(t) \equiv 0$ により達成される．$c = 1$ の場合は，任意の $a_1 \in \mathbb{R}$ に対して $q(t) = a_1 \sin t$ が $\mathcal{J}_c(q)$ の最小点となる．

汎関数が下に有界であっても必ずしも最小点は存在しない．まず，ワイエルシュトラスによる例をあげよう．

例 9.3 (ワイエルシュトラス)**.** 集合

$$\Omega = \{q \in H^1([0,1], \mathbb{R}) \mid q(0) = 0,\ q(1) = 1\}$$

における汎関数

$$\mathcal{J}(q) = \int_0^1 (t\dot{q}(t))^2 dt$$

を考える．任意の $q \in \Omega$ に対して $\mathcal{J}(q) \geq 0$ であるから，

$$\inf_{q \in \Omega} \mathcal{J}(q) \geq 0$$

である．

一方，自然数 n に対して，

$$q_n(t) = 1 - (1-t)^n$$

すると，$q_n \in \Omega$ であり，これに対する $\mathcal{J}$ の値は

$$\begin{aligned}
\mathcal{J}(q_n) &= \int_0^1 (nt(1-t)^{n-1})^2 dt \\
&= n^2 \int_0^1 t^2(1-t)^{2n-2} dt \\
&= n^2 \left[-\frac{1}{2n-1} t^2 (1-t)^{2n-1} \right]_0^1 + n^2 \int_0^1 \frac{2}{2n-1} t(1-t)^{2n-1} dt \\
&= n^2 \left[-\frac{1}{(2n-1)n} t(1-t)^{2n} \right]_0^1 + n^2 \int_0^1 \frac{1}{(2n-1)n} (1-t)^{2n} dt \\
&= \frac{n}{(2n-1)(2n+1)} [-(1-t)^{2n+1}]_0^1 \\
&= \frac{n}{(2n-1)(2n+1)}
\end{aligned}$$

となる．よって，

$$\lim_{n \to \infty} \mathcal{J}(q_n) = 0$$

である．つまり，$\mathcal{J}(q)$ の最小点 $q^* \in \Omega$ が存在したとすると，$\mathcal{J}(q^*) = 0$ を満たす．$\mathcal{J}(q^*) = 0$ とすると，

$$t\dot{q}^*(t) \equiv 0$$

となるから，$q^*(t)$ は定数関数である．しかし，それは $q^*(0)=0$, $q^*(1)=1$ に矛盾する．したがって，$\mathcal{J}(q)$ の Ω における最小点が存在しない．

もう 1 つ汎関数が下に有界だが最小点が存在しない例を，重要な変分問題である極小曲面から挙げよう．

例 9.4. $a>0$, $b>0$ とし，平面上に 2 点 $\mathrm{A}=(-a,b)$, $\mathrm{B}=(a,b)$ を固定する．

$$\Omega=\{y\in H^1([-a,a],\mathbb{R})\mid y(-a)=b,\, y(a)=b,\, y(x)>0\ (x\in[-a,a])\}$$

とする．$y(x)\in\Omega$ に対し，$y(x)$ のグラフを x 軸の周りに回転して得られる回転面の面積は

$$\mathcal{S}(y)=2\pi\int_{-a}^{a}y(x)\sqrt{1+y'(x)^2}dx$$

と表される (図 9.1)．ここで，$y'(x)=\dfrac{dy}{dx}(x)$ である．半径 b の輪を針金で 2 つ作り，2 つの針金の間に石鹸膜を張り，距離を $2a$ 離して平行に固定したとき，表面張力により面積は小さくなろうとするので，その石鹸膜の形は $\mathcal{S}(y)$ を極小[*1]とするようなもので決まる．このように与えられた閉曲線を

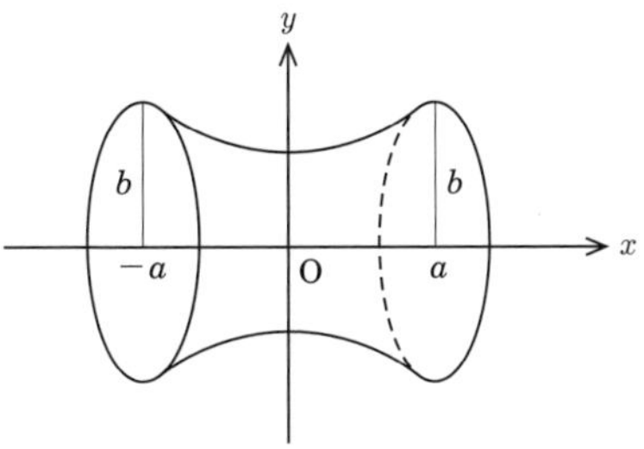

図 9.1　回転面

[*1] それに近い回転面たちの中では最小という意味である．

境界とする曲面の集合のなかで，面積が極値をとるような曲面を**極小曲面**という．

任意の $y \in \Omega$ に対して，$\mathcal{S}(y) \geq 0$ である．$\mathcal{S}(y)$ の最小点が存在するとすると，その $y(x)$ は $L(y, y') = y\sqrt{1+y'^2}$ に対するオイラー–ラグランジュ方程式を満たす．オイラー–ラグランジュ方程式は

$$\frac{d}{dx}\frac{yy'}{\sqrt{{y'}^2+1}} = \sqrt{{y'}^2+1}$$

$$\frac{y'^2+yy''}{\sqrt{{y'}^2+1}} - \frac{yy'^2y''}{(y'^2+1)^{3/2}} = \sqrt{{y'}^2+1}$$

$$(y'^2+yy'')(y'^2+1) - yy'^2y'' = ({y'}^2+1)^2$$

$$-{y'}^2+yy'' = 1$$

となる．ここで天下り的だが $\dfrac{y}{\sqrt{1+y'^2}}$ の微分を計算すると

$$\frac{d}{dx}\frac{y}{\sqrt{1+y'^2}} = \frac{y'}{\sqrt{1+y'^2}} - \frac{yy'y''}{(1+y'^2)^{3/2}} = \frac{y'+y'^3-yy'y''}{(1+y'^2)^{3/2}} = 0$$

となるので，$\dfrac{y}{\sqrt{1+y'^2}}$ は一定である．その値を，γ とすると，

$$y^2 - \gamma^2 y'^2 = \gamma^2$$

となる．(y, y') は双曲線を描き，それは $(\gamma\cosh s, \sinh s)$ で媒介変数表示できるから，$y = \gamma\cosh s$, $y' = \sinh s$ とおく．すると，

$$\sinh s = y' = \frac{dy}{dx} = \gamma\sinh s\frac{ds}{dx}$$

となるから，$s = \dfrac{x-c}{\gamma}$ である（c は定数）．よって，$y = \gamma\cosh\dfrac{x-c}{\gamma}$ がオイラー–ラグランジュ方程式の解になる．

$y(-a) = y(a) = b$ より $c = 0$ となる．γ は $b = \gamma\cosh\dfrac{a}{\gamma}$ を満たすようにとればよい．a を固定し，

$$f(\gamma) = \gamma\cosh\frac{a}{\gamma}$$

とおく．これを微分すると

$$f'(\gamma) = \cosh\frac{a}{\gamma} - \frac{a}{\gamma}\sinh\frac{a}{\gamma}$$

となり，$\dfrac{a}{\gamma} = \coth\dfrac{a}{\gamma}\left(=\left(\tanh\dfrac{a}{\gamma}\right)^{-1}\right)$ のとき 0 になる．$l = \coth l$ となる実数 $l > 0$ はただ 1 つ存在し，およそ

$$l = 1.1996\cdots$$

である．$f(\gamma)$ は $\gamma = \dfrac{a}{l}$ で最小値

$$f\left(\frac{a}{l}\right) = \frac{a}{l}\cosh l = a\sinh l$$

をもち，$0 < \gamma < \dfrac{a}{l}$ で単調減少，$\gamma > \dfrac{a}{l}$ で単調増加で，

$$\lim_{\gamma\to+0} f(\gamma) = \infty, \qquad \lim_{\gamma\to\infty} f(\gamma) = \infty$$

である (図 9.2)．したがって，

$$\frac{b}{a} > \sinh l = 1.5088\cdots$$

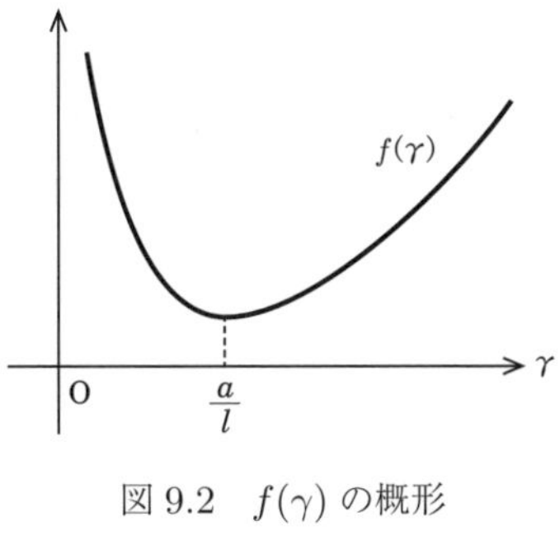

図 9.2　$f(\gamma)$ の概形

のとき，$f(\gamma)=b$ となる γ が 2 つ存在する．$\dfrac{b}{a}=\sinh l$ のときそれらは合体して 1 つになり，$\dfrac{b}{a}<\sinh l$ のとき $f(\gamma)=b$ となる γ は存在しない．つまり，$\dfrac{b}{a}<\sinh l$ となるようにとったとき，$\mathcal{S}(y)$ の臨界点は存在しない．

a が大きい場合に面積極小の曲面が存在しないことは，2 つの針金の輪の間に石鹸膜を張り徐々に離していくと，いずれ弾けて消える様子からも想像できるであろう．

注意 9.5. 例 9.4 について，いくつか注意を述べておく．

1. ここでは，その 2 つの円を張る回転面のみを考えているが，より一般には，その 2 つの円を張る任意の曲面の面積を汎関数とする変分問題を考える必要がある．境界条件が x 軸について回転対称性をもっているからといって，その汎関数の臨界点となる曲面が回転面になることは自明ではなく，それが証明されたのはそれほど古いことではない [93]．ここでは，回転面に限って話を進めた．
2. $\dfrac{b}{a}>\sin l$ のとき，$f(\gamma)=b$ となる γ は 2 つ存在した．それらから得られる曲面はともに $\mathcal{S}(y)$ の臨界点だが，γ が大きい方が面積が極小 (安定) であり，石鹸膜が張る曲面はこちらになる．γ が小さい方は臨界点だが極小ではない (不安定である) ので，石鹸膜が張る曲面ではない．
3. Ω には含まれないが，**ゴールドシュミット解**という滑らかでない解 (弱解) が存在する．それは，2 つの輪それぞれに円盤を張り，それらの円盤の中心を線分で結んだものである (図 9.3)．例 9.4 で，「面積最小」と呼ばず「面積極小」と呼んでいたのは，

$$\sinh l<\frac{b}{a}<\frac{\cosh v}{v}$$
$$\left(1.5088\cdots<\frac{b}{a}<1.8950\cdots\right)$$

の場合は，極小として得られた回転面よりゴールドシュミット解やそ

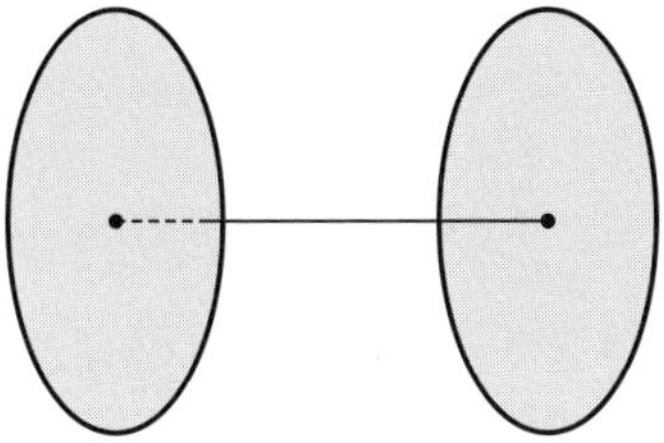

図 9.3 ゴールドシュミット解

れに近い回転面の方が小さいからであり，極小でも最小とはならないためである．ここで，v は

$$\cosh v \sinh v + v - \cosh^2 v = 0$$

で決まる実数 $v = 0.63923\cdots$ である．

最小点は存在するが，それが滑らかでない例を挙げる．

例 9.6.

$$\Omega = \{q \in H^1([0,1],\mathbb{R}) \mid q(0) = q(1) = 0\}$$

における汎関数

$$\mathcal{J}(q) = \int_0^1 (\dot{q}(t)^2 - 1)^2 dt$$

を考えよう．明らかに，$\mathcal{J}(q) \geq 0$ である．また，

$$q_k(t) = \sqrt{\frac{1}{k^2} + \frac{1}{4}} - \sqrt{\frac{1}{k^2} + \left(t - \frac{1}{2}\right)^2}$$

とすると，

$$\mathcal{J}(q_k) = \int_0^1 \left(\frac{(2t-1)^2}{4\left(\dfrac{1}{k^2} + \left(t - \dfrac{1}{2}\right)^2\right)} - 1 \right)^2 dt$$

$$
\begin{aligned}
&= \int_0^1 \frac{1}{\left(\dfrac{1}{k^2} + \left(t - \dfrac{1}{2}\right)^2\right)^2} dt \\
&= \frac{k^2 \arctan\dfrac{k}{2} + 4\arctan\dfrac{k}{2} + 2k}{k(k^2+4)} \\
&\to 0 \qquad (k \to +\infty)
\end{aligned}
$$

が成り立つ．$q_k(t)$ の極限は

$$
q_\infty(t) := \frac{1}{2} - \left|t - \frac{1}{2}\right| = \lim_{k\to\infty} q_k(t)
$$

であり，Ω に属する．$\mathcal{J}(q_\infty) = 0$ となり q_∞ は最小点である．$q_k(t)$ は C^∞ 級だが，$q_\infty(t)$ は C^1 級ではない．$q_k(t)$ の極限に限らず，$\mathcal{J}(q) = 0$ を満たす $q(t)$ は

$$
|\dot{q}(t)| = 1, \qquad q(0) = q(1) = 0
$$

を満たすものなので，必ず角ができてしまい，C^1 級にはならない．

この節では滑らかな最小点が存在しない例をいくつか挙げた．後で示すように，作用積分は弱下半連続性というよい性質をもつので最小点が存在する．

9.3　関数解析からの準備

最小点の存在証明のために必要となる関数解析の用語や定理を紹介する．ここでも，証明については，関数解析の本 (例えば，[137, 153, 155]) を参照されたい．

ヒルベルト空間 E の点列 $u_n \in E$ が $u \in E$ に**弱収束**するとは，任意の $v \in E$ に対して，$\langle u_n, v\rangle_E \to \langle u, v\rangle_E$ $(n \to \infty)$ が成立することをいい，$u_n \rightharpoonup u$ $(n \to \infty)$ と表す．また，u_n が u に**強収束**するとは，ノルムに関する収束，すなわち $\|u_n - u\|_E \to 0$ $(n \to \infty)$ を満たすことをいい，

$u_n \to u \ (n \to \infty)$ と表す．単に収束というときは強収束を指す．u_n が u に強収束すれば u_n が u に弱収束することは容易にわかる．ヒルベルト空間にはこれらの収束性に対応する 2 種類の位相を定めることができる．それらをそれぞれ**弱位相**，**強位相**という．位相を定めるには，開集合系を定義する必要がある．強位相の開集合系はノルムにより定まる距離を用いて定義される．弱位相の開集合系の定義については，関数解析の本 ([153] など) を参照されたい．ここでは，弱位相は強位相より弱い (弱位相の開集合は強位相の開集合である，閉集合についても同様) ことだけわかっていればよい．なお，E が有限次元であれば，弱位相と強位相は同じであり，それらの違いが出てくるのは無限次元の場合である．

例 9.7. 数列の集合

$$l^2 = \left\{ \boldsymbol{a} = \{a_k\}_{k=1}^{\infty} \subset \mathbb{R} \;\middle|\; \sum_{k=1}^{\infty} a_k^2 < \infty \right\}$$

は，内積を

$$\langle \boldsymbol{a}, \boldsymbol{b} \rangle = \sum_{k=1}^{\infty} a_k b_k \qquad (\boldsymbol{a} = \{a_k\}_{k=1}^{\infty},\, \boldsymbol{b} = \{b_k\}_{k=1}^{\infty})$$

で定めると，ヒルベルト空間となるのであった．

$\boldsymbol{e}^{(n)} = \{e_k^{(n)}\}_{k=1}^{\infty} \in l^2$ を $e_n^{(n)} = 1,\, e_k^{(n)} = 0 \ (k \neq n)$ となるものとすると，任意の $\boldsymbol{a} = \{a_k\}_{k=1}^{\infty} \in l^2$ について

$$\langle \boldsymbol{e}^{(n)}, \boldsymbol{a} \rangle = a_n \to 0 \qquad (n \to \infty)$$

となるから，$\boldsymbol{e}^{(n)}$ は $\boldsymbol{0} = (0, 0, \cdots) \in l^2$ に弱収束する．しかし，任意の $n \in \mathbb{N}$ について $\|\boldsymbol{e}^{(n)} - \boldsymbol{0}\| = 1$ であるから $\boldsymbol{e}^{(n)}$ は強収束しない．

閉集合に関して弱位相と強位相のものとの関係について触れておく．弱位相に関する閉集合は強位相ついても閉集合である．その逆については次の事実が知られている．

命題 9.8. K をヒルベルト空間 E の凸集合とする．このとき，K が弱位相に関して閉集合であることと，強位相に関して閉集合であることは同値である．

命題 9.9. $\{u_n\}$ をヒルベルト空間 E における有界点列とする．つまり，ある $C > 0$ に対し，$\|u_n\|_E \leq C$ $(n \in \mathbb{N})$ が成り立つとする．このとき，$\{u_n\}$ は弱収束する部分列 $\{u_{n_j}\}$ をもつ*2.

この二つの命題の証明については，例えば [155] を参照されたい．

E をヒルベルト空間とする．E の部分集合 A に対して，A の凸包と呼ばれる次で定める集合を conv$A$ で表す:

$$\mathrm{conv}A = \left\{ \sum_{h=1}^{l} \theta_h x_h \;\middle|\; \theta_h \geqq 0,\ \sum_{h=1}^{l} \theta_h = 1,\ x_h \in A \right\}.$$

conv$A$ は A を含む最小の凸集合である．

命題 9.10 (マズールの補題 ([31] 参照))**.** E をヒルベルト空間とする．$u_n \in E$ が u_0 に弱収束するとする．このとき，$v_k \in \mathrm{conv}\{u_j \mid j \geqq k\}$ で u_0 に強収束する v_k が存在する．

E, F をヒルベルト空間とする．ヒルベルト空間の場合は線形写像 $f\colon E \to F$ を**線形作用素**といい，さらに，ある $C > 0$ が存在して，

$$\|f(u)\|_F \leq C\|u\|_E \qquad (u \in E)$$

が成り立つとき f は**有界線形作用素**であるという．

定義 9.11. 有界線形作用素 $f\colon E \to F$ がコンパクトであるとは，E の任意の弱収束列 u_k に対して $f(u_k)$ が強収束列になることをいう．

*2 この性質は，より一般に，回帰的 (または反射的) バナッハ空間の性質として書かれている関数解析の本も多い．ヒルベルト空間は回帰的バナッハ空間である．

例 9.12. 例 9.7 の l^2 空間の恒等写像 $\varphi\colon l^2 \to l^2$, $\boldsymbol{x} \mapsto \boldsymbol{x}$ はコンパクトではない．実際，$\boldsymbol{e}^{(n)}$ は $\boldsymbol{0}$ に弱収束するが，$\varphi(\boldsymbol{e}^{(n)}) = \boldsymbol{e}^{(n)}$ は強収束しない．

例 9.13 (**ヒルベルト–シュミット型積分作用素**)**.** $k(x,y)$ を $[a,b] \times [a,b]$ 上の L^2 関数とし，$f(y) \in L^2([a,b],\mathbb{R})$ に対し，

$$(Tf)(x) = \int_a^b k(x,y)f(y)dy$$

と定める．T は $L^2([a,b],\mathbb{R})$ から $L^2([a,b],\mathbb{R})$ へのコンパクト作用素である (証明については，[153] などを参照)．

$t_0 < t_1$ とする．$C^0([t_0,t_1],\mathbb{R}^N)$ を $[t_0,t_1]$ から $\mathbb{R}^N$ への連続写像全体の集合とする．$C^0([t_0,t_1],\mathbb{R}^N)$ 上のノルムを

$$\|f\|_{C^0} = \max_{x \in [a,b]} |f(x)|$$

により定める．連続写像の列の一様収束極限は連続であったから，$C^0([t_0,t_1],\mathbb{R}^N)$ はこのノルムにより定まる距離に関して完備である．このように，ノルムをもつ線形空間でそのノルムにより定まる距離に関して完備になるとき，その線形空間を**バナッハ空間**という．ヒルベルト空間は内積から定まるノルムによりバナッハ空間である．バナッハ空間における強位相の定義はヒルベルト空間におけるものと同じである[*3]．第 2 章でソボレフの埋め込み定理を述べたが，より詳しい形で述べておく[*4]．

定理 9.14 (ソボレフの埋め込み定理)**.**

$$H^1([t_0,t_1],\mathbb{R}^N) \subset C^0([t_0,t_1],\mathbb{R}^N)$$

で，この包含写像はコンパクトである．すなわち，$H^1([t_0,t_1],\mathbb{R}^N)$ において u_n が u に弱収束するならば，u_n は u に一様収束する．

---

*3 バナッハ空間における弱位相の定義もあるが，本書では使わないので述べない．

*4 この定理は，一般にソボレフの埋め込み定理と呼ばれるものの一部である．

9.4　最小点の存在

ここでは，トネリ [113] による汎関数の弱下半連続性から最小点の存在を示す方法を紹介する．

定義 9.15. E をヒルベルト空間，$K \subset E$ を閉集合とする．$I\colon K \to \mathbb{R}$ とする．

1. $u_0 \in K$ に対し，u_0 に強収束する任意の点列 $u_n \in K$ について

$$I(u_0) \leq \liminf_{n\to\infty} I(u_n)$$

が成立するとき，$I(u)$ は u_0 で下半連続であるという．$I(u)$ が任意の $u_0 \in K$ で下半連続であるとき，$I(u)$ は K 上で下半連続であるという．同様に，

$$I(u_0) \geq \limsup_{n\to\infty} I(u_n)$$

のとき u_0 で上半連続であるといい，任意の $u_0 \in K$ で上半連続であるとき $I(u)$ は K 上で上半連続であるという．下半連続かつ上半連続のとき，連続であるという．

2. $u_0 \in K$ に対し，u_0 に弱収束する任意の点列 $u_n \in K$ について

$$I(u_0) \leq \liminf_{n\to\infty} I(u_n)$$

が成立するとき，$I(u)$ は u_0 で弱下半連続であるという．$I(u)$ が任意の $u_0 \in K$ で弱下半連続であるとき，$I(u)$ は K 上で弱下半連続であるという．

弱下半連続性は，弱位相に関して下半連続ということだから，下半連続性より強い条件である．つまり，弱下半連続ならば下半連続が成り立つ．

例 9.16. l^2 空間上の関数

$$I(\boldsymbol{a}) = -\|\boldsymbol{a}\|^2 \qquad (\boldsymbol{a} = \{a_n\} \in l^2)$$

を考える．$\boldsymbol{a}^{(n)}$ が $\boldsymbol{a}^{(0)}$ に強収束するとき，$\|\boldsymbol{a}^{(n)}-\boldsymbol{a}^{(0)}\|\to 0$ であり，

$$|\|\boldsymbol{a}^{(n)}\|-\|\boldsymbol{a}^{(0)}\||\leq\|\boldsymbol{a}^{(n)}-\boldsymbol{a}^{(0)}\|$$

であるから，

$$\lim_{n\to\infty} I(\boldsymbol{a}^{(n)})=I(\boldsymbol{a}^{(0)})$$

となる．つまり，$I(\boldsymbol{a})$ は連続，特に下半連続である．

一方，例 9.7 に述べた $\boldsymbol{e}^{(n)}$ は $\boldsymbol{0}\in l^2$ に弱収束するが，

$$I(\boldsymbol{e}^{(n)})=-1, \qquad I(\boldsymbol{0})=0$$

であるので，$I(\boldsymbol{a})$ は弱下半連続ではない．つまり，連続でも弱下半連続とは限らない．

定理 9.17. E をヒルベルト空間，$K\subset E$ を空でない閉集合，$I\colon K\to\mathbb{R}$ を下に有界な弱下半連続関数であるとし，さらに強圧的であると仮定する．このとき，

$$I(u_0)=\inf_{u\in K} I(u) \tag{9.1}$$

となる $u_0\in K$ が存在する．

証明. $u_n\in K$ を I に関する最小化列，すなわち

$$\lim_{n\to\infty} I(u_n)=\inf_{u\in K} I(u)$$

を満たす列とする．I は K 上で強圧的であるから，$\{u_n\}$ は K で有界である．命題 9.9 より，これは弱収束部分列 $\{u_{n_j}\}$ をもつ．その極限を u_0 とする．K は閉集合だから u_0 は K に属する．I は弱下半連続なので

$$I(u_0)\leqq\liminf_{j\to\infty} I(u_{n_j})=\lim_{n\to\infty} I(u_n)=\inf_{u\in K} I(u).$$

したがって，(9.1) が成り立つ． □

汎関数の弱下半連続性を導く性質として，凸性がある．

定義 9.18. E をヒルベルト空間とし，$K \subset E$ を凸集合とする．汎関数 $I\colon K \to \mathbb{R}$ が凸であるとは，$0 \leqq s \leqq 1$ と $u, v \in K$ に対して，$I(su+(1-s)v) \leqq sI(u)+(1-s)I(v)$ が成り立つことをいう．

命題 9.19. 凸閉集合 K 上の下半連続かつ凸な汎関数 $I(u)$ は弱下半連続である．

証明. K 上の列 $\{u_n\}$ が u_0 に弱収束しているとする．$I(u_n)$ の下極限はある部分列の極限であるので，$\{u_n\}$ の部分列 $\{u_{n_j}\}$ をとって，

$$\lim_{j\to\infty} I(u_{n_j}) = \liminf_{n\to\infty} I(u_n)$$

とできる．

マズールの補題より次のような $v_k \in K$ がとれる：

$$v_k \in \mathrm{conv}\{u_{n_j} \mid j \geqq k\}, \qquad v_k \to u_0 \ (k \to \infty).$$

$I(u)$ の凸性より，

$$I(v_k) \leqq \sup\{I(u_{n_j}) \mid j \geqq k\}$$

が成り立つ．したがって，

$$\begin{aligned} I(u_0) &\leqq \liminf_{k\to\infty} I(v_k) \qquad (\because I \text{ の下半連続性}) \\ &\leqq \lim_{k\to\infty} \sup\{I(u_{n_j}) \mid j \geqq k\} \qquad (\because I \text{ の凸性}) \\ &= \limsup_{j\to\infty} I(u_{n_j}) = \lim_{j\to\infty} I(u_{n_j}) \\ &= \liminf_{n\to\infty} I(u_n) \end{aligned}$$

が成立する．□

9.5　作用積分の最小点の存在

力学の作用積分

$$\mathcal{A}(\boldsymbol{q}) = \int_{t_0}^{t_1} \frac{1}{2}\sum_{i=1}^{N} m_i(\dot{q}_i(t))^2 + U(\boldsymbol{q}(t),t)dt$$

の弱下半連続性を示す．弱下半連続関数の和をとったり正の定数をかけても，弱下半連続なので，各々の項について弱下半連続性を示せばよい．

命題 9.20. 汎関数

$$\mathcal{K}_i \colon H^1([t_0,t_1],\mathbb{R}^N) \ni \boldsymbol{q} \mapsto \int_{t_0}^{t_1} \dot{q}_i^2 dt \in \mathbb{R}$$

は弱下半連続である．

証明. $0 \leq s \leq 1$ と $\boldsymbol{q},\boldsymbol{r} \in H^1([t_0,t_1],\mathbb{R}^N)$ に対して，

$$\begin{aligned}
&s\mathcal{K}_i(\boldsymbol{q}) + (1-s)\mathcal{K}_i(\boldsymbol{r}) - \mathcal{K}_i(s\boldsymbol{q}+(1-s)\boldsymbol{r}) \\
&\quad = s\int_{t_0}^{t_1} \dot{q}_i^2 dt + (1-s)\int_{t_0}^{t_1} \dot{r}_i^2 dt - \int_{t_0}^{t_1} (s\dot{q}_i + (1-s)\dot{r}_i)^2 dt \\
&\quad = s(1-s)\int_{t_0}^{t_1} (\dot{q}_i - \dot{r}_i)^2 dt \geqq 0
\end{aligned}$$

より $\mathcal{K}_i$ は凸である．

また，$\boldsymbol{q}^{(n)} \to \boldsymbol{q}^{(0)}$ $(n \to \infty)$ とすると，

$$\begin{aligned}
|\mathcal{K}_i(\boldsymbol{q}^{(n)}) - \mathcal{K}_i(\boldsymbol{q}^{(0)})| &= \left| \int_{t_0}^{t_1} (\dot{q}_i^{(n)})^2 - (\dot{q}_i^{(0)})^2 dt \right| \\
&= \left| \langle \dot{q}_i^{(n)} - \dot{q}_i^{(0)}, \dot{q}_i^{(n)} + \dot{q}_i^{(0)} \rangle_{L^2} \right| \\
&\leq \|\dot{q}_i^{(n)} - \dot{q}_i^{(0)}\|_{L^2} \|\dot{q}_i^{(n)} + \dot{q}_i^{(0)}\|_{L^2} \\
&\leq \|\dot{\boldsymbol{q}}^{(n)} - \dot{\boldsymbol{q}}^{(0)}\|_{L^2} \|\dot{\boldsymbol{q}}^{(n)} + \dot{\boldsymbol{q}}^{(0)}\|_{L^2} \\
&\leq \|\boldsymbol{q}^{(n)} - \boldsymbol{q}^{(0)}\|_{H^1} \|\boldsymbol{q}^{(n)} + \boldsymbol{q}^{(0)}\|_{H^1} \\
&= \|\boldsymbol{q}^{(n)} - \boldsymbol{q}^{(0)}\|_{H^1} \|\boldsymbol{q}^{(n)} - \boldsymbol{q}^{(0)} + 2\boldsymbol{q}^{(0)}\|_{H^1} \\
&\leq \|\boldsymbol{q}^{(n)} - \boldsymbol{q}^{(0)}\|_{H^1} (\|\boldsymbol{q}^{(n)} - \boldsymbol{q}^{(0)}\|_{H^1} + 2\|\boldsymbol{q}^{(0)}\|_{H^1}) \\
&\to 0 \qquad (n \to \infty)
\end{aligned}$$

となる．よって，$\mathcal{K}_i(\boldsymbol{q})$ は連続である．命題 9.19 より，$\mathcal{K}_i(\boldsymbol{q})$ は弱下半連続である． □

命題 9.21. $U(\boldsymbol{q},t)$ が $\mathcal{D}\times\mathbb{R}$ 上の C^1 級関数で，下に有界ならば

$$\mathcal{U}(\boldsymbol{q})=\int_{t_0}^{t_1}U(\boldsymbol{q}(t),t)dt$$

は $H^1([t_0,t_1],\overline{\mathcal{D}})$ 上で弱下半連続である．

証明. 弱収束列 $\boldsymbol{q}^{(n)}\rightharpoonup\boldsymbol{q}^{(0)}$ をとる．ソボレフの埋め込み定理 (定理 9.14) から，この列は $C^0([t_0,t_1],\overline{\mathcal{D}})$ で強収束する．U は下に有界であるから，$U(\boldsymbol{q}^{(n)}(t),t)$ の積分に対してファトゥの補題が使える．すると，

$$\int_{t_0}^{t_1}U(\boldsymbol{q}^{(0)}(t),t)dt\le\liminf_{n\to\infty}\int_{t_0}^{t_1}U(\boldsymbol{q}^{(n)}(t),t)dt \tag{9.2}$$

が成り立ち，これは $\mathcal{U}(\boldsymbol{q})$ が弱下半連続であることを意味する． □

$\mathcal{K}_i(\boldsymbol{q}),\mathcal{U}(\boldsymbol{q})$ はそれぞれ $H^1([t_0,t_1],\mathbb{R}^N),H^1([t_0,t_1],\overline{\mathcal{D}})$ 上で弱下半連続であることがわかった．それらを閉集合 $\overline{\Omega}\subset H^1([t_0,t_1],\overline{\mathcal{D}})$ に制限しても弱下半連続である．以上より，作用積分

$$\mathcal{A}(\boldsymbol{q})=\frac{1}{2}\sum_{i=1}^{N}m_i\mathcal{K}_i(\boldsymbol{q})+\mathcal{U}(\boldsymbol{q})$$

は弱下半連続である．改めて述べておく．

定理 9.22. C^1 級のポテンシャル関数 $U(\boldsymbol{q},t)=-V(\boldsymbol{q},t)$ が下に有界で，$\Omega\subset H^1([t_0,t_1],\overline{\mathcal{D}})$ の閉包 $\overline{\Omega}$ が凸ならば，作用積分

$$\mathcal{A}(\boldsymbol{q})=\int_{t_0}^{t_1}\frac{1}{2}\sum_{i=1}^{N}m_i(\dot{q}_i(t))^2+U(\boldsymbol{q}(t),t)dt$$

は $\overline{\Omega}$ 上で弱下半連続である．

以上より，作用積分は弱下半連続であるので，定理 9.17 より強圧的であれば，最小点が存在する．これで，定理 9.1 が示された．

9.6 最小点の滑らかさ

前節で作用積分の最小点 $\boldsymbol{q}(t)$ の存在がいえた．この $\boldsymbol{q}(t)$ は $\mathcal{A}'(\boldsymbol{q}) = 0$ を満たすが，この条件は $\boldsymbol{q}(t)$ が C^2 級であればオイラー–ラグランジュ方程式を満たすことと同値であった．現段階では $\boldsymbol{q}(t)$ は $\overline{\Omega} \subset H^1([t_0, t_1], \overline{\mathcal{D}})$ に属するということしかわからない．一般に，必要な階数だけ微分可能であれば微分方程式の解であることと同等になる条件を，必ずしも微分可能ではない関数が満たしているとき，その関数を**弱解**という．対照的に，必要な階数だけ微分可能で微分方程式を満たす解を**古典解**という．いま，汎関数の最小点として得られた曲線は弱解である．これが古典解であることを示す．一般に，弱解が古典解であるとき，**正則性**が成り立つという．第 2 章では以下の定理を述べた (定理 2.9).

定理 9.23. ポテンシャル関数 $V(\boldsymbol{q}, t)$ が C^r 級関数 $(r \geq 1)$ であるとする．$\boldsymbol{q} \in H^1(I, \mathbb{R}^N)$ が固定端点条件または周期境界条件のもとでの作用積分の臨界点であれば，$\boldsymbol{q}$ は C^{r+1} 級であり，対応するポテンシャル系の解である．

証明. 作用積分の臨界点 $\boldsymbol{q}$ は $H^1([t_0, t_1], \mathcal{D})$ に属すが，ソボレフの埋め込み定理より $C^0([t_0, t_1], \mathcal{D})$ に属する．$\boldsymbol{q}(t)$ の第 1 成分 $q_1(t)$ が C^{r+1} 級であることを示す．$\delta_1(t)$ を $q_1(t)$ に与えた変分とし，$\delta(t_0) = \delta(t_1) = 0$ とする．ほかの $\delta_k(t)$ は 0 とする．部分積分を用いて，

$$
\begin{aligned}
0 &= \int_{t_0}^{t_1} m_1 \dot{q}_1(t)\dot{\delta}_1(t) + \frac{\partial U}{\partial q_1}(\boldsymbol{q}(t))\delta_1(t)dt \\
&= \int_{t_0}^{t_1} m_1 \dot{q}_1(t)\dot{\delta}_1(t) - \left(\int_{t_0}^{t} \frac{\partial U}{\partial q_1}(\boldsymbol{q}(s), s)ds\right)\dot{\delta}_1(t)dt \\
&\quad + \left[\left(\int_{t_0}^{t} \frac{\partial U}{\partial q_1}(\boldsymbol{q}(s), s)ds\right)\delta_1(t)\right]_{t_0}^{t_1} \\
&= \int_{t_0}^{t_1} \left(m_1 \dot{q}_1(t) - \int_{t_0}^{t} \frac{\partial U}{\partial q_1}(\boldsymbol{q}(s), s)ds\right)\dot{\delta}_1(t)dt
\end{aligned}
$$

となる．これは周期境界条件の場合も成立する．まだ $\dot{q}_1(t)$ が微分可能であることは示してないので，部分積分はポテンシャルの項の方に適用した．

いま，

$$C=\int_{t_0}^{t_1}\left(m_1\dot{q}_1(u)-\int_{t_0}^{u}\frac{\partial U}{\partial q_1}(\boldsymbol{q}(s),s)ds\right)du$$

とし，

$$\delta_1(t)=\int_{t_0}^{t}\left(m_1\dot{q}_1(u)-\int_{t_0}^{u}\frac{\partial U}{\partial q_1}(\boldsymbol{q}(s),s)ds\right)du-\frac{C(t-t_0)}{T}$$

とおく．ここで，$T=t_1-t_0$ である．すると，$\delta_1(t_0)=\delta_1(t_1)=0$ となる．

以上より，

$$\begin{aligned}
&\int_{t_0}^{t_1}\left(m_1\dot{q}_1(t)-\int_{t_0}^{t}\frac{\partial U}{\partial q_1}(\boldsymbol{q}(s),s)ds-\frac{C}{T}\right)^2dt\\
&=\int_{t_0}^{t_1}\left(m_1\dot{q}_1(t)-\int_{t_0}^{t}\frac{\partial U}{\partial q_1}(\boldsymbol{q}(s),s)ds-\frac{C}{T}\right)\dot{\delta}_1(t)dt\\
&=\int_{t_0}^{t_1}\left(m_1\dot{q}_1(t)-\int_{t_0}^{t}\frac{\partial U}{\partial q_1}(\boldsymbol{q}(s),s)ds\right)\dot{\delta}_1(t)dt-\int_{t_0}^{t_1}\frac{C}{T}\dot{\delta}_1(t)dt\\
&=0
\end{aligned}$$

が成り立つ．

したがって，L^2 関数として

$$m_1\dot{q}_1(t)-\int_{t_0}^{t}\frac{\partial U}{\partial q_1}(\boldsymbol{q}(s),s)ds=\frac{C}{T}$$

が成立する．これから，

$$\dot{q}_1(t)=\frac{1}{m_1}\left(\int_{t_0}^{t}\frac{\partial U}{\partial q_1}(\boldsymbol{q}(s),s)ds+\frac{C}{T}\right) \tag{9.3}$$

が成立する．また，H^1 関数に対する一般論より，ある定数 C_1 により

$$q_1(t)=\int_{t_0}^{t}\dot{q}_1(s)ds+C_1 \tag{9.4}$$

が成り立つ．

ソボレフの埋め込み定理より $q_k(t)$ $(k = 1, \cdots, N)$ は連続関数であるから，(9.3) の右辺は C^1 級である．よって，(9.4) より $q_1(t)$ は C^2 級である．同様に，ほかの $q_k(t)$ についても C^2 級である．$r = 1$ ならこれで証明は済んだ．$r \geq 2$ の場合，再び (9.3) を見ると，$q_k(t)$ が C^2 級であるとわかったので右辺は C^3 級となっている．すると $q_1(t)$ は C^4 級である．この議論を帰納的に行うことにより，$q_1(t)$ は C^{r+1} 級であることがいえる．　□

第 10 章

力学におけるさまざまな変分構造

前章まで，ラグランジアンや作用積分をもとにして，さまざまな解の存在を証明してきた．一方で，力学にはほかにも変分構造がある．それぞれの汎関数についてガトー微分を計算すれば運動方程式を導けるが，ここではポアンカレ–カルタンの積分不変式という 1 次微分形式をもとに変分構造を導出していく．積分不変式から導かれる変分構造への制限の与え方で，さまざまな変分構造が導かれる．

10.1　ルジャンドル変換

10.1.1　ルジャンドル変換の定義と性質

$f(\boldsymbol{x})$ を開集合 $\mathcal{U} \subset \mathbb{R}^N$ 上の C^2 級の凸関数とする．つまり，f のヘッセ行列

$$(\mathrm{Hess}\, f)(\boldsymbol{x}) = \begin{pmatrix} \dfrac{\partial^2 f}{\partial x_1^2}(\boldsymbol{x}) & \dfrac{\partial^2 f}{\partial x_1 \partial x_2}(\boldsymbol{x}) & \cdots & \dfrac{\partial^2 f}{\partial x_1 \partial x_N}(\boldsymbol{x}) \\ \dfrac{\partial^2 f}{\partial x_2 \partial x_1}(\boldsymbol{x}) & \dfrac{\partial^2 f}{\partial x_2^2}(\boldsymbol{x}) & \cdots & \dfrac{\partial^2 f}{\partial x_2 \partial x_N}(\boldsymbol{x}) \\ \vdots & \vdots & \ddots & \vdots \\ \dfrac{\partial^2 f}{\partial x_N \partial x_1}(\boldsymbol{x}) & \dfrac{\partial^2 f}{\partial x_N \partial x_2}(\boldsymbol{x}) & \cdots & \dfrac{\partial^2 f}{\partial x_N^2}(\boldsymbol{x}) \end{pmatrix}$$

が各 $\boldsymbol{x} \in \mathcal{U}$ で正定値であるとする．f の**ルジャンドル変換**とは次で決まる関数 $g(\boldsymbol{y})$ $(\boldsymbol{y} = (y_1, \cdots, y_N))$ である：

$$g(\boldsymbol{y}) = \max_{\boldsymbol{x} \in \mathbb{R}^N} \{\langle \boldsymbol{y}, \boldsymbol{x} \rangle - f(\boldsymbol{x})\}.$$

$\langle \cdot, \cdot \rangle$ は $\mathbb{R}^N$ の通常の内積を表す．f の凸性より，$\langle \boldsymbol{y}, \boldsymbol{x} \rangle - f(\boldsymbol{x})$ の最大値が存在すれば一意的で，

$$\boldsymbol{y} = \nabla f(\boldsymbol{x}) \tag{10.1}$$

を満たす $\boldsymbol{x}$ として決まる．$\boldsymbol{x} \mapsto \nabla f(\boldsymbol{x})$ は微分同相である．

$$\mathcal{V} = \{\nabla f(\boldsymbol{x}) \mid \boldsymbol{x} \in \mathcal{U}\}$$

とし，微分同相写像

$$\begin{aligned} \mathcal{U}(\subset \mathbb{R}^N) &\to \mathcal{V}(\subset \mathbb{R}^N) \\ \boldsymbol{x} \quad &\mapsto \boldsymbol{y} = \nabla f(\boldsymbol{x}) \end{aligned} \tag{10.2}$$

が定まるとする．$\mathcal{V}$ が g の定義域になる．次の命題でルジャンドル変換を 2 回適用すると，もとの関数に戻ることを示す．

命題 10.1. $f(\boldsymbol{x})$ を $\mathcal{U}$ 上の C^2 級の凸関数とする．$g(\boldsymbol{y})$ を $f(\boldsymbol{x})$ のルジャンドル変換とすると，$g(\boldsymbol{y})$ も凸関数である．さらに，$h(\boldsymbol{z})$ を $g(\boldsymbol{y})$ のルジャンドル変換とすると，$h(\boldsymbol{z}) = f(\boldsymbol{z})$ が成り立つ．

証明. 写像 (10.2) の各点 $\boldsymbol{x}_0$ でのヤコビ行列は $(\mathrm{Hess}\ f)(\boldsymbol{x}_0)$ であるから，(10.2) の逆写像を $\boldsymbol{x} = \boldsymbol{\zeta}(\boldsymbol{y})$ とすると，このヤコビ行列は $((\mathrm{Hess}\ f)(\boldsymbol{x}_0))^{-1}$ である．よって，

$$g(\boldsymbol{y}) = \langle \boldsymbol{y}, \boldsymbol{\zeta}(\boldsymbol{y})\rangle - f(\boldsymbol{\zeta}(\boldsymbol{y}))$$

であるから，

$$\begin{aligned}\nabla g(\boldsymbol{y}_0) &= \boldsymbol{\zeta}(\boldsymbol{y}_0) + ((\mathrm{Hess}\ f)(\boldsymbol{x}_0))^{-1}\boldsymbol{y}_0 - ((\mathrm{Hess}\ f)(\boldsymbol{x}_0))^{-1}\nabla f(\boldsymbol{x}_0) \\ &= \boldsymbol{\zeta}(\boldsymbol{y}_0) \end{aligned} \tag{10.3}$$

となる．これより，

$$(\mathrm{Hess}\ g)(\boldsymbol{y}_0) = ((\mathrm{Hess}\ f)(\boldsymbol{x}_0))^{-1}$$

となるので g も凸である．g のルジャンドル変換を $h(\boldsymbol{z})$ としよう．

$$h(\boldsymbol{z}) = \max_{\boldsymbol{y}\in\mathcal{V}}(\langle \boldsymbol{z}, \boldsymbol{y}\rangle - g(\boldsymbol{y}))$$

である．この右辺の最大値を達成する $\boldsymbol{y}$ は

$$\boldsymbol{z} = \nabla g(\boldsymbol{y})$$

を満たすものである．これと (10.3) より $\boldsymbol{z} = \boldsymbol{\zeta}(\boldsymbol{y})$ となるから，$\boldsymbol{y} = \nabla f(\boldsymbol{z})$ である．よって，

$$\begin{aligned}h(\boldsymbol{z}) &= \langle \boldsymbol{z}, \nabla f(\boldsymbol{z})\rangle - g(\nabla f(\boldsymbol{z})) \\ &= \langle \boldsymbol{z}, \nabla f(\boldsymbol{z})\rangle - \langle \nabla f(\boldsymbol{z}), \boldsymbol{\zeta}(\nabla f(\boldsymbol{z}))\rangle + f(\boldsymbol{\zeta}(\nabla f(\boldsymbol{z}))) \\ &= \langle \boldsymbol{z}, \nabla f(\boldsymbol{z})\rangle - \langle \nabla f(\boldsymbol{z}), \boldsymbol{z}\rangle + f(\boldsymbol{z}) \\ &= f(\boldsymbol{z})\end{aligned}$$

となり，g のルジャンドル変換と f が一致することが示された．　□

10.1.2 ラグランジアンとハミルトニアンの関係

$\mathcal{D}$ を $\mathbb{R}^{2N}$ の開集合とする．$\mathcal{D}\times\mathbb{R}$ 上の関数 $H(\boldsymbol{q},\boldsymbol{p},t)$ が与えられたとき，

$$\frac{dq_k}{dt}=\frac{\partial H}{\partial p_k}(\boldsymbol{q},\boldsymbol{p},t),\qquad \frac{dp_k}{dt}=-\frac{\partial H}{\partial q_k}(\boldsymbol{q},\boldsymbol{p},t)\qquad (k=1,\cdots,N) \tag{10.4}$$

を**ハミルトンの正準方程式**といい，このとき $H(\boldsymbol{q},\boldsymbol{p},t)$ を**ハミルトニアン**という．ハミルトンの正準方程式を**ハミルトン力学系**あるいは**ハミルトン系**ともいう．$\mathcal{D}$ を**相空間**といい，N を**自由度**という．H が $\boldsymbol{q},\boldsymbol{p}$ のみの関数のとき，このハミルトン系は**自励的**であるという．

ラグランジアンのオイラー–ラグランジュ方程式とハミルトニアンの正準方程式は互いにルジャンドル変換で写り合う．

定理 10.2. ラグランジアン $L(\boldsymbol{q},\dot{\boldsymbol{q}},t)$ が $\dot{\boldsymbol{q}}$ について凸であると仮定し，$\dot{\boldsymbol{q}}$ についてルジャンドル変換したものを $H(\boldsymbol{q},\boldsymbol{p},t)\left(p_k=\dfrac{\partial L}{\partial \dot{q}_k}\right)$ とする．$\boldsymbol{q}(t)$ が L に関する オイラー–ラグランジュ方程式を満たすことは対応する $(\boldsymbol{q}(t),\boldsymbol{p}(t))\left(p_k(t)=\dfrac{\partial L}{\partial \dot{q}_k}\left(\boldsymbol{q}(t),\dfrac{d\boldsymbol{q}}{dt}(t),t\right)\right)$ がハミルトニアン H に関する正準方程式を満たすことと同値である．

証明. $H(\boldsymbol{q},\boldsymbol{p},t)$ は $L(\boldsymbol{q},\dot{\boldsymbol{q}},t)$ の $\dot{\boldsymbol{q}}$ に関するルジャンドル変換であるから

$$H(\boldsymbol{q},\boldsymbol{p},t)=\langle\boldsymbol{p},\dot{\boldsymbol{q}}\rangle-L(\boldsymbol{q},\dot{\boldsymbol{q}},t) \tag{10.5}$$

である．ここで，

$$p_k=\frac{\partial L}{\partial \dot{q}_k}(\boldsymbol{q},\dot{\boldsymbol{q}},t) \tag{10.6}$$

で変数の対応が定まっている．

命題 10.1 より，H を $\boldsymbol{p}$ についてルジャンドル変換すると L に戻るので，

$$\dot{q}_k=\frac{\partial H}{\partial p_k}(\boldsymbol{q},\boldsymbol{p},t)$$

が成り立つ．また，関係式 (10.5), (10.6) より

$$
\begin{aligned}
dH &= \langle \boldsymbol{p}, d\dot{\boldsymbol{q}} \rangle + \langle \dot{\boldsymbol{q}}, d\boldsymbol{p} \rangle - \sum_{k=1}^{N} \left(\frac{\partial L}{\partial q_k} dq_k - \frac{\partial L}{\partial \dot{q}_k} d\dot{q}_k \right) - \frac{\partial L}{\partial t} dt \\
&= \langle \dot{\boldsymbol{q}}, d\boldsymbol{p} \rangle - \sum_{k=1}^{N} \frac{\partial L}{\partial q_k} dq_k - \frac{\partial L}{\partial t} dt
\end{aligned}
$$

が成り立つ．したがって，

$$
\dot{q}_k = \frac{\partial H}{\partial p_k}, \qquad -\frac{\partial L}{\partial q_k} = \frac{\partial H}{\partial q_k} \qquad (k = 1, \cdots, N) \tag{10.7}
$$

が得られる．$\boldsymbol{q}(t)$ がオイラー–ラグランジュ方程式を満たすとすると，

$$
\frac{dp_k}{dt} = \frac{d}{dt} \left(\frac{\partial L}{\partial \dot{q}_k} \right) = \frac{\partial L}{\partial q_k} = -\frac{\partial H}{\partial q_k}
$$

であるから対応する $(\boldsymbol{q}(t), \boldsymbol{p}(t))$ はハミルトンの正準方程式が成り立つ．逆も同様に示せる． □

例 10.3. ポテンシャル系に対するラグランジアン

$$
L(\boldsymbol{q}, \dot{\boldsymbol{q}}, t) = \frac{1}{2} \sum_{k=1}^{N} m_k \dot{q}_k - V(\boldsymbol{q}, t)
$$

をルジャンドル変換して得られるハミルトニアンは

$$
H(\boldsymbol{q}, \boldsymbol{p}, t) = \sum_{k=1}^{N} \frac{1}{2m_k} p_k^2 + V(\boldsymbol{q}, t)
$$

である．

命題 10.4. 自励的ハミルトン系について，ハミルトニアンは正準方程式の各解に沿って一定である．

証明. $(\boldsymbol{q}(t), \boldsymbol{p}(t))$ を正準方程式 (10.4) の解とすると，

$$
\frac{dH(\boldsymbol{q}(t), \boldsymbol{p}(t))}{dt} = \sum_{k=1}^{N} \left(\frac{\partial H}{\partial q_k} \frac{dq_k}{dt} + \frac{\partial H}{\partial p_k} \frac{dp_k}{dt} \right)
$$

$$= \sum_{k=1}^{N} \left(\frac{\partial H}{\partial q_k} \frac{\partial H}{\partial p_k} + \frac{\partial H}{\partial p_k} \left(-\frac{\partial H}{\partial q_k} \right) \right) = 0$$

より示された. □

10.2　ポアンカレ–カルタンの積分不変式

M を $2N+1$ 次元多様体とし, ρ を M 上の 2 次微分形式とする. ρ が**非特異**であるとは, 各 $x \in M$ に対し,

$$\{\boldsymbol{v} \in T_x(M) \mid \rho(\boldsymbol{v}, \boldsymbol{w}) = 0 \ (\boldsymbol{w} \in T_x(M))\}$$

が 1 次元であることをいう.

M 上の 2 次微分形式 ρ と, M 上のベクトル場 X があたえられたとき, ρ の X による**内部積**を

$$i_X \rho = \rho(X, \cdot)$$

により定める. $i_X \rho$ は, 1 次微分形式である.

$\mathcal{U} \subset \mathbb{R}^{2N}$ を開集合とし, $M = \mathcal{U} \times \mathbb{R} \subset \mathbb{R}^{2N+1}$ 上の 1 次微分形式

$$\alpha = \sum_{k=1}^{N} p_k dq_k - H(\boldsymbol{q}, \boldsymbol{p}, t) dt \tag{10.8}$$

を**ポアンカレ–カルタンの積分不変式**という. この 2 次微分形式 $d\alpha$ は非特異である. $i_R d\alpha = 0$ となるベクトル場 R が存在する. R は各点での長さの分だけ一意的ではないが, それは後で定めることにする. R を

$$R = \sum_{k=1}^{n} X_k \frac{\partial}{\partial q_k} + \sum_{k=1}^{n} Y_k \frac{\partial}{\partial p_k} + Z \frac{\partial}{\partial t}$$

とおく.

$$d\alpha\,(R, \cdot) = \sum_{k=1}^{N} (Y_k dq_k - X_k dp_k) - \sum_{k=1}^{N} \left(\frac{\partial H}{\partial q_k} X_k + \frac{\partial H}{\partial p_k} Y_k \right) dt$$

$$
\begin{aligned}
&+ Z\sum_{k=1}^{N}\left(\frac{\partial H}{\partial q_k}dq_k + \frac{\partial H}{\partial p_k}dp_k\right)\\
&= \sum_{k=1}^{N}\left(\left(Z\frac{\partial H}{\partial q_k} + Y_k\right)dq_k + \left(Z\frac{\partial H}{\partial p_k} - X_k\right)dp_k\right)\\
&\quad - \sum_{k=1}^{N}\left(\frac{\partial H}{\partial q_k}X_k + \frac{\partial H}{\partial p_k}Y_k\right)dt
\end{aligned}
$$

だから，X, Y, Z は

$$
\begin{aligned}
&X_k = Z\frac{\partial H}{\partial p_k} \qquad (k = 1, \cdots, n)\\
&Y_k = -Z\frac{\partial H}{\partial q_k} \qquad (k = 1, \cdots, n)\\
&\sum_{k=1}^{N}\left(\frac{\partial H}{\partial q_k}X_k + \frac{\partial H}{\partial p_k}Y_k\right) = 0
\end{aligned}
$$

を満たすものである．対応する微分方程式は

$$
\begin{aligned}
&\frac{dq_k}{ds} = X_k = Z\frac{\partial H}{\partial p_k}\\
&\frac{dp_k}{ds} = Y_k = -Z\frac{\partial H}{\partial q_k} \qquad (k = 1, \cdots, n)\\
&\frac{dt}{ds} = Z
\end{aligned}
$$

となる．ここで，Z を $Z = 1$ として $t = s$ とすると，ハミルトンの正準方程式

$$
\left.
\begin{aligned}
&\frac{dq_k}{dt} = \frac{\partial H}{\partial p_k}\\
&\frac{dp_k}{dt} = -\frac{\partial H}{\partial q_k}
\end{aligned}
\right. \qquad (k = 1, \cdots, n)
$$

が得られる．よって，このとき，R は

$$
R = \sum_{k=1}^{N}\left(\frac{\partial H}{\partial p_k}\frac{\partial}{\partial q_k} - \frac{\partial H}{\partial p_k}\frac{\partial}{\partial p_k}\right) + \frac{\partial}{\partial t}
$$

と表される．これを，α により定まる**ハミルトンベクトル場**という．α が積分不変式と呼ばれるのは，次の定理による．

定理 10.5. $\varphi^{t_0,t}(\boldsymbol{z})$ を正準方程式の流れとする．時間軸を加えた相空間 $\mathcal{U} \times \mathbb{R} \subset \mathbb{R}^{2N+1}$ における閉曲線 $\gamma_0(s) = (\boldsymbol{q}_1(s), \boldsymbol{p}_1(s), f(s))$ $(s \in [0,1], \gamma_0(0) = \gamma_0(1))$ をとる．$g(s)$ $(s \in [0,1], g(0) = g(1))$ を滑らかな実数値関数とし，$\gamma_0(s)$ の各点を流れに沿って，時間 $g(s)$ まで流した点を $\gamma_1(s)$ とする．つまり，

$$\gamma_1(s) = (\varphi^{f(s),g(s)}(\boldsymbol{q}_1(s), \boldsymbol{p}_1(s)), g(s))$$

である．このとき，

$$\int_{\gamma_0} \sum_{k=1}^{N} p_k dq_k - H(\boldsymbol{q}, \boldsymbol{p}, t)dt = \int_{\gamma_1} \sum_{k=1}^{N} p_k dq_k - H(\boldsymbol{q}, \boldsymbol{p}, t)dt$$

が成り立つ．

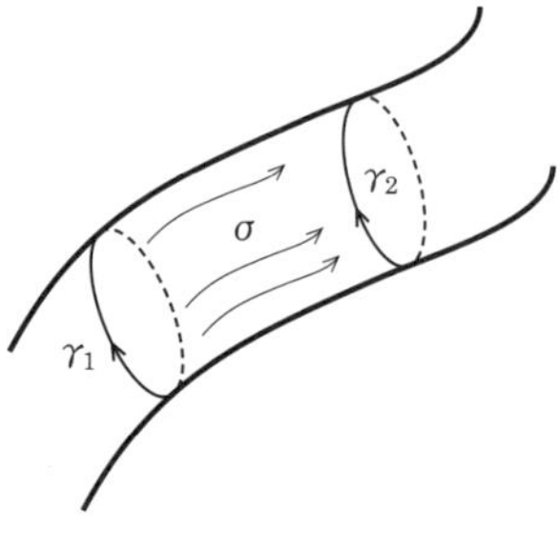

図 10.1　γ_0 と γ_1

証明.

$$\alpha = \sum_{k=1}^{N} p_k dq_k - H(\boldsymbol{q}, \boldsymbol{p}, t)dt$$

とする．$f(s) < g(s)$ $(s \in [0,1])$ の場合を考える．

$$\sigma = \{(\varphi^{f(s),t}(\boldsymbol{q}_1(s), \boldsymbol{p}_1(s)), t) \in \mathbb{R}^{2N+1} \mid 0 \leq s \leq 1,\ f(s) \leq t \leq g(s)\}$$

は 2 次元多様体である．これに対してストークスの定理を適用すると，

$$\int_\sigma d\alpha = \int_{\partial\sigma} \alpha = \int_{\gamma_1} \alpha - \int_{\gamma_0} \alpha$$

が得られる．一方，$\varphi^{t_0,t}(\boldsymbol{q}, \boldsymbol{p})$ はベクトル場 R の流れだから，

$$\int_\sigma d\alpha = 0$$

が成り立つ．したがって，

$$\int_{\gamma_0} \alpha = \int_{\gamma_1} \alpha$$

が成立する．$f(s) > g(s)$ $(s \in [0,1])$ の場合も同様である．$f(s)$ と $g(s)$ の大小関係が変わる場合は，γ_0 と γ_1 の間を R の流れでつなぐといくつかの曲面の和になるが，各々の曲面について同様の議論をすることにより，示すことができる． □

特に，$f(s), g(s)$ を一定とすると次が成り立つ．

系 10.6. $\varphi^{t_0,t}(\boldsymbol{z})$ を正準方程式の流れとする．$\gamma_0(s) = (\boldsymbol{q}(s), \boldsymbol{p}(s), t_0)$ $(s \in [0,1])$ を $\mathcal{U} \times \mathbb{R} \subset \mathbb{R}^{2N+1}$ 内の閉曲線とする．$\gamma_1(s) = (\varphi^{t_0,t_1}(\boldsymbol{q}(s), \boldsymbol{p}(s)), t_1)$ とする．このとき，

$$\int_{\gamma_0} \sum_{k=1}^{N} p_k dq_k = \int_{\gamma_1} \sum_{k=1}^{N} p_k dq_k$$

が成り立つ．

1 次微分形式

$$\eta := \sum_{k=1}^{N} p_k dq_k$$

を**ポアンカレの相対積分不変式**という．この外微分を ω とおく：

$$\omega := d\eta = \sum_{k=1}^{N} dp_k \wedge dq_k.$$

$S \subset \mathcal{U} \times \{t_0\}$ を閉曲線 β_0 を境界とする曲面とすると，ストークスの定理より

$$\iint_S \omega = \int_{\beta_0} \eta = \int_{\beta_1} \eta = \iint_{\varphi^{t_0,t_1}(S)} \omega = \iint_S (\varphi^{t_0,t_1})^* \omega$$

が成り立つ．S は閉曲線を境界としてもつ任意の曲面としてとれるから，

$$\omega = (\varphi^{t_0,t_1})^* \omega \tag{10.9}$$

が成り立つ．つまり，ω はハミルトン系の流れで不変である．

$\mathcal{U}, \mathcal{V} \subset \mathbb{R}^{2N}$ を開集合とする．微分同相写像

$$\begin{aligned} \Phi \colon \mathcal{U} &\to \mathcal{V} \\ (\boldsymbol{Q}, \boldsymbol{P}) &\mapsto (\boldsymbol{q}, \boldsymbol{p}) \end{aligned}$$

は，

$$\sum_{k=1}^{N} dP_k \wedge dQ_k = \Phi^* \left(\sum_{k=1}^{N} dp_k \wedge dq_k \right)$$

を満たすとき**正準変換**とか**シンプレクティック同相写像**であるという．φ^{t_0,t_1} は $\mathcal{U}$ から $\mathcal{U}$ への正準変換である．

$(\boldsymbol{q}, \boldsymbol{p}) = \Phi(\boldsymbol{Q}, \boldsymbol{P})$ が正準変換であるとき任意の閉曲線 γ に対し，γ を境界とする曲面 σ をとると，ストークスの定理より

$$\begin{aligned} &\int_\gamma \Phi^* \left(\sum_{k=1}^{N} p_k dq_k \right) - \sum_{k=1}^{N} P_k dQ_k \\ &= \int_\sigma \Phi^* \left(\sum_{k=1}^{N} dp_k \wedge dq_k \right) - \sum_{k=1}^{N} dP_k \wedge dQ_k = 0 \end{aligned}$$

が成り立つ．$(\boldsymbol{Q}_0, \boldsymbol{P}_0) \in \mathbb{R}^{2N}$ を固定し，$(\boldsymbol{Q}, \boldsymbol{P}) \in \mathbb{R}^{2N}$ に対して $(\boldsymbol{Q}_0, \boldsymbol{P}_0)$ から $(\boldsymbol{Q}, \boldsymbol{P})$ に至る曲線を $\gamma_{\boldsymbol{Q},\boldsymbol{P}}$ とすると

$$S(\boldsymbol{Q}, \boldsymbol{P}) = \int_{\gamma_{\boldsymbol{Q},\boldsymbol{P}}} \Phi^* \left(\sum_{k=1}^{N} p_k dq_k \right) - \sum_{k=1}^{N} P_k dQ_k$$

が経路によらず定まる．この $S(\boldsymbol{Q}, \boldsymbol{P})$ は

$$\Phi^* \left(\sum_{k=1}^{N} p_k dq_k \right) - \sum_{k=1}^{N} P_k dQ_k = dS$$

を満たす．

したがって，ポアンカレ–カルタンの積分不変式を引き戻すと

$$\Phi^* \left(\sum_{k=1}^{N} p_k dq_k - H(\boldsymbol{q}, \boldsymbol{p}, t) dt \right) = \sum_{k=1}^{N} P_k dQ_k - H(\Phi(\boldsymbol{Q}, \boldsymbol{P}), t) dt + dS$$

と表される．dS はハミルトンベクトル場には影響せず，右辺は $H(\Phi(\boldsymbol{Q}, \boldsymbol{P}), t)$ に対するハミルトンベクトル場を導く 1 形式である．このことから，$H(\boldsymbol{q}, \boldsymbol{p}, t)$ と $H(\Phi(\boldsymbol{Q}, \boldsymbol{P}), t)$ の正準方程式の解は移り合う．まとめておこう．

定理 10.7. $(\boldsymbol{q}, \boldsymbol{p}) = \Phi(\boldsymbol{Q}, \boldsymbol{P})$ が正準変換であるとする．$(\boldsymbol{q}(t), \boldsymbol{p}(t)) = \Phi(\boldsymbol{Q}(t), \boldsymbol{P}(t))$ としたとき，$(\boldsymbol{q}(t), \boldsymbol{p}(t))$ がハミルトニアン $H(\boldsymbol{q}, \boldsymbol{p}, t)$ に関する正準方程式を満たすことと，$(\boldsymbol{Q}(t), \boldsymbol{P}(t))$ がハミルトニアン $H(\Phi(\boldsymbol{Q}, \boldsymbol{P}), t)$ に関する正準方程式を満たすことは同値である．

時間にも依存する変換

$$\Phi(\boldsymbol{Q}, \boldsymbol{P}, t) = (\boldsymbol{q}, \boldsymbol{p})$$

は，t を固定するごとに

$$\sum_{k=1}^{N} dP_k \wedge dQ_k = \Phi^*(\cdot, \cdot, t) \left(\sum_{k=1}^{N} dp_k \wedge dq_k \right)$$

を満たすとき**正準変換**であるという[*1]. t を固定するごとに同様に $S(\boldsymbol{Q}, \boldsymbol{P}, t)$ を構成すると，S の外微分は

$$dS = \sum_{k=1}^{N} p_k dq_k - \sum_{k=1}^{N} P_k dQ_k + \frac{\partial S}{\partial t} dt$$

となる．よって，

$$\Phi^* \left(\sum_{k=1}^{N} p_k dq_k - H dt \right) = \sum_{k=1}^{N} P_k dQ_k - \left(H + \frac{\partial S}{\partial t} \right) dt + dS$$

以上から，次がいえる．

定理 10.8. $(\boldsymbol{q}, \boldsymbol{p}) = \Phi(\boldsymbol{Q}, \boldsymbol{P}, t)$ が正準変換であるとする．$(\boldsymbol{q}(t), \boldsymbol{p}(t)) = \Phi(\boldsymbol{Q}(t), \boldsymbol{P}(t), t)$ としたとき，$(\boldsymbol{q}(t), \boldsymbol{p}(t))$ がハミルトニアン $H(\boldsymbol{q}, \boldsymbol{p}, t)$ に関する正準方程式を満たすことと，$(\boldsymbol{Q}(t), \boldsymbol{P}(t), t)$ がハミルトニアン $H(\Phi(\boldsymbol{Q}, \boldsymbol{P}, t), t) + \dfrac{\partial S}{\partial t}(\boldsymbol{Q}, \boldsymbol{P}, t)$ に関する正準方程式を満たすことは同値である．

10.3　ポアンカレ写像

φ^{t_0, t_1} をハミルトニアン $H(\boldsymbol{q}, \boldsymbol{p}, t)$ の正準方程式の流れとしよう．(10.9) でみたように，

$$\omega = \sum_{k=1}^{N} dp_k \wedge dq_k$$

は写像 φ^{t_0, t_1} で保たれる．t_0, t_1 を固定し，シンプレクティック同相写像 $(\boldsymbol{q}, \boldsymbol{p}) = \varphi^{t_0, t_1}(\boldsymbol{Q}, \boldsymbol{P})$ を考える．

この観点でよく研究されているのが周期ハミルトン系である．ハミルトニアンがある $T > 0$ について，

$$H(\boldsymbol{q}, \boldsymbol{p}, t + T) = H(\boldsymbol{q}, \boldsymbol{p}, t)$$

[*1] ここで，$\Phi^*(\cdot, \cdot, t)$ は t を固定して，Φ を $(\boldsymbol{Q}, \boldsymbol{P})$ から $(\boldsymbol{q}, \boldsymbol{p})$ への写像とみなしていて，左辺は微分形式をそれで引き戻したものを指す．

を満たすとする．この流れにより定まる写像 $\psi(\boldsymbol{p},\boldsymbol{q}) = \varphi^{0,T}(\boldsymbol{q},\boldsymbol{p})$ を考える．$\psi^j(\boldsymbol{q},\boldsymbol{p}) = \varphi^{0,jT}(\boldsymbol{q},\boldsymbol{p})$ が成り立つから，ψ の反復合成による振る舞いが理解できれば，もとの周期ハミルトン系の解の振る舞いもおおむね理解できるといってよいであろう．この ψ を**ポアンカレ写像**という．

自励系に対しては，これとは異なる離散化でシンプレクティック同相写像が得られる．自励的ハミルトニアン $H(\boldsymbol{q},\boldsymbol{p})$ を考える．H の値は各解に沿って一定であるから，定数 h に固定して考える．h が H の正則値なら

$$\{(\boldsymbol{q},\boldsymbol{p}) \mid H(\boldsymbol{q},\boldsymbol{p}) = h\}$$

は $2n-1$ 次元多様体である．$q_N = c$ により定まる $2n-2$ 次元の断面

$$\Sigma = \{(\boldsymbol{q},\boldsymbol{p}) \mid H(\boldsymbol{q},\boldsymbol{p}) = h,\, q_N = c\}$$

をとる．その上の座標として $(q_1,\cdots,q_{n-1},p_1,\cdots,p_{n-1})$ がとれ，p_N は $q_N = c$ とエネルギー関係式により $(q_1,\cdots,q_{n-1},p_1,\cdots,p_{n-1})$ の関数として定まるとする．$(q_1,\cdots,q_{n-1},p_1,\cdots,p_{n-1})$ で決まる Σ 上の点に対し，それを初期点とする正準方程式の解が再び Σ と交わるとする．それにより Σ から Σ への写像 $\Phi(q_1,\cdots,q_{n-1},p_1,\cdots,p_{n-1})$ が定まるとする．この写像 Φ を**簡約ポアンカレ写像**という．簡約ポアンカレ写像はシンプレクティック同相写像になる．実際，Σ 上に任意の閉曲線 γ_0 に対し，$\gamma_1 = \Phi\circ\gamma_0$ とし，定理 10.5 より

$$\int_{\gamma_0}\sum_{k=1}^{N} p_k dq_k - H dt = \int_{\gamma_1}\sum_{k=1}^{N} p_k dq_k - H dt$$

が成り立つ．Σ 上で q_N と H は一定だから，

$$\int_{\gamma_0}\sum_{k=1}^{N-1} p_k dq_k = \int_{\gamma_1}\sum_{k=1}^{N-1} p_k dq_k$$

が成り立つ．これより，Φ が正準変換であることがわかった．

10.4 ハミルトン系に対する変分構造

相空間上の曲線 $\gamma(t)=(\boldsymbol{q}(t),\boldsymbol{p}(t))$ $(t\in[t_0,t_1])$ に対して,

$$\mathcal{H}(\gamma)=\int_\gamma \sum_{k=1}^N p_k dq_k - H(\boldsymbol{q},\boldsymbol{p},t)dt=\int_{t_0}^{t_1}\left(\sum_{k=1}^N p_k\frac{dq_k}{dt}-H(\boldsymbol{q},\boldsymbol{p},t)\right)dt \tag{10.10}$$

とおく. $\boldsymbol{a}_0,\boldsymbol{a}_1\in\mathcal{D}$ を固定する. $\boldsymbol{p}$ の端点は固定しない.

$$\begin{aligned}&\Omega([t_0,t_1],\mathcal{D}\times\mathbb{R}^N;\boldsymbol{a}_0,\boldsymbol{a}_1)\\&\quad=\{(\boldsymbol{q}(t),\boldsymbol{p}(t))\in C^2([t_0,t_1],\mathcal{D}\times\mathbb{R}^N)\mid \boldsymbol{q}(t_0)=\boldsymbol{a}_0,\ \boldsymbol{q}(t_1)=\boldsymbol{a}_1\}\end{aligned}$$

とする.

定理 10.9. $(\boldsymbol{q},\boldsymbol{p})\in\Omega([t_0,t_1],\mathcal{D}\times\mathbb{R}^N;\boldsymbol{a}_0,\boldsymbol{a}_1)$ が $\mathcal{H}$ の臨界点であるための必要十分条件は $(\boldsymbol{q}(t),\boldsymbol{p}(t))$ が (t_0,t_1) で $H(\boldsymbol{q},\boldsymbol{p},t)$ の正準方程式

$$\frac{dq_k}{dt}=\frac{\partial H}{\partial p_k}(\boldsymbol{q},\boldsymbol{p},t),\qquad \frac{dp_k}{dt}=-\frac{\partial H}{\partial q_k}(\boldsymbol{q},\boldsymbol{p},t)\qquad (k=1,\cdots,n)$$

を満たすことである.

証明. 2通りの証明を行う. まずは, 積分不変式を用いて証明しよう.

$\gamma(t)=(\boldsymbol{q}(t),\boldsymbol{p}(t))$ を解とする. $\boldsymbol{q}(t_0),\boldsymbol{q}(t_1)$ を固定したまま, $\gamma(t)+h\delta\gamma(t)=(\boldsymbol{q}(t)+h\delta\boldsymbol{q}(t),\boldsymbol{p}(t)+h\delta\boldsymbol{p}(t))$ に変形する. つまり, $\delta\gamma(t)=(\delta\boldsymbol{q}(t),\delta\boldsymbol{p}(t))$ は $\delta\boldsymbol{q}(t_0)=\delta\boldsymbol{q}(t_1)=\boldsymbol{0}$ を満たすとする. $\mathcal{D}\times\mathbb{R}^N\times\mathbb{R}$ において

$$\begin{aligned}\xi_1(s)&=(\gamma(s)+h\delta\gamma(s),s)\qquad &(s\in[t_0,t_1])\\\xi_0(s)&=(\gamma(s),s)&(s\in[t_0,t_1])\end{aligned}$$

とする. α_0 と α_1 は端点が一致しないので,

$$\eta_0(s)=(\boldsymbol{q}(t_0),\boldsymbol{p}(t_0)+sh\delta\boldsymbol{p}(t_0),t_0)\qquad (s\in[0,1])$$

$$\eta_1(s) = (\boldsymbol{q}(t_1), \boldsymbol{p}(t_1) + sh\delta\boldsymbol{p}(t_1), t_1) \qquad (s \in [0,1])$$

で補い，この 4 つの曲線を繋げ，向きは適当に合わせると閉曲線になる．この閉曲線に沿った積分は，ストークスの定理よりこの閉曲線を境界にもつ曲面 σ における積分

$$\int_\sigma \sum_{k=1}^{N} dp_k \wedge dq_k - dH \wedge dt \tag{10.11}$$

と一致する．$\gamma(t)$ が正準方程式の解であれば，ξ_0 に沿って $d\boldsymbol{p}\wedge d\boldsymbol{q} - dH \wedge dt$ は 0 になる．σ 上に適当に座標 u, v を入れると，(10.11) は

$$\int_\sigma f(u,v) du dv$$

と表されるが，以上のことより，ある $C > 0$ により σ 上で

$$|f(u,v)| \leq Ch$$

と評価できる．σ の面積は h のオーダーであるから，(10.11) は h^2 のオーダーである．

また，η_1, η_2 上の線積分の部分は，$\boldsymbol{q}$ 成分も t 成分も変化しないので，0 である．したがって，

$$\left(\int_{\gamma_1} \sum_{k=1}^{N} p_k dq_k - H dt\right) - \left(\int_{\gamma_0} \sum_{k=1}^{N} p_k dq_k - H dt\right)$$

は h について 2 次のオーダーであり，$h = 0$ での h に関する微分は 0 である．逆の証明は読者に委ねる．

別証明． ガトー微分の計算により証明する．

$$\begin{aligned}
&\left.\frac{d}{dh}\right|_{h=0} \mathcal{H}(\gamma + h\delta\gamma) \\
&= \left.\frac{d}{dh}\right|_{h=0} \int_{t_0}^{t_1} \sum_{k=1}^{N} (p_k + h\delta p_k)(\dot{q}_k + h\delta\dot{q}_k) - H(\boldsymbol{q} + h\delta\boldsymbol{q}, \boldsymbol{p} + h\delta\boldsymbol{p}, t) dt
\end{aligned}$$

$$
\begin{aligned}
&= \int_{t_0}^{t_1} \sum_{k=1}^{N} \left(\delta p_k \dot{q}_k + p_k \delta \dot{q}_k - \frac{\partial H}{\partial q_k}(\boldsymbol{q}, \boldsymbol{p}, t)\delta q_k - \frac{\partial H}{\partial p_k}(\boldsymbol{q}, \boldsymbol{p}, t)\delta p_k \right) dt \\
&= \sum_{k=1}^{N} [p_k \delta q_k]_{t=t_0}^{t_1} \\
&+ \int_{t_0}^{t_1} \sum_{k=1}^{N} \left(\left(-\dot{p}_k - \frac{\partial H}{\partial q_k}(\boldsymbol{q}, \boldsymbol{p}, t) \right) \delta q_k + \left(\dot{q}_k - \frac{\partial H}{\partial p_k}(\boldsymbol{q}, \boldsymbol{p}, t) \right) \delta p_k \right) dt \\
&= \int_{t_0}^{t_1} \sum_{k=1}^{N} \left(\left(-\dot{p}_k - \frac{\partial H}{\partial q_k}(\boldsymbol{q}, \boldsymbol{p}, t) \right) \delta q_k + \left(\dot{q}_k - \frac{\partial H}{\partial p_k}(\boldsymbol{q}, \boldsymbol{p}, t) \right) \delta p_k \right) dt
\end{aligned}
$$

となるので，$\mathcal{H}(\gamma)$ の臨界点になることと，H の正準方程式を満たすことは同値である． □

10.5 作用積分との対応

$\gamma(t) = (\boldsymbol{q}(t), \boldsymbol{p}(t))$ が

$$
\mathcal{H}(\gamma) = \int \sum_{k=1}^{N} p_k dq_k - H dt
$$

の臨界点になることと，ハミルトンの正準方程式を満たすことが同値であった．$\boldsymbol{p}$ に対してのみ変分を与えると，$\delta\gamma = (\boldsymbol{0}, \delta\boldsymbol{p})$ とし，

$$
\begin{aligned}
&\left.\frac{d}{dh}\right|_{h=0} \mathcal{H}(\gamma + h\delta\gamma) \\
&\quad = \left.\frac{d}{dh}\right|_{h=0} \int_{t_0}^{t_1} \sum_{k=1}^{N} (p_k + h\delta p_k)\dot{q}_k - H(\boldsymbol{q}, \boldsymbol{p} + h\delta\boldsymbol{p}, t) dt \\
&\quad = \int_{t_0}^{t_1} \sum_{k=1}^{N} \left(\delta p_k \dot{q}_k - \frac{\partial H}{\partial p_k}(\boldsymbol{q}, \boldsymbol{p}, t)\delta p_k \right) dt \\
&\quad = \int_{t_0}^{t_1} \sum_{k=1}^{N} \left(\dot{q}_k - \frac{\partial H}{\partial p_k}(\boldsymbol{q}, \boldsymbol{p}, t) \right) \delta p_k dt \qquad (10.12)
\end{aligned}
$$

となる．H が $\boldsymbol{p}$ について凸であるとし，(10.12) が 0 となるよう $\boldsymbol{p}$ は

$$\dot{q}_k = \frac{\partial H}{\partial p_k}(\boldsymbol{q}, \boldsymbol{p}, t)$$

を満たすように定めるものとする．これは，ルジャンドル変換であるので，$\boldsymbol{p}$ を $(\boldsymbol{q}, \dot{\boldsymbol{q}}, t)$ で定まるとみなして

$$L(\boldsymbol{q}, \dot{\boldsymbol{q}}, t) = \langle \dot{\boldsymbol{q}}, \boldsymbol{p} \rangle - H(\boldsymbol{q}, \boldsymbol{p}, t)$$

とおいたとき，

$$p_k = \frac{\partial L}{\partial \dot{q}_k} \qquad (k = 1, \cdots, n) \tag{10.13}$$

を満たすことと同値である．この制限のもとで，汎関数は作用積分

$$\mathcal{A}(\boldsymbol{q}) = \int_{t_0}^{t_1} \langle \dot{\boldsymbol{q}}, \boldsymbol{p}(\boldsymbol{q}, \dot{\boldsymbol{q}}, t) \rangle - H(\boldsymbol{q}, \boldsymbol{p}(\boldsymbol{q}, \dot{\boldsymbol{q}}, t), t) dt = \int_{t_0}^{t_1} L(\boldsymbol{q}, \dot{\boldsymbol{q}}, t) dt$$

になる．つまり，作用積分 $\mathcal{A}$ はハミルトン系に対する汎関数 $\mathcal{H}$ を $\dot{q}_k = \dfrac{\partial H}{\partial p_k}$ を満たす曲線に制限したものである．

10.6 シンプレクティック同相写像の変分構造

$\mathcal{U}, \mathcal{V} \subset \mathbb{R}^{2N}$ を開集合とし，$\Phi \colon \mathcal{U} \to \mathcal{V}$, $(\boldsymbol{Q}, \boldsymbol{P}) \mapsto (\boldsymbol{q}, \boldsymbol{p})$ をシンプレクティック同相写像とする．

この関係式により，$(\boldsymbol{Q}, \boldsymbol{q})$ を独立変数として，$(\boldsymbol{P}, \boldsymbol{p})$ が決まるとする．

$$d\left(\sum_{k=1}^{N} p_k dq_k - \sum_{k=1}^{N} P_k dQ_k\right) = 0$$

であるから[*2]，ポアンカレの補題より

$$dS = \sum_{k=1}^{N} p_k dq_k - \sum_{k=1}^{N} P_k dQ_k$$

[*2] ここでは引き戻しの記号を省略している．$(\boldsymbol{Q}, \boldsymbol{q})$ の座標に引き戻したとみなしている．

を満たす $S(\boldsymbol{Q},\boldsymbol{q})$ が存在する．この S を Φ の**母関数**とか**生成関数**という．

$\mathcal{D}\subset\mathbb{R}^N$ を開集合とし，母関数 S が $\mathcal{D}\times\mathcal{D}$ 上で定まるとする．$\boldsymbol{q}\in\mathcal{D}$ の列 $\boldsymbol{q}_k\in\mathcal{D}$ $(k=0,1,\cdots,l)$ に対して，

$$F(\boldsymbol{q}_0,\boldsymbol{q}_1,\cdots,\boldsymbol{q}_l)=\sum_{k=1}^{l}S(\boldsymbol{q}_{k-1},\boldsymbol{q}_k)$$

とおく．$\boldsymbol{q}_k^*$ が $\boldsymbol{q}_0,\boldsymbol{q}_l$ を固定のもと，$\boldsymbol{q}_1,\cdots,\boldsymbol{q}_{l-1}$ を変数として F をみたときの臨界点であるとすると，$k=1,\cdots,l-1$ について

$$\frac{\partial S}{\partial\boldsymbol{Q}}(\boldsymbol{q}_k,\boldsymbol{q}_{k+1})+\frac{\partial S}{\partial\boldsymbol{q}}(\boldsymbol{q}_{k-1},\boldsymbol{q}_k)=\boldsymbol{0}$$

が成り立つ．$\dfrac{\partial S}{\partial\boldsymbol{Q}}$ は S の最初の N 個の変数について偏微分したものを順に並べたベクトルである．$\dfrac{\partial S}{\partial\boldsymbol{q}}$ も同様に，後の N 個の変数に関する偏微分を並べたものである．これより，

$$\boldsymbol{p}_k=\frac{\partial S}{\partial\boldsymbol{Q}}(\boldsymbol{q}_k,\boldsymbol{q}_{k+1})=-\frac{\partial S}{\partial\boldsymbol{q}}(\boldsymbol{q}_{k-1},\boldsymbol{q}_k)$$

とおくと，

$$\Phi(\boldsymbol{q}_k,\boldsymbol{p}_k)=(\boldsymbol{q}_{k+1},\boldsymbol{p}_{k+1})$$

が成り立つ．つまり，F の臨界点から Φ の軌道が得られる．

さて，ポアンカレ写像はシンプレクティック同相写像であった．その場合の母関数 S ともとの連続系の変分構造との関係について述べる．$\mathcal{D}\times\mathbb{R}^N\times\mathbb{R}$ ラグランジアン $L(\boldsymbol{q},\dot{\boldsymbol{q}},t)$ のラグランジュ系において，$\boldsymbol{Q},\boldsymbol{q}\in\mathcal{D}$, $t_0<t_1$ をとり，$\boldsymbol{\gamma}(t_0)=\boldsymbol{Q}$, $\boldsymbol{\gamma}(t_1)=\boldsymbol{q}$ となる解 $\gamma_{\boldsymbol{Q},\boldsymbol{q}}$ が一意的に存在するとし，さらに $\boldsymbol{Q},\boldsymbol{q}$ について滑らかに依存するとする．

$$S(\boldsymbol{Q},\boldsymbol{q})=\int_{t_0}^{t_1}L(\gamma_{\boldsymbol{Q},\boldsymbol{q}},\dot{\gamma}_{\boldsymbol{Q},\boldsymbol{q}},t)dt$$

とおく．これが，ポアンカレ写像の母関数であることを示す．$\delta\boldsymbol{Q}, \delta\boldsymbol{q} \in \mathbb{R}^N$ を任意にとり，固定する．

$$
\begin{aligned}
&\left.\frac{d}{dh}\right|_{h=0} S(\boldsymbol{Q}+h\delta\boldsymbol{Q}, \boldsymbol{q}+h\delta\boldsymbol{q}) \\
&= \int_{t_0}^{t_1} \left.\frac{d}{dh}\right|_{h=0} L(\gamma_{\boldsymbol{Q}+h\delta\boldsymbol{Q},\boldsymbol{q}+h\delta\boldsymbol{q}}, \dot{\gamma}_{\boldsymbol{Q}+h\delta\boldsymbol{Q},\boldsymbol{q}+h\delta\boldsymbol{q}}, t)dt \\
&= \int_{t_0}^{t_1} \left(\frac{\partial L}{\partial \boldsymbol{q}}(\gamma_{\boldsymbol{Q},\boldsymbol{q}}, \dot{\gamma}_{\boldsymbol{Q},\boldsymbol{q}}, t) \left.\frac{\partial}{\partial h}\right|_{h=0} \gamma_{\boldsymbol{Q}+h\delta\boldsymbol{Q},\boldsymbol{q}+h\delta\boldsymbol{q}} \right. \\
&\qquad\qquad \left. + \frac{\partial L}{\partial \dot{\boldsymbol{q}}}(\gamma_{\boldsymbol{Q},\boldsymbol{q}}, \dot{\gamma}_{\boldsymbol{Q},\boldsymbol{q}}, t) \left.\frac{\partial}{\partial h}\right|_{h=0} \dot{\gamma}_{\boldsymbol{Q}+h\delta\boldsymbol{Q},\boldsymbol{q}+h\delta\boldsymbol{q}} \right) dt \\
&= \int_{t_0}^{t_1} \left(\frac{\partial L}{\partial \boldsymbol{q}}(\gamma_{\boldsymbol{Q},\boldsymbol{q}}, \dot{\gamma}_{\boldsymbol{Q},\boldsymbol{q}}, t) - \frac{d}{dt}\frac{\partial L}{\partial \dot{\boldsymbol{q}}}(\gamma_{\boldsymbol{Q},\boldsymbol{q}}, \dot{\gamma}_{\boldsymbol{Q},\boldsymbol{q}}, t)\right) \\
&\qquad\qquad\qquad\qquad \times \left.\frac{d}{dh}\right|_{h=0} \gamma_{\boldsymbol{Q}+h\delta\boldsymbol{Q},\boldsymbol{q}+h\delta\boldsymbol{q}} dt \\
&\qquad + \left[\frac{\partial L}{\partial \dot{\boldsymbol{q}}}(\gamma_{\boldsymbol{Q},\boldsymbol{q}}, \dot{\gamma}_{\boldsymbol{Q},\boldsymbol{q}}, t) \left.\frac{d}{dh}\right|_{h=0} \gamma_{\boldsymbol{Q}+h\delta\boldsymbol{Q},\boldsymbol{q}+h\delta\boldsymbol{q}}\right]_{t_0}^{t_1} \\
&= \frac{\partial L}{\partial \dot{\boldsymbol{q}}}(\boldsymbol{q}, \dot{\boldsymbol{q}}, t)\delta\boldsymbol{q} - \frac{\partial L}{\partial \dot{\boldsymbol{Q}}}(\boldsymbol{Q}, \dot{\boldsymbol{Q}}, t)\delta\boldsymbol{Q}
\end{aligned}
$$

となる．ここで，

$$
\frac{\partial L}{\partial \dot{\boldsymbol{q}}}(\boldsymbol{q}, \dot{\boldsymbol{q}}, t)\delta\boldsymbol{q} = \sum_{k=1}^{N} \frac{\partial L}{\partial \dot{q}_k}(\boldsymbol{q}, \dot{\boldsymbol{q}}, t)\delta q_k
$$

等々である．ルジャンドル変換より

$$
p_k = \frac{\partial L}{\partial \dot{q}_k}(\boldsymbol{q}, \dot{\boldsymbol{q}}, t), \qquad P_k = \frac{\partial L}{\partial \dot{Q}_k}(\boldsymbol{Q}, \dot{\boldsymbol{Q}}, t) \qquad (k = 1, \cdots, N)
$$

だから

$$
\frac{\partial S}{\partial q_k} = p_k, \qquad \frac{\partial S}{\partial Q_k} = -P_k \qquad (k = 1, \cdots, N)
$$

が成り立つ．したがって，

$$dS = \sum_{k=1}^{N}(p_k dq_k - P_k dQ_k)$$

が成り立つ．

なお，同様の計算で，ハミルトン系に対する変分構造 $\mathcal{H}$ を Φ の母関数 S と対応させることもできる．

10.7　エネルギー固定問題

自励的なハミルトニアン $H(\boldsymbol{q},\boldsymbol{p})$ を考える．各解に沿ってハミルトニアンの値は一定である (命題 10.4)．この値を固定したもので，そのエネルギー値をもつ解に対応する変分構造を導出する[*3]．ここではまずエネルギー固定型の作用積分を導出し，ヤコビ–モーペルチュイ汎関数を導く．

まず，これまで時間区間 $[t_0, t_1]$ の t_0, t_1 を固定して議論してきたが，エネルギー h と時間区間の両方を固定するのは，固定しすぎである．H を固定し，時間の区間の幅の変動を許すこととする．また，のちほど，そのことによりエネルギー関係式を課すことが不要になることを示す．T を明示して，

$$\mathcal{H}_T(\gamma) = \int_0^T \sum_{k=1}^{N} p_k \dot{q}_k - H(\boldsymbol{q},\boldsymbol{p})dt$$

とする．ハミルトニアンの変分構造はポアンカレ–カルタンの積分不変式

$$\sum_{k=1}^{N} p_k dq_k - H dt$$

からきていた．これを，エネルギー曲面

$$\{(\boldsymbol{q},\boldsymbol{p}) \in \mathcal{D} \times \mathbb{R}^N \mid H(\boldsymbol{q},\boldsymbol{p}) = 0\}$$

*3 古くからこの変分構造の解説は難しいとされてきた (例えば，[131] の p239 の脚注参照)．本書でもこの節以降はわかりにくいかもしれない．

上の曲線に制限する．$H = 0$ であるから T を変動させても，この上の曲線については積分値に影響しない．

一般のエネルギー値 $h \in \mathbb{R}$ に対しては，積分不変式を

$$\sum_{k=1}^{N} p_k dq_k - (H - h)dt \tag{10.14}$$

に置き換えればよい．hdt の外微分は 0 だから，ハミルトンベクトル場には影響しない．

このもとで，前節と同様に $\dot{q}_k = \dfrac{\partial H}{\partial p_k}$ を満たす曲線に制限すると，

$$\mathcal{A}_T = \int_0^T L(\boldsymbol{q}, \dot{\boldsymbol{q}}) + hdt \tag{10.15}$$

となる．

ラグランジアンが $\dot{\boldsymbol{q}}$ の正定値 2 次形式 $K(\boldsymbol{q}, \dot{\boldsymbol{q}})$ と $\boldsymbol{q}$ の関数 $U(\boldsymbol{q})$ の和 $L(\boldsymbol{q}, \dot{\boldsymbol{q}}) = K(\boldsymbol{q}, \dot{\boldsymbol{q}}) + U(\boldsymbol{q})$ になっている場合を考える．

エネルギーを h に固定する：

$$K(\boldsymbol{q}, \dot{\boldsymbol{q}}) + V(\boldsymbol{q}) = h.$$

すると，$\boldsymbol{q}$ の範囲は

$$\mathcal{D} = \{\boldsymbol{q} \in \mathbb{R}^N \mid V(\boldsymbol{q}) \leq h\}$$

に限られる．

$$\Xi(\boldsymbol{a}_0, \boldsymbol{a}_1, h) = \left\{ \boldsymbol{q} \;\middle|\; \begin{array}{l} K(\boldsymbol{q}, \dot{\boldsymbol{q}}) + V(\boldsymbol{q}) = h, \\ \text{ある } T > 0 \text{ があって } \boldsymbol{q} \in C^2([0, T], \mathcal{D}), \\ \boldsymbol{q}(0) = \boldsymbol{a}_0, \boldsymbol{q}(T) = \boldsymbol{a}_1 \text{を満たす.} \end{array} \right\}$$

上の汎関数

$$\mathcal{J}_T(\boldsymbol{q}) = \int_0^T \sqrt{(h - V(\boldsymbol{q}(t)))K(\boldsymbol{q}(t), \dot{\boldsymbol{q}}(t))}dt$$

の臨界点 $\boldsymbol{q}(t)$ はエネルギー値 h を持つ解になる．これを，**ヤコビ–モーペルテュイ汎関数**という．

定理 10.10. $\boldsymbol{q} \in \Xi(\boldsymbol{a}_0, \boldsymbol{a}_1, h)$ がエネルギー値 h を持つ解になることは $\mathcal{J}_T(\boldsymbol{q})$ の臨界点になることと同値である.

証明. この証明は，[3, Theorem 4.1] を参考にした.

$$\begin{aligned}\mathcal{A}_T(\boldsymbol{q}) &= 2\int_0^T \sqrt{(h - V(\boldsymbol{q}))K(\boldsymbol{q}, \dot{\boldsymbol{q}})}dt \\ &\quad + \int_0^T (\sqrt{K(\boldsymbol{q}, \dot{\boldsymbol{q}})} - \sqrt{h - V(\boldsymbol{q})})^2 dt \\ &= 2\mathcal{J}_T(\boldsymbol{q}) + \int_0^T (\sqrt{K(\boldsymbol{q}, \dot{\boldsymbol{q}})} - \sqrt{h - V(\boldsymbol{q})})^2 dt \\ &= 2\mathcal{J}_T(\boldsymbol{q}) + \mathcal{N}(\boldsymbol{q})\end{aligned}$$

となる. ただし,

$$\mathcal{N}(\boldsymbol{q}) = \int_0^T (\sqrt{K(\boldsymbol{q}, \dot{\boldsymbol{q}})} - \sqrt{h - V(\boldsymbol{q})})^2 dt$$

とする.

$K + V = h$ が成り立つとすると,

$$\begin{aligned}&\left.\frac{d}{dh}\right|_{h=0} \mathcal{N}(\boldsymbol{q} + h\boldsymbol{\delta}) \\ &= 2\int_0^T (\sqrt{K} - \sqrt{h - V}) \left.\frac{d}{dh}\right|_{h=0} (\sqrt{K} - \sqrt{h - V})dt \\ &= 0\end{aligned}$$

となる. したがって, $\mathcal{J}'_T(\boldsymbol{q}) = 0$ である. よって, $\mathcal{A}'_T(\boldsymbol{q}) = 0$ と $\mathcal{J}'_T(\boldsymbol{q}) = 0$ は同値である,

別証明. (10.14) から直接導くこともできる. 汎関数

$$\int_0^T \sum_{k=1}^N p_k dq_k - (H - h)dt$$

について,

$$\dot{q}_k = \frac{\partial H}{\partial p_k}, \qquad K(\boldsymbol{q}, \dot{\boldsymbol{q}}) + V(\boldsymbol{q}) = h$$

を満たすものに制限すると,

$$\mathcal{H}(\gamma) = \int_0^T \sum_{k=1}^N p_k \dot{q}_k - (H-h)dt = \int_0^T K(\boldsymbol{q}(t), \dot{\boldsymbol{q}}(t))dt$$
$$= \int_0^T \sqrt{h - V(\boldsymbol{q}(t))}\sqrt{K(\boldsymbol{q}(t), \dot{\boldsymbol{q}}(t))}dt$$

となる. □

10.8 モーペルテュイ汎関数の変形

$\mathcal{J}_T$ の代わりに,

$$\mathcal{I}_T(\boldsymbol{q}) = \int_0^T (h - V(\boldsymbol{q}(t)))dt \int_0^T K(\boldsymbol{q}(t), \dot{\boldsymbol{q}}(t))dt \tag{10.16}$$

が用いられている. これらの変分問題を $\Xi(\boldsymbol{a}_0, \boldsymbol{a}_1, h)$ 上で考える. コーシー–シュワルツの不等式より

$$(\mathcal{J}_T(\boldsymbol{q}))^2 = |\langle\sqrt{h-V}, \sqrt{K}\rangle|^2 \leq \|h-V\|_{L^2}^2 \|K\|_{L^2}^2 = \mathcal{I}_T(\boldsymbol{q})$$

が成り立つ. いまエネルギー関係式 $K+V=h$ を満たすようにパラメータをとってあるので, この不等式はつねに等号成立する. よって, $(\mathcal{J}_T)^2$ と $\mathcal{I}_T$ は同じ値をとり, $\mathcal{J}_T$ と $\mathcal{I}_T$ の臨界点は一致する.

このような変分問題を考える上で, エネルギー関係式

$$K(\boldsymbol{q}, \dot{\boldsymbol{q}}) - U(\boldsymbol{q}) = h \tag{10.17}$$

を満たす曲線の集合で考えるというのは, 少々煩わしい. この条件を省きたい.

汎関数 (10.15) は

$$\mathcal{H}_T(\gamma) = \int_{t_0}^{t_1} \sum_{k=1}^N p_k \dot{q}_k - (H(\boldsymbol{q}, \boldsymbol{p}) - h)dt$$

を $\dot{q}_k = \dfrac{\partial H}{\partial p_k}$ とエネルギー関係式を満たすものに制限することで得られた．エネルギー関係式の制限を除いても，臨界点は正準方程式の解であるのでエネルギーを保存する．ここで，T の変動も許しているので，

$$H(\boldsymbol{q}, \boldsymbol{p}) - h = 0$$

が導かれる．これで，第 3.5 節で述べた汎関数が求まった．また，必ずしもポテンシャル系のラグランジアンでなくても成立することもわかった．

ヤコビ–モーペルテュイ汎関数

$$\mathcal{J}_T(\boldsymbol{q}) = \int_0^T \sqrt{(h - V(\boldsymbol{q}(t)))K(\boldsymbol{q}(t), \dot{\boldsymbol{q}}(t))}dt$$

は

$$(h - V(\boldsymbol{q}))K(\boldsymbol{q}, \dot{\boldsymbol{q}})$$

をリーマン計量とするリーマン多様体上の曲線の長さである．つまり，$\mathcal{J}_T$ の臨界点は測地線である．ただし，$\mathcal{D}$ の境界

$$\partial\mathcal{D} = \{\boldsymbol{q} \in \mathbb{R}^N \mid U(\boldsymbol{q}) = -h\}$$

上ではリーマン計量は退化するので，リーマン計量および測地線として意味を持つのは，$\mathcal{D}$ の内部だけである．$\mathcal{J}_T$ はパタメータ t のとり方に値がよらないので，エネルギー関係式の条件を仮定せず，また積分区間を $[0, 1]$ として

$$\Gamma(\boldsymbol{a}_0, \boldsymbol{a}_1) = \{\boldsymbol{q} \in C^2([0, 1], \mathcal{D}) \mid \boldsymbol{q}(0) = \boldsymbol{a}_0,\ \boldsymbol{q}(1) = \boldsymbol{a}_1\}$$

上で

$$\mathcal{J}_1 = \int_0^1 \sqrt{(h - V(\boldsymbol{q}(\tau)))K(\boldsymbol{q}(\tau), \dot{\boldsymbol{q}}(\tau))}d\tau$$

を考える．このもとでの $\mathcal{J}_1$ の臨界点 $\boldsymbol{q}(\tau)$ は，時間 τ をエネルギー関係式 (10.17) を満たすように t に変換することで，解が得られる．

$\mathcal{I}_T$((10.18) 参照) についてもエネルギー関係式の条件を除いたらどうなるか調べよう．積分区間を $[0,1]$ にして，$\Gamma(\boldsymbol{a}_0, \boldsymbol{a}_1)$ 上で

$$\mathcal{I}_1(\boldsymbol{q}) = \int_0^1 (h - V(\boldsymbol{q}(\tau)))d\tau \int_0^1 K(\boldsymbol{q}(\tau), \dot{\boldsymbol{q}}(\tau))d\tau \tag{10.18}$$

を考える．このガトー微分を計算すると，$\boldsymbol{q}(\tau)$ が臨界点であることは

$$\left(\int_0^1 h - V(\boldsymbol{q}(\tau))d\tau\right)\frac{d^2 q}{d\tau^2} = -\left(\int_0^1 K(\boldsymbol{q}(\tau), \dot{\boldsymbol{q}}(\tau))d\tau\right)\frac{\partial V}{\partial q_k}(\boldsymbol{q}(\tau)) \qquad (k = 1, \cdots, N)$$

と同値であることがわかる．これより，

$$t = T\tau, \qquad T = \left(\int_0^1 K(\boldsymbol{q}(\tau), \dot{\boldsymbol{q}}(\tau))d\tau\right)^{1/2}\left(\int_0^1 h - V(\boldsymbol{q}(\tau))d\tau\right)^{-1/2}$$

により時間を変換するとエネルギーの値を h とする解が得られる．

また，$\mathcal{J}_1$ の被積分関数を 2 乗したもの

$$\mathcal{K}(\boldsymbol{q}) = \int_0^1 (h - V(\boldsymbol{q}(\tau)))K(\boldsymbol{q}(\tau), \dot{\boldsymbol{q}}(\tau))d\tau \tag{10.19}$$

もある．

コーシー–シュワルツの不等式より

$$(\mathcal{J}_1(\boldsymbol{q}))^2 = |\langle\sqrt{(h-V)K}, 1\rangle|^2 \le \|(h-V)K\|_{L^2}^2 = \mathcal{K}(\boldsymbol{q})$$

であるが，

$$(h - V(\boldsymbol{q}(\tau)))K(\boldsymbol{q}(\tau), \dot{\boldsymbol{q}}(\tau)) \tag{10.20}$$

が一定となる場合，曲線に対しては等号が成立する．(10.20) が一定となるものだけ考えると，$\mathcal{J}_1$ と $\mathcal{K}$ の臨界点は一致する．また，簡単な計算から，(10.20) を仮定しなくても，$\mathcal{K}$ の臨界点は (10.20) を一定にする．よって，$\mathcal{K}$ の臨界点について，エネルギー関係式 (10.17) を満たすように τ から t に変換すると，解が得られる．

10.9 運動量空間の変分構造

モーペルテュイ汎関数は，自励的なポテンシャル系において，エネルギーを固定し，$\dot{\boldsymbol{q}} = \dfrac{\partial H}{\partial \boldsymbol{p}}$ により $\boldsymbol{p}$ を消去して導かれた．ここでは逆に，$\boldsymbol{q}$ を $\boldsymbol{p}$ やその導関数で表して，新たな変分構造を導く．

ハミルトン系に対する変分構造

$$\int \sum_{k=1}^{N} p_k dq_k - H(\boldsymbol{q}, \boldsymbol{p}, t)dt$$

において，

$\boldsymbol{q}$ に対する変分をとると，ハミルトンの正準方程式の一方

$$\frac{dp_k}{dt} = -\frac{\partial H}{\partial q_k} \qquad (k = 1, \cdots, N)$$

が得られる．これが $\boldsymbol{q}$ について解けて，

$$\boldsymbol{q} = f(\boldsymbol{p}, \dot{\boldsymbol{p}}, t) = (f_1(\boldsymbol{p}, \dot{\boldsymbol{p}}, t), \cdots, f_N(\boldsymbol{p}, \dot{\boldsymbol{p}}, t))$$

と表されるとする．

この制限のもと，ポアンカレ–カルタンの積分不変式は

$$\sum_{k=1}^{N} (d(p_k q_k) - q_k dp_k) - H dt$$

と表せて，$d(p_k q_k)$ の部分はハミルトンベクトル場に影響しないから，

$$-\sum_{k=1}^{N} q_k dp_k - H dt = -\sum_{k=1}^{N} f_k(\boldsymbol{p}, \dot{\boldsymbol{p}}, t) dp_k - H(f(\boldsymbol{p}, \dot{\boldsymbol{p}}), \boldsymbol{p}, t)dt$$

となる．以上より運動量空間の曲線に対する汎関数

$$\int_0^T -\sum_{k=1}^{N} f_k(\boldsymbol{p}, \dot{\boldsymbol{p}}, t) dp_k - H(f(\boldsymbol{p}, \dot{\boldsymbol{p}}), \boldsymbol{p}, t)dt$$

が得られた.

また，自励的な場合を考え，10.7 節と同様に，変分構造は T の変動を許したもとで $H(f(\boldsymbol{p},\dot{\boldsymbol{p}}),\boldsymbol{p})=h$ をみたす $\boldsymbol{p}(t)$ について

$$\mathcal{M}_T(\boldsymbol{p})=\int_0^T-\sum_{k=1}^N f_k(\boldsymbol{p},\dot{\boldsymbol{p}})dp_k-(H-h)dt=\int_0^T-\sum_{k=1}^N f_k(\boldsymbol{p},\dot{\boldsymbol{p}})dp_k$$

を考えればよい.

例 10.11. ケプラー問題

$$\frac{d\boldsymbol{q}}{dt}=\boldsymbol{p},\qquad \frac{d\boldsymbol{p}}{dt}=-\frac{k}{|\boldsymbol{q}|^3}\boldsymbol{q}$$

を考えよう．$\boldsymbol{q}$ は

$$\boldsymbol{q}=f(\boldsymbol{p},\dot{\boldsymbol{p}})=k^{-1}|\boldsymbol{q}|^3\dot{\boldsymbol{p}}=-k^{-1}k^{3/2}|\dot{\boldsymbol{p}}|^{-3/2}\dot{\boldsymbol{p}}=-k^{1/2}|\dot{\boldsymbol{p}}|^{-3/2}\dot{\boldsymbol{p}}$$

と $\boldsymbol{p},\dot{\boldsymbol{p}}$ により定まる．ハミルトニアンに代入すると

$$H=\frac{1}{2}|\boldsymbol{p}|^2-\frac{k}{|\boldsymbol{q}|}=\frac{1}{2}|\boldsymbol{p}|^2-k^{1/2}|\dot{\boldsymbol{p}}|^{1/2}$$

となる．したがって，ケプラー問題をエネルギーを固定したもとで，運動量空間で表した変分問題の汎関数は

$$\begin{aligned}\mathcal{M}_T(\boldsymbol{p})&=\int_0^T-\sum_{k=1}^N f_k(\boldsymbol{p},\dot{\boldsymbol{p}},t)dp_k=\int_0^T k^{1/2}|\dot{\boldsymbol{p}}|^{1/2}dt\\&=\int_0^T k^{1/2}|\dot{\boldsymbol{p}}|^{-1/2}|\dot{\boldsymbol{p}}|dt=\int_0^T k^{1/2}|\dot{\boldsymbol{p}}|^{-1/2}|\dot{\boldsymbol{p}}|dt\\&=2k^2\int_0^T\frac{1}{|\boldsymbol{p}|^2-2h}|\dot{\boldsymbol{p}}|dt\end{aligned}$$

となる．これは，$\mathcal{J}_1$ と同様，パラメータの変換について不変であるので，エネルギー関係式を忘れて変分問題を考え，臨界点に応じてエネルギー関係式を満たすようにパラメータを変換すると解が得られる．$\mathcal{M}_T$ は,

$$\frac{1}{(|\boldsymbol{p}|^2-2h)^2}ds^2$$

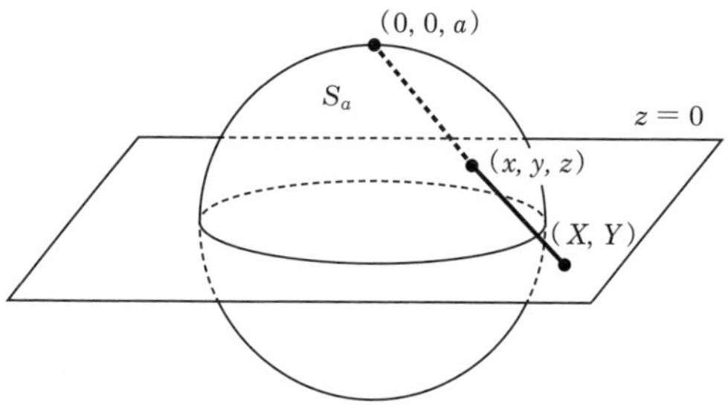

図 10.2　立体射影

をリーマン計量とする測地線の変分構造である．

さて，半径 a の球面

$$S_a = \{(x, y, z) \mid x^2 + y^2 + z^2 = a^2\}$$

における通常のリーマン計量

$$dx^2 + dy^2 + dz^2$$

を考える．測地線は大円である．

S_a を xy 平面に立体射影する (図 10.2)．平面の座標は (X, Y) とかく．すると球面のリーマン計量は

$$\frac{4a^2(dX^2 + dY^2)}{(X^2 + Y^2 + a^2)^2}$$

である．$a^2 = -2h$ とすると，ケプラー問題から定まる測地線と S_a 上の測地線が一致する．ケプラー問題の有界な解がすべて周期解であることと，球面上の測地線がすべて閉じることがうまく対応している．

エネルギーが 0 や正の場合も含めてケプラー問題と球面上の測地線との関係の幾何学的な側面に関する解説が [66] でなされている．

10.10 接触形式とレーブベクトル場

この章で述べたポアンカレ–カルタンの積分不変式による力学の定式化は接触幾何学という分野の起源である*4．接触構造について少しだけ述べよう．

定義 10.12. $2N+1$ 次元多様体 M 上の 1 次微分形式 α について，$\alpha\wedge(d\alpha)^N$ がいたるところ 0 でないとき，α を**接触形式**といい，(M,α) を**接触多様体**という．

命題 10.13. 接触多様体 (M,α) に対して，

$$i_{R_\alpha}d\alpha = 0, \qquad \alpha(R_\alpha) = 1$$

を満たすベクトル場 R_α がただひとつ存在する．

この命題により定まるベクトル場 R_α を α が定める**レーブベクトル場**という．

ポアンカレ–カルタンの積分不変式 α((10.8) 参照) は対応するラグランジアンが 0 にならなければ接触形式である．実際，

$$d\alpha = \sum_{k=1}^{N}(dp_k\wedge dq_k - H_{q_k}dq_k\wedge dt - H_{p_k}dp_k\wedge dt)$$

であるから，

$$\alpha\wedge(d\alpha)^N = n!\left(-H+\sum_{k=1}^{N}p_kH_{p_k}\right)dt\wedge dp_1\wedge dq_1\wedge\cdots\wedge dp_N\wedge dq_N$$

となり，$-H+\displaystyle\sum_{k=1}^{N}p_kH_{p_k}\neq 0$ なら α は接触形式である．なお，$-H+$

*4 接触幾何学のもう一つの起源は，微分方程式の幾何学化を目指したリーの研究である [42].

$\displaystyle\sum_{k=1}^{N} p_k H_{p_k}$ は $\dot{q}_k = \dfrac{\partial H}{\partial p_k}$ により $\dot{\boldsymbol{q}}$ を独立変数とすると，ラグランジアン

$$L(\boldsymbol{q}, \dot{\boldsymbol{q}}, t) = \sum_{k=1}^{N} p_k(\boldsymbol{q}, \dot{\boldsymbol{q}}, t)\dot{q}_k - H(\boldsymbol{q}, \boldsymbol{p}(\boldsymbol{q}, \dot{\boldsymbol{q}}, t), t)$$

と一致する．

レーブベクトル場を計算する．

$$\begin{aligned} \frac{dq_k}{ds} &= X_k = Z\frac{\partial H}{\partial p_k} \\ \frac{dp_k}{ds} &= Y_k = -Z\frac{\partial H}{\partial q_k} \\ \frac{dt}{ds} &= Z \end{aligned} \qquad (k = 1, \cdots, n)$$

となる．また，

$$1 = \alpha(R) = \sum_{k=1}^{N} X_k p_k - HZ = Z\left(\sum_{k=1}^{N} \frac{\partial H}{\partial p_k} p_k - H\right)$$

が成り立つので，

$$Z = \left(\sum_{k=1}^{N} \frac{\partial H}{\partial p_k} p_k - H\right)^{-1}$$

である．したがって，レーブベクトル場は

$$R = \left(\sum_{k=1}^{N} \frac{\partial H}{\partial p_k} p_k - H\right)^{-1} \left(\sum_{k=1}^{N} \left(\frac{\partial H}{\partial p_k}\frac{\partial}{\partial q_k} - \frac{\partial H}{\partial p_k}\frac{\partial}{\partial p_k}\right) + \frac{\partial}{\partial t}\right)$$

である．つまり，レーブベクトル場とハミルトンベクトル場は各点でスカラー倍しただけ異なり，それぞれ対応する常微分方程式の関係は時間のパラメータを変える分だけ異なる．

あとがき

本書では，古典力学における変分構造，特に作用積分を最小化する点を求めることで，さまざまな軌道の存在を示してきた．ここでは，全体を振り返りながら，本書で述べることができなかったことについて文献を挙げながら述べていく．

第 1 章では，解析力学について変分構造に関わる部分を中心に述べた．また，第 10 章では力学の運動方程式に対するさまざまな変分構造について解説した．解析力学を全般的に解説したわけではない．解析力学やハミルトン力学系についてより詳しくは，[131, 132, 143, 150] を参照されたい．

また，古典的な変分問題である最速降下曲線や等周問題やその解法については，[152] を参照されたい．古典的名著として [136, 138] がある．測地線や極小曲面など幾何学と関わる変分問題については，[65, 134, 139, 149] 等を参照されたい．

第 2 章で作用積分の最小点の存在定理を紹介し，その証明を第 9 章で行った．汎関数の最小点でない臨界点についてはあまり述べなかった．そのような臨界点の存在は汎関数がパレ–スメール条件という条件を満たすことから導かれる．[147] では，パレ–スメール条件のもとでのさまざまな形の峠の定理が丁寧に解決されており，その応用により多くの微分方程式に対する解の存在が示されている．[88] は，その著者ラビノウィッツが構築した理論を中心として書かれている．薄い本だが峠の定理やその応用について学ぶべき内容が豊富に含まれており，読まれることを強く推奨する．かなり密度の濃い本であるので，原論文を適宜参照しながら読み進めるとよいかもしれない．ほかにも変分問題については，特色のある多くの本がある [104, 134, 136, 156]．

また，作用積分の臨界点は一般に滑らかになることを述べた．つまり，正則性が成立する．一般の偏微分方程式では正則性は必ずしも成立しない．正則性の議論については，[146] が詳しい．

第 3 章では固定端点のもとで軌道の存在を示した．ある条件のもとでは，任意に与えた2点間を結ぶ解の存在が保証された．また，任意の解について，時間の区間を十分小さく区切れば，作用積分の極小点であることを示した．つまり，ポテンシャル系の解 $\boldsymbol{q}(t)$ $(t \in [t_0, t_1])$ が与えられたとき，$\boldsymbol{q}(t)$ は $c > 0$ を十分小さくとると，$\boldsymbol{q}(t)$ は $[t_0, t_0 + c]$ では $\boldsymbol{q}(t_0)$ と $\boldsymbol{q}(t_0 + c)$ を固定端点としたもとで作用積分の極小点である．では，この $c > 0$ を徐々に大きくしていくとどうなるであろうか．c がある $c_0 > 0$ を超えると $\boldsymbol{q}(t)$ $(t \in [t_0, t_0 + c])$ は極小点でなくなることがある．このとき，$\boldsymbol{q}(t_0 + c_0)$ は $\boldsymbol{q}(t_0)$ の**共役点**であるという．共役点は，測地線の研究などで重要な役割を果たしている．詳しくは，[138] を参照されたい．

第4章では周期解の存在を示した．ここでも，作用積分の最小点として得られる周期解を求めた．定理4.8で結果のみ述べたように，峠の定理の応用により得られる周期解もある．[89] を参照されたい．

ポテンシャル系の場合に解の存在を示すためには，作用積分を用いる方が多くの場合は容易であるが，必ずしもポテンシャル系とは限らないハミルトン系を含む問題に対しては，汎関数 (10.10) を使う必要がある．この汎関数では，すべての臨界点のモース指数が無限大となるため，扱いが難しい．このような汎関数に対して，峠の定理を用いるのは非常に困難であるが，ラビノウィッツにより突破口が開かれた．$H(\boldsymbol{z})$ を $\mathbb{R}^{2n}$ 上のハミルトニアンとする．h を実数とし，

$$S_h = \{\boldsymbol{z} \in \mathbb{R}^{2n} \mid H(\boldsymbol{z}) = h\}$$

がコンパクトで，それが囲む領域が星型であれば，S_h 上に少なくとも1つの周期軌道が存在することを示した．[88, 147] を参照されたい．

歴史的には，ワインシュタイン (Weinstein, [120]) が S_h が囲む領域が凸の場合に証明し，ラビノウィッツが星型の場合に拡張した．S_h が $\mathbb{R}^{2n}$ における $2n-1$ 次元接触多様体の場合にも成り立つだろうとワインシュタインが予想し [121]，ヴィテルボ (Viterbo)[119] により肯定的に解決されている．

なお，ハミルトニアン汎関数に対するラビノウィッツの手法は時間遅れを

含む微分方程式

$$\frac{dx}{dt}(t) = -f(x(t-1)) - f(x(t-2)) - \cdots - f(x(t-n+1))$$

にも応用されて，周期解の存在が示されている [34, 35].

第 4 章では，例 4.2 で振り子の例を挙げた．振り子には周期解だけでなく，ホモ／ヘテロクリニック軌道が存在する．より一般的な系でそのような軌道の存在を変分法により示す研究もなされてきた．例として，自励的なポテンシャル系

$$m_k \frac{d^2 q_k}{dt^2} = -\frac{\partial V}{\partial q_k}(\boldsymbol{q})$$

を考えよう．

$$V(\boldsymbol{q}+\boldsymbol{k}) = V(\boldsymbol{q}) \qquad (\boldsymbol{k} \in \mathbb{Z}^n)$$

を仮定し，

$$0 = V(\boldsymbol{k}) > V(\boldsymbol{q}) \qquad (\boldsymbol{k} \in \mathbb{Z}^n,\ \boldsymbol{q} \in \mathbb{R}^n \backslash \mathbb{Z}^n)$$

と仮定する．すると，$\boldsymbol{k}$ は不安定な平衡点である．変分法により $\mathbf{0}$ からある $\boldsymbol{l} \in \mathbb{Z}^n \setminus \{\mathbf{0}\}$ へのヘテロクリニック軌道の存在がいえる．それを示すためには，

$$\lim_{t \to -\infty} \boldsymbol{q}(t) = \mathbf{0}, \qquad \lim_{t \to \infty} \boldsymbol{q}(t) = \boldsymbol{l}$$

を満たす曲線 $\boldsymbol{q}(t)$ の集合の中で

$$\int_{-\infty}^{\infty} \sum_{k=1}^{N} \frac{m_k}{2} \dot{q}_k^2 - V(\boldsymbol{q}) dt$$

を最小化するものとして得られる [89]．さらに，自由度 2 の場合には平衡点から周期軌道へのホモクリニック軌道や平衡点の無限個のホモクリニック軌道の存在が示されている [90]．振り子のように可積分の場合にはそのように

多数のホモクリニック軌道は現れない．多くのヘテロクリニック軌道が存在するには，シンプルなホモクリニック軌道がいくつかあり，その間にギャップペアと呼ばれる隙間が生じる場合である．このような変分法によるホモ／ヘテロクリニック軌道の存在証明は，ラビノウィッツらを中心にさまざまな設定のもとでなされている．対象とする系や求める軌道のタイプに応じてさまざまな工夫が要求される．ラビノウィッツの論文では存在証明に至るまでの１つ１つの補題や命題の証明に，斬新なアイディアや巧妙なテクニックが盛り込まれており，丁寧に読めば変分法の勉強になるであろう．[91] はこの分野への初学者に向け，わかりやすく書かれている．

第 5 章では，特異点を持つポテンシャル系における周期解の存在を示した．ここでも，最小点についてのみ述べていた．自由度 2 のポテンシャル系の場合は回転数を指定することにより最小点として捉えることができたが，自由度が 3 以上だと回転数が意味をなさない．そこで写像度といった位相的な量を用いて峠の定理を適用し周期解の存在が示されている．詳しくは，[147] の第 6 章を参照されたい．

3.5 節で固定端点条件のもとで指定したエネルギーの値をもつ解の存在を示したように，指定したエネルギーの値をもつ周期解を求めるという問題も考えられる．そのような周期解を求める際には，汎関数 (10.18) や (10.19) が用いられる．これらの汎関数に対して，周期境界条件のもとでの最小点は存在しなかったり，古典解にならなかったりする場合が多い．そのため，峠の定理を用いる必要がある．詳しくは，[4, 108, 110] を参照されたい．

第 6 章では中心配置と自己相似解について述べた．中心配置についても多くの未解決問題がある．詳しくは [67, 71] を参照されたい．

第 7 章では，8 の字解の存在証明に焦点を当てて述べた．8 の字解の性質についてより詳しく知りたい場合は [27, 73, 100] を参照されたい．

第 8 章では n 体問題のさまざまな舞踏解の存在証明を紹介した．8 の字解の存在証明がなされて以降，変分法により多数の周期解の存在が証明されてきた．そのような結果を示した論文は現段階で 100 本程度出版されており，もちろんそのすべてを本書では述べられていないが，そこで用いられる主要な技術は述べたつもりである．今後も衝突を除去する技術の進展とともに新たな周期解の存在が示されていくと思われる．8 の字解や舞踏解について本書で詳しく述べたが，さらに学びたければ [26, 27, 73, 99, 100, 111, 144] などを参照されたい．

n 体問題において変分法により存在が示された周期解として，本書で述べられなかったものに，衝突をもつ周期解がある．衝突の可能性をいかにして除去するかということを詳しく述べてきたが，逆に衝突をもつ解を求めるということが考えられる．衝突をもつが，レビ–チビタ変換という正則化をすると滑らかになる周期解が知られている．図 1 はシューバルト軌道と呼ばれている．これは，1 周期の間に 2 回の 2 体衝突を起こす．衝突はするが，弾性衝突のようにエネルギーを保ったまま跳ね返る．両端の質量が等しい場合に，シューバルト [94] はこのような軌道を数値計算で発見し，モエケル [70] が位相的な手法により存在証明をした．ヴァントゥレッリ [118] により変分法による証明もなされ，また任意の質量への拡張や，衝突を含む別のタイプの周期解の存在もなされている [96]．

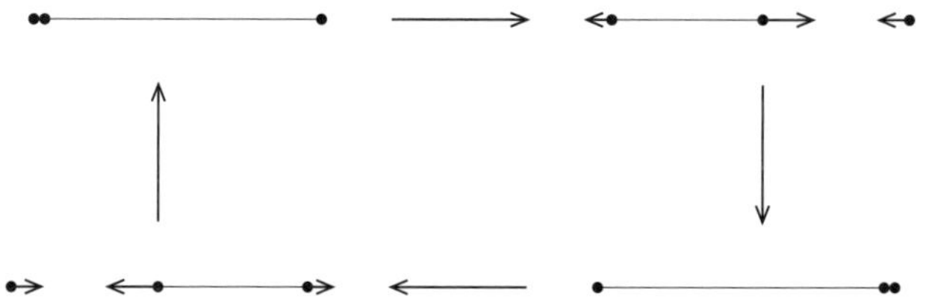

図 1　シューバルト軌道

n 体問題の作用積分に峠の定理を応用して最小点ではない臨界点の存在から周期解を求める研究もなされている [2]．最小点の場合に比べ，衝突の除去がさらに難しく，n 体問題における峠の定理の応用による衝突しない周期解の存在証明はまだなされていないようである．

3 体問題の 1 つの質点の質量を 0 にした**制限 3 体問題**や n 個の質点の位置を固定し，その下での質点の運動を考える **n 中心問題**については本書では述べなかった．これらについても変分法により多数の周期解が求められている [52, 125]．また，n 中心問題の周期解の間のヘテロクリニック軌道の存在は変分法により示されている [19]．変分法による n 体問題のヘテロクリニック軌道の存在証明はまだなされていないようである．

また，n 体問題における変分法の応用として近年盛んに研究されているのは，放物軌道や双曲軌道の存在証明である．マデルナとヴァントゥレッリ [57] は任意の初期位置 $\boldsymbol{q}_0 \in \mathbb{R}^{dN}$ に対し，

$$\boldsymbol{q}(0) = \boldsymbol{q}_0, \qquad \boldsymbol{q}(t) = t^{2/3}\boldsymbol{b} + o(t^{2/3}) \quad (t \to \infty)$$

を満たす軌道 (**放物軌道**) の存在を証明している．ここで，$\boldsymbol{b}$ は慣性モーメントを固定したもとでポテンシャルを最小にする中心配置である．また，さらに [58] では弱 KAM 理論の手法を導入し，任意の初期位置 $\boldsymbol{q}_0 \in \mathbb{R}^{dN}$ と $a \in \mathcal{X}$ に対し，

$$\boldsymbol{q}(0) = \boldsymbol{q}_0, \qquad \boldsymbol{q}(t) = t\boldsymbol{a} + o(t) \quad (t \to \infty)$$

となる軌道 (**双曲軌道**) の存在を変分法により証明している．その拡張や別証明もなされている [56]．

なお，変分解析に限らず，n 体問題について興味のあれば，[63, 140, 143, 148] などを参照されたい．また，[78] には n 体問題に関する未解決問題が書かれている．

第 10 章では，ポアンカレ–カルタンの積分不変式をもとにして，力学の変分構造や正準変換について解説した．これらの構造は，接触多様体やシンプレクティック多様体へ一般化され，活発に研究されている．[47, 133, 151] などを参照されたい．

ハミルトン系のポアンカレ写像がシンプレクティック同相写像になることを示した．2 次元のシンプレクティック同相写像を**面積保存写像**ともいう．面積保存写像はハミルトン系を離散化した場合にのみ現れるわけではない．有名な系はビリヤードである．ビリヤードについては，[106] がわかりやすく，面白い本である．別の例で，近年わかってきたこととして，なまこ折り

というパターンの折り紙の構造において，面積保存写像が現れ，その構造を用いて研究がなされている [48, 49, 50].

また，シンプレクティック写像にも変分構造があることを述べた．オーブリー–マザー理論では，面積保存写像において，変分的な手法により不変集合の存在を示している．それは離散力学系における KAM 理論を変分的に定式化しようとする試みで，得られる不変集合は準周期軌道が乗る不変曲線に対応すると考えられる．変分法の強みは必ずしも近可積分系でなくても適用できる点で，写像がツイスト条件さえ満たしていれば回転数ごとに不変集合の存在がいえる．得られた不変集合は，回転数が有理数なら周期点とその間のヘテロクリニック軌道からなり，無理数なら連続な曲線となり，その上は準周期軌道からなるか，不変集合が壊れてカントール集合になる．近可積分系でなくても適用できるが，可積分に近くてもどれが連続な不変集合となるかはわからない．[5] では，この方面の優れた解説がなされている．

また，連続系において KAM トーラスを捉える変分構造として，パーシヴァルの汎関数

$$\mathcal{P}(\boldsymbol{q}) = \int_{\mathbb{T}^d} L\left(\boldsymbol{q}(\boldsymbol{\theta}), \frac{\partial \boldsymbol{q}}{\partial \boldsymbol{\theta}}(\boldsymbol{\theta}) \cdot \boldsymbol{\omega}\right) d\boldsymbol{\theta}$$

がある [84]．L はラグランジアン，$\boldsymbol{\omega} \in \mathbb{R}^d$ は定ベクトルで，$\boldsymbol{q}\colon \mathbb{T}^d \to \mathbb{R}^N$ である．$\boldsymbol{q}^*$ が $\mathcal{P}$ の臨界点ならば，$\boldsymbol{q}^*(t\boldsymbol{\omega})$ は振動数ベクトル $\boldsymbol{\omega}$ を持つ準周期軌道になる．パーシヴァルの汎関数を用いたオーブリー–マザー理論の定式化もなされている [105].

また，KAM 理論の証明は，ハミルトン–ヤコビ方程式の滑らかな解を求めているとも解釈することができる．それを母関数とする変換により，KAM トーラスの存在が明らかになる．弱 KAM 理論はハミルトン–ヤコビ方程式について，粘性解という特別な弱解の存在を示すものである．それは，凸かつ超線形な一般のラグランジアンに対する絶対連続クラスにおいて，変分的な手法により構成される [32, 33, 103].

自励的な自由度 2 の近可積分系では，各軌道はエネルギーを一定とした 3 次元多様体内を運動し，その中に 2 次元の KAM トーラスが多く存在す

るため，KAM トーラスが妨げとなり，KAM トーラスの間を運動することとなる．3 自由度以上であれば，KAM トーラスが妨げとならず，KAM トーラス間を抜け出すことが起こりえる．この現象を**アーノルド拡散**という．一般的な摂動系においてアーノルド拡散の存在を示すことはハミルトン力学系における大きな問題であり，変分法を用いた研究も多数なされている [29, 61, 64, 123].

参考文献

[1] A. Albouy and V. Kaloshin. Finiteness of central configurations of five bodies in the plane. *Ann. of Math.* (2), 176(1): 535-588, 2012.

[2] G. Arioli, V. Barutello, and S. Terracini. A new branch of Mountain Pass solutions for the choreographical 3-body problem. *Comm. Math. Phys.*, 268(2): 439-463, 2006.

[3] V. I. Arnold, V. V. Kozlov, and A. I. Neishtadt. *Mathematical aspects of classical and celestial mechanics*, volume 3 of *Encyclopaedia of Mathematical Sciences*. Springer-Verlag, second edition, 2006.

[4] A. Bahri and P. H. Rabinowitz. A minimax method for a class of Hamiltonian systems with singular potentials. *J. Funct. Anal.*, 82(2): 412-428, 1989.

[5] V. Bangert. Mather sets for twist maps and geodesics on tori. In *Dynamics reported*, Vol. 1, 1-56. Wiley, 1988.

[6] V. Barutello and S. Terracini. Action minimizing orbits in the $n$body problem with simple choreography constraint. *Nonlinearity*, 17(6): 2015-2039, 2004.

[7] G. D. Birkhoff. Dynamical systems with two degrees of freedom. *Trans. Amer. Math. Soc.*, 18(2): 199-300, 1917.

[8] G. D. Birkhoff. *Dynamical systems*, American Mathematical Society, 1966.

[9] D. Boucher. Sur la non-intégrabilité du problème plan des trois corps de masseségales. *C. R. Acad. Sci. Paris Sér. I Math.*, 331(5): 391-394, 2000.

[10] D. Boucher and J.-A. Weil. Application of J.-J. Morales and J.-P. Ramis' theorem to test the non-complete integrability of the planar three-body problem. In *From combinatorics to dynamical systems*, 163-177. de Gruyter, 2003.

[11] H. Bruns. Über die Integrale des Vielkörper-Problems. *Acta Math.*, 11(1-4): 25-96, 1887-1888.

[12] R. Calleja, C. García-Azpeitia, J.-P. Lessard, and J. D. Mireles James. Torus knot choreographies in the n-body problem. *Nonlinearity*, 34(1): 313-349, 2021.

[13] K.-M. Chang and K.-C. Chen. Toward finiteness of central configurations for the planar six-body problem by symbolic computations. (I) Determine diagrams and orders. *J. Symbolic Comput.*, 123: Paper No. 102277, 38, 2024.

[14] K.-C. Chen. Action-minimizing orbits in the parallelogram four-body problem with equal masses. *Arch. Ration. Mech. Anal.*, 158(4): 293-318, 2001.

[15] K.-C. Chen. On Chenciner-Montgomery's orbit in the three-body problem. *Discrete Contin. Dynam. Systems*, 7(1): 85-90, 2001.

[16] K.-C. Chen. Binary decompositions for planar N-body problems and symmetric periodic solutions. *Arch. Ration. Mech. Anal.*, 170(3): 247-276, 2003.

[17] K.-C. Chen. Existence and minimizing properties of retrograde orbits to the three-body problem with various choices of masses. *Ann. of Math.* (2), 167(2): 325-348, 2008.

[18] K.-C. Chen and G. Yu. Syzygy sequences of the N-center problem. *Ergodic Theory Dynam. Systems*, 38(2): 566-582, 2018.

[19] K.-C. Chen and G. Yu. Variational construction for heteroclinic orbits of the N-center problem. *Calc. Var. Partial Differential Equations*, 59(1): Paper No. 4, 2020.

[20] A. Chenciner. Action minimizing solutions of the Newtonian n-body problem: from homology to symmetry. In *Proceedings of the International Congress of Mathematicians*, Vol. III (Beijing, 2002), 279-294. Higher Ed. Press, 2002.

[21] A. Chenciner. Perverse solutions of the planar n-body problem. Number 286, xx, 249-256. 2003. Geometric methods in dynamics. I.

[22] A. Chenciner. Are there perverse choreographies? In *New advances in celestial mechanics and Hamiltonian systems*, 63-76. Kluwer/Plenum, 2004.

[23] A. Chenciner. A note by Poincaré. *Regul. Chaotic Dyn.*, 10(2): 119-128, 2005.

[24] A. Chenciner and J. Féjoz. Unchained polygons and the N-body problem. *Regul. Chaotic Dyn.*, 14(1): 64-115, 2009.

[25] A. Chenciner, J. Féjoz, and R. Montgomery. Rotating eights. I. The three Γ_i families. *Nonlinearity*, 18(3): 1407-1424, 2005.

[26] A. Chenciner, J. Gerver, R. Montgomery, and C. Simó. Simple choreographic motions of N bodies: a preliminary study. In *Geometry, mechanics, and dynamics*, 287-308. Springer, 2002.

[27] A. Chenciner and R. Montgomery. A remarkable periodic solution of the three-body problem in the case of equal masses. *Ann. of Math.* (2), 152(3): 881-901, 2000.

[28] A. Chenciner and A. Venturelli. Minima de l'intégrale d'action du problème newtoniende 4 corps de masses égales dans $\mathbf{R}^3$: orbites "hip-hop". *Celestial Mech. Dynam. Astronom.*, 77(2): 139-151, 2000.

[29] C.-Q. Cheng and J. Yan. Existence of diffusion orbits in a priori unstable Hamiltonian systems. *J. Differential Geom.*, 67(3): 457-517, 2004.

[30] E. J. Doedel, R. C. Paffenroth, H. B. Keller, D. J. Dichmann, J. Galán-Vioque, and A. Vanderbauwhede. Computation of periodic solutions of conservative systems with application to the 3-body problem. *Internat. J. Bifur. Chaos Engrg.*, 13(6): 1353-1381, 2003.

[31] I. Ekeland and R. Témam. *Convex analysis and variational problems*, volume 28 of Classics in Applied Mathematics. Society for Industrial and Applied Mathematics (SIAM), english edition, 1999.

[32] A. Fathi. Weak kam theorem in lagrangian dynamics. `https://www.math.u-bordeaux.fr/~pthieull/Recherche/KamFaible/Publications/Fathi2008_01.pdf`

[33] A. Fathi. Théorème KAM faible et théorie de Mather sur les systèmes lagrangiens. *C. R. Acad. Sci. Paris Sér. I Math.*, 324(9): 1043-1046, 1997.

[34] G. Fei. Multiple periodic solutions of differential delay equations via Hamiltonian systems. I. *Nonlinear Anal.*, 65(1): 25-39, 2006.

[35] G. Fei. Multiple periodic solutions of differential delay equations via Hamiltonian systems. II. *Nonlinear Anal.*, 65(1): 40-58, 2006.

[36] D. L. Ferrario and S. Terracini. On the existence of collisionless equivariant minimizers for the classical n-body problem. *Invent. Math.*, 155(2): 305-362, 2004.

[37] M. Fontaine and C. García-Azpeitia. Braids of the N-body problem I: cabling a body in a central configuration. *Nonlinearity*, 34(2): 822-851, 2021.

[38] M. Fontaine and C. García-Azpeitia. Braids of the N-body problem II: carousel solutions by cabling central configurations. *Calc. Var. Partial Differential Equations*, 61(4): Paper No. 134, 2022.

[39] T. Fujiwara, H. Fukuda, and H. Ozaki. Choreographic three bodies on the lemniscate. *J. Phys. A*, 36(11): 2791-2800, 2003.

[40] T. Fujiwara, H. Fukuda, and H. Ozaki. Evolution of the moment of inertia of three-body figure-eight choreography. *J. Phys. A*, 36(42): 10537-10549, 2003.

[41] T. Fujiwara and R. Montgomery. Convexity in the figure eight solution to the three-body problem. *Pacific J. Math.*, 219(2): 271-283, 2005.

[42] H. Geiges. A brief history of contact geometry and topology. *Expo. Math.*, 19(1): 25-53, 2001.

[43] G. E. O. Giacaglia, editor. *Periodic orbits, stability and resonances.* Springer, 1970.

[44] W. B. Gordon. A minimizing property of Keplerian orbits. *Amer. J. Math.*, 99(5): 961-971, 1977.

[45] M. Hampton and R. Moeckel. Finiteness of relative equilibria of the four-body problem. *Invent. Math.*, 163(2): 289-312, 2006.

[46] D. C. Heggie. A new outcome of binary—binary scattering. *Monthly Notices of the Royal Astronomical Society*, 318(4): L61-L63, 2000.

[47] H. Hofer and E. Zehnder. *Symplectic invariants and Hamiltonian dynamics.* Birkhäuser Advanced Texts: Basler Lehrbücher. Birkhäuser Verlag, 1994.

[48] R. Imada and T. Tachi. Geometry and Kinematics of Cylindrical Waterbomb Tessellation. *Journal of Mechanisms and Robotics*, 14(4): 041009, 2022.

[49] R. Imada and T. Tachi. Conservative dynamical systems in oscillating origami tessellations. In L.-Y. Cheng, editor, *ICGG* 2022-*Proceedings of the* 20*th International Conference on Geometry and Graphics*, 308-321 Springer International Publishing, 2023

[50] R. Imada and T. Tachi. Undulations in tubular origami tessella-

tions: a connection to area-preserving maps. *Chaos*, 33(8): Paper No. 083158, 2023.

[51] Y. Kajihara, E. Kin, and M. Shibayama. Braids, metallic ratios and periodic solutions of the $2n$-body problem. *Topology Appl.*, 337: Paper No. 108640, 2023.

[52] Y. Kajihara and M. Shibayama. Variational existence proof for multiple periodic orbits in the planar circular restricted three-body problem. *Nonlinearity*, 35(3): 1431-1446, 2022.

[53] T. Kapela and C. Simó. Computer assisted proofs for non-symmetric planar choreographies and for stability of the Eight. *Nonlinearity*, 20(5): 1241-1255, 2007.

[54] T. Kapela and C. Simó. Rigorous KAM results around arbitrary periodic orbits for Hamiltonian systems. *Nonlinearity*, 30(3): 965-986, 2017.

[55] T. Kapela and P. Zgliczyński. The existence of simple choreographies for the N-body problem — a computer-assisted proof. *Nonlinearity*, 16(6): 1899-1918, 2003.

[56] J. Liu, D. Yan, and Y. Zhou. Existence of hyperbolic motions to a class of Hamiltonians and generalized N-body system via a geometric approach. *Arch. Ration. Mech. Anal.*, 247(4): Paper No. 64, 2023.

[57] E. Maderna and A. Venturelli. Globally minimizing parabolic motions in the Newtonian N-body problem. *Arch. Ration. Mech. Anal.*, 194(1): 283-313, 2009.

[58] E. Maderna and A. Venturelli. Viscosity solutions and hyperbolic motions: a new PDE method for the N-body problem. *Ann. of Math. (2)*, 192(2): 499-550, 2020.

[59] C. Marchal. The family P_{12} of the three-body problem — the simplest family of periodic orbits, with twelve symmetries per period.

Celestial Mech. Dynam. Astronom., 78(1-4): 279-298. 2000.

[60] C. Marchal. How the method of minimization of action avoids singularities. *Celestial Mech. Dynam. Astronom.*, 83(1-4): 325-353. 2002.

[61] J. N. Mather. Arnold diffusion by variational methods. In *Essays in mathematics and its applications*, 271-285. Springer, 2012.

[62] C. McCord. Saari's conjecture for the planar three-body problem with equal masses. *Celestial Mech. Dynam. Astronom.*, 89(2): 99-118, 2004.

[63] K. R. Meyer and D. C. Offin. *Introduction to Hamiltonian dynamical systems and the N-body problem*, Springer, third edition, 2017.

[64] D. N. Mèzer. Arnolʹd diffusion. I. Announcement of results. *Sovrem. Mat. Fundam. Napravl.*, 2: 116-130, 2003.

[65] J. Milnor. *Morse theory*, volume No. 51 of *Annals of Mathematics Studies*. Princeton University Press, 1963.

[66] J. Milnor. On the geometry of the Kepler problem. *Amer. Math. Monthly*, 90(6): 353-365, 1983.

[67] R. Moeckel. On central configurations. *Math. Z.*, 205(4): 499-517, 1990.

[68] R. Moeckel. A computer-assisted proof of Saari's conjecture for the planar three-body problem. *Trans. Amer. Math. Soc.*, 357(8): 3105-3117, 2004.

[69] R. Moeckel. A proof of Saari's conjecture for the three-body problem in $\mathbf{R}^d$. *Discrete Contin. Dyn. Syst. Ser. S*, 1(4): 631-646, 2008.

[70] R. Moeckel. A topological existence proof for the Schubart orbits in the collinear three-body problem. *Discrete Contin. Dyn. Syst. Ser. B*, 10(2-3): 609-620, 2008.

[71] R. Moeckel. Central configurations. In *Central configurations, periodic orbits, and Hamiltonian systems*, Adv. Courses Math. CRM

Barcelona, 105-167. Birkhäuser/Springer, 2015.

[72] R. Moeckel and R. Montgomery. Realizing all reduced syzygy sequences in the planar three-body problem. *Nonlinearity*, 28(6): 1919-1935, 2015.

[73] R. Montgomery. A new solution to the three-body problem. *Notices Amer. Math. Soc.*, 48(5): 471-481, 2001.

[74] R. Montgomery. Infinitely many syzygies. *Arch. Ration. Mech. Anal.*, 164(4): 311-340, 2002.

[75] R. Montgomery. Fitting hyperbolic pants to a three-body problem. *Ergodic Theory Dynam. Systems*, 25(3): 921-947, 2005.

[76] R. Montgomery. Oscillating about coplanarity in the 4 body problem. *Invent. Math.*, 218(1): 113-144, 2019.

[77] R. Montgomery. Some open questions in the n-body problem, 2021. Sydney Dynamics Group Seminars. `https://www.youtube.com/watch?v=JItBND4phWk`

[78] R. Montgomery. Four Open Questions for the N-body Problem. Cambridge University Press, 2024. to appear.

[79] C. Moore. Braids in classical dynamics. *Phys. Rev. Lett.*, 70(24): 3675-3679, 1993.

[80] F. J. Muñoz Almaraz, E. Freire, J. Galán, and A. Vanderbauwhede. Continuation of Gerver's supereight choreography. In *Proceedings of the Ninth Conference on Celestial Mechanics* (Spanish), volume 30 of *Monogr. Real Acad. Ci. Exact. Fís.-Quím. Nat. Zaragoza*, 95-105. Acad. Cienc. Exact. Fís. Quím. Nat. Zaragoza, 2006.

[81] R. Ortega. Instability of periodic solutions obtained by minimization. In *The first 60 years of nonlinear analysis of Jean Mawhin*, 189-197. World Sci. Publ., 2004.

[82] R. S. Palais. The principle of symmetric criticality. *Comm. Math. Phys.*, 69(1): 19-30, 1979.

[83] J. I. Palmore. Classifying relative equilibria. I. *Bull. Amer. Math. Soc.*, 79(5): 904-908, 1973.

[84] I. C. Percival. A variational principle for invariant tori of fixed frequency. *J. Phys. A*, 12(3): L57-L60, 1979.

[85] H. Poincaré. *New methods of celestial mechanics*. Vol. 1, volume 13 of *History of Modern Physics and Astronomy*. American Institute of Physics, 1992.

[86] H. Poincaré. *Œuvres. Tome* VII. Les Grands Classiques Gauthier Villars. [Gauthier-Villars Great Classics]. Éditions Jacques Gabay, 1995.

[87] H. Poincaré. *The three-body problem and the equations of dynamics*, Springer, 2017.

[88] P. H. Rabinowitz. *Minimax methods in critical point theory with applications to differential equations*, Conference Board of the Mathematical Sciences; by the American Mathematical Society, 1986.

[89] P. H. Rabinowitz. Periodic and heteroclinic orbits for a periodic Hamiltonian system. *Ann. Inst. H. Poincaré C Anal. Non Linéaire*, 6(5): 331-346, 1989.

[90] P. H. Rabinowitz. Heteroclinics for a Hamiltonian system of double pendulum type. *Topol. Methods Nonlinear Anal.*, 9(1): 41-76, 1997.

[91] P. H. Rabinowitz. The calculus of variations and the forced pendulum. In *Hamiltonian dynamical systems and applications*, NATO Sci. Peace Secur. Ser. B Phys. Biophys., 367-390. Springer, 2008.

[92] G. E. Roberts. Linear stability analysis of the figure-eight orbit in the three-body problem. *Ergodic Theory Dynam. Systems*, 27(6): 1947-1963, 2007.

[93] R. M. Schoen. Uniqueness, symmetry, and embeddedness of minimal surfaces. *J. Differential Geom.*, 18(4): 791-809, 1983.

[94] J. Schubart. Numerische Aufsuchung periodischer Lösungen im

Dreikörperproblem. *Astronom. Nachr.*, 283(1): 17-22, 1956.

[95] M. Shibayama. Multiple symmetric periodic solutions to the $2n$-body problem with equal masses. *Nonlinearity*, 19(10): 2441-2453, 2006.

[96] M. Shibayama. Minimizing periodic orbits with regularizable collisions in the n-body problem. *Arch. Ration. Mech. Anal.*, 199(3): 821-841, 2011.

[97] M. Shibayama. Variational proof of the existence of the supereight orbit in the four-body problem. *Arch. Ration. Mech. Anal.*, 214(1): 77-98, 2014.

[98] M. Shibayama. Variational construction of orbits realizing symbolic sequences in the planar Sitnikov problem. *Regul. Chaotic Dyn.*, 24(2): 202-211, 2019.

[99] C. Simó. New families of solutions in N-body problems. In *European Congress of Mathematics*, Vol. I (Barcelona, 2000), volume 201 of Progr. Math., 101-115. Birkhäuser, 2001.

[100] C. Simó. Dynamical properties of the figure eight solution of the three-body problem. In *Celestial mechanics* (Evanston, IL, 1999), 209-228. Amer. Math. Soc., 2002.

[101] S. Smale. Mathematical problems for the next century. Math. *Intelligencer*, 20(2): 7-15, 1998.

[102] N. Soave and S. Terracini. Symbolic dynamics for the N-centre problem at negative energies. *Discrete Contin. Dyn. Syst.*, 32(9): 3245-3301, 2012.

[103] A. Sorrentino. *Action-minimizing methods in Hamiltonian dynamics: An Introduction to Aubry-Mather Theory*. Princeton University Press, 2015.

[104] M. Struwe. *Variational methods*, volume 34 of Ergebnisse der Mathematik und ihrer Grenzgebiete. 3. Folge. A Series of Modern Sur-

veys in Mathematics. Springer-Verlag, fourth edition, 2008.

[105] X. Su and R. de la Llave. Percival Lagrangian approach to the Aubry-Mather theory. *Expo. Math.*, 30(2): 182-208, 2012.

[106] S. Tabachnikov. *Geometry and billiards*, volume 30 of Student Mathematical Library. American Mathematical Society, 2005.

[107] K. Tanaka. Non-collision solutions for a second order singular Hamiltonian system with weak force. *Ann. Inst. H. Poincaré C Anal. Non Linéaire*, 10(2): 215-238, 1993.

[108] K. Tanaka. A prescribed energy problem for a singular Hamiltonian system with a weak force. *J. Funct. Anal.*, 113(2): 351-390, 1993.

[109] K. Tanaka. A note on generalized solutions of singular Hamiltonian systems. *Proc. Amer. Math. Soc.*, 122(1): 275-284, 1994.

[110] K. Tanaka. A prescribed-energy problem for a conservative singular Hamiltonian system. *Arch. Rational Mech. Anal.*, 128(2): 127-164, 1994.

[111] S. Terracini. n-body problem and choreographies. In *Mathematics of complexity and dynamical systems.* Vols. 1-3, 1043-1069. Springer, 2012.

[112] S. Terracini and A. Venturelli. Symmetric trajectories for the $2N$-body problem with equal masses. *Arch. Ration. Mech. Anal.*, 184(3): 465-493, 2007.

[113] L. Tonelli. The calculus of variations. *Bull. Amer. Math. Soc.*, 31(3-4): 163-172, 1925.

[114] A. Tsygvintsev. La non-intégrabilité méromorphe du problème plan des trois corps. *C. R. Acad. Sci. Paris Sér. I Math.*, 331(3): 241-244, 2000.

[115] A. Tsygvintsev. The meromorphic non-integrability of the three-body problem. *J. Reine Angew. Math.*, 537: 127-149, 2001.

[116] A. J. Ureña. All periodic minimizers are unstable. *Arch.*

Math.(Basel), 91(1): 63-75, 2008.

[117] A. J. Ureña. Instability of closed orbits obtained by minimization. *Nonlinearity*, 35(10): 5193-5225, 2022.

[118] A. Venturelli. A variational proof of the existence of Von Schubart's orbit. *Discrete Contin. Dyn. Syst. Ser. B*, 10(2-3): 699-717, 2008.

[119] C. Viterbo. A proof of Weinstein's conjecture in $\mathbf{R}^{2n}$. *Ann. Inst. H. Poincaré Anal. Non Linéaire*, 4(4): 337-356, 1987.

[120] A. Weinstein. Periodic orbits for convex Hamiltonian systems. *Ann. of Math.* (2), 108(3): 507-518, 1978.

[121] A. Weinstein. On the hypotheses of Rabinowitz' periodic orbit theorems. *J. Differential Equations*, 33(3): 353-358, 1979.

[122] Z. Xia. Central configurations with many small masses. *J. Differential Equations*, 91(1): 168-179, 1991.

[123] Z. Xia. Arnold diffusion: a variational construction. In *Proceedings of the International Congress of Mathematicians*, Vol. II (Berlin, 1998), 867-877, 1998.

[124] K. Yagasaki. Non-integrability of the restricted three-body problem. *Ergodic Theory and Dynamical Systems*, 1-29, 2024.

[125] G. Yu. Periodic solutions of the planar N-center problem with topological constraints. *Discrete Contin. Dyn. Syst.*, 36(9): 5131-5162, 2016.

[126] G. Yu. Shape space figure-8 solution of three body problem with two equal masses. *Nonlinearity*, 30(6): 2279-2307, 2017.

[127] G. Yu. Simple choreographies of the planar Newtonian N-body problem. *Arch. Ration. Mech. Anal.*, 225(2): 901-935, 2017.

[128] G. Yu. Spatial double choreographies of the Newtonian $2n$-body problem. *Arch. Ration. Mech. Anal.*, 229(1): 187-229, 2018.

[129] G. Yu. Connecting planar linear chains in the spatial N-body problem. *Ann. Inst. H. Poincaré C Anal. Non Linéaire*, 38(4): 1115-

1144, 2021.

[130] S. L. Ziglin. On involutive integrals of groups of linear symplectic transformations and natural mechanical systems with homogeneous potential. *Funktsional. Anal. i Prilozhen.*, 34(3): 26-36, 2000.

[131] V. I. アーノルド (安藤韶一, 蟹江幸博, 丹羽敏雄 訳),『古典力学の数学的方法』, 岩波書店, 1980.

[132] 伊藤秀一,『常微分方程式と解析力学』, 共立出版, 1998.

[133] 植田一石,『数物系のためのシンプレクティック幾何学入門』, サイエンス社, 2018.

[134] 浦川 肇,『変分法と調和写像』, 裳華房, 1990.

[135] 木下 宙,『天体と軌道の力学』, 東京大学出版会, 1998.

[136] R. クーラント, D. ヒルベルト (藤田 宏, 高見穎郎, 石村直之 訳),『数理物理学の方法 (上・下)』, 丸善出版, (上) 2013, (下) 2019.

[137] 黒田成俊,『関数解析』, 共立出版, 1980.

[138] I. M. ゲリファンド, S. V. フォーミン (関根智明 訳),『変分法』, 文一総合出版, 2019.

[139] 小磯憲史,『変分問題』, 共立出版, 1998.

[140] C. L. ジーゲル, J. K. モーザー (伊藤秀一, 関口昌由 訳),『天体力学講義』, 丸善出版, 2024.

[141] 志賀浩二,『固有値問題 30 講』, 朝倉書店, 1991.

[142] 柴山允瑠,「$2n$ 体問題の新しい周期解」, 修士論文, 京都大学大学院理学研究科数学教室, 2004.

[143] 柴山允瑠,『重点解説 ハミルトン力学系——可積分系と KAM 理論を中心に』, サイエンス社, 2016.

[144] 柴山允瑠,「n 体問題の周期解とその性質について」,『数学』, 日本数学会, to appear.

[145] 杉浦光夫,『解析入門 II』, 東京大学出版会, 1985.

[146] 立川 篤,『変分問題——直接法と解の正則性』, 近代科学社, 2018.

[147] 田中和永,『変分問題入門——非線形楕円型方程式とハミルトン系』,

岩波書店，2018.

[148] F. ディアク，P. ホームズ (吉田春夫 訳)，『天体力学のパイオニアたち (上・下)』，丸善出版，2012.

[149] 西川青季，『幾何学的変分問題』，岩波書店，2016.

[150] 深谷賢治，『解析力学と微分形式』，岩波書店，2000.

[151] 深谷賢治，『シンプレクティック幾何学』，岩波書店，2008.

[152] 福原満洲雄，山中 健，『変分学入門』，朝倉書店，2005.

[153] 藤田 宏，黒田成俊，伊藤清三，『関数解析』，岩波書店，1991.

[154] 藤原俊朗，福田 宏，尾崎 宏，「レムニスケート上の運動と楕円関数」，2002.
https://www.clas.kitasato-u.ac.jp/~fujiwara/nBody/lecture2.5.2003.pdf

[155] H. ブレジス (藤田 宏，小西芳雄 訳)，『関数解析——その理論と応用に向けて』，産業図書，1988.

[156] 増田久弥，『非線型数学』，朝倉書店，2020.

[157] R. モンゴメリー (柴山允瑠 訳)，「三体問題に進展　周期解に新たな予想」，『日経サイエンス』2020 年 3 月号；日経サイエンス編集部 編，『SF を科学する　研究者が語る空想世界』(別冊日経サイエンス 254)，2022.

索引

●や行

●ら行

●著者

柴山允瑠（しばやま・みつる）

2007年，京都大学大学院理学研究科博士後期課程修了．博士（理学）．京都大学数理解析研究所研究員（COE）・同特定研究員（グローバル COE），大阪大学大学院基礎工学研究科講師を経て，現在，京都大学大学院情報学研究科准教授．専門は，ハミルトン力学系，変分問題，天体力学．

著書に，『ハミルトン力学系——可積分系と KAM 理論を中心に』（サイエンス社，2016年）がある．

n 体問題と変分法——周期解をめぐって

2024年10月5日　第1版第1刷発行

著　者	柴山允瑠
発行所	株式会社 日本評論社 〒170-8474 東京都豊島区南大塚 3-12-4 電話　(03) 3987-8621［販売］ (03) 3987-8599［編集］
印　刷	藤原印刷
製　本	松岳社
装　幀	銀山宏子（スタジオ・シープ）
図　版	溝上千恵，関根惠子

ISBN978-4-535-79014-8